natürlich oekom!

Mit diesem Buch halten Sie ein echtes Stück Nachhaltigkeit in den Händen. Durch Ihren Kauf unterstützen Sie eine Produktion mit hohen ökologischen Ansprüchen:

- 100 % Recyclingpapier
- mineralölfreie Druckfarben
- Verzicht auf Plastikfolie
- Kompensation aller CO_2-Emissionen
- kurze Transportwege – in Deutschland gedruckt

Weitere Informationen unter www.natürlich-oekom.de und #natürlichoekom

natürlich oekom · nachhaltig seit 1989

Bibliografische Information der Deutschen Nationalbibliothek:
Die Deutsche Nationalbibliothek verzeichnet diese Publikation
in der Deutschen Nationalbibliografie; detaillierte bibliografische
Daten sind im Internet über www.dnb.de abrufbar.

oekom – Gesellschaft für ökologische Kommunikation mbH
Waltherstraße 29, 80337 München

Redaktion: Büro für Landschaftskommunikation/ www.landschaftskommunikation.de
Layout und Satz: Reihs Satzstudio
Korrektur: Maike Specht
Umschlaggestaltung: Mirjam Höschl, oekom verlag
Umschlagabbildungen: © Michael Anker
Druck: AZ Druck und Drucktechnik GmbH

ISBN 978-3-96238-362-6

FSC www.fsc.org RECYCLED Papier aus Recyclingmaterial FSC® C008457

Klimaneutral Verlag ClimatePartner.com/53585-1805-1001

Albrecht Bemmann, Roland Irslinger
und Kenneth Anders
(Herausgeber)

Vom Glück der Ressource

Wald und Forstwirtschaft im 21. Jahrhundert

Inhaltsverzeichnis

Teil II
Der Wald im Spiegel des Forstberufs

Teil III
Plädoyers für die Nutzung von Wald und Holz

Einleitung der Herausgeber

Die Liebe zum Wald ist verunsichert

Die Deutschen, so heißt es, lieben ihren Wald, aber diese Liebe ist verunsichert. Wir wissen kaum noch, was wir von unseren Wäldern erwarten dürfen. Hier sind die Waldwege durch moderne Erntetechnik beschädigt, dort weisen Verbotsschilder die Wanderer ab. Die Schaffung neuer Wildnisse ist ein anerkanntes politisches Ziel, das in vielen Regionen auf eine kulturlandschaftliche Wirklichkeit trifft und Konflikte auslöst. Die Praktiken und Konzepte der Jagd sind umstritten, die Arbeitsweisen der Forstverwaltungen ändern sich rapide.

In diesem gesellschaftlichen Klima nimmt die Debatte über die Forstwirtschaft immer schroffere Züge an. Darf man den Wald noch nutzen, wenn es doch heißt, dass die Holzentnahme das Klima und die Ökologie schädigt? Andererseits fordern international renommierte Forscher, mehr Holzhäuser zu bauen. Haben wir die falschen Wälder mit den falschen Bäumen? Und wer traut sich hierüber ein Urteil zu? Die Verantwortung für die Wälder scheint bei Experten, bei staatlichen Institutionen und Unternehmen zu liegen, von den Menschen dagegen erwartet man lediglich eine gute Einstellung und eine Akzeptanz der jeweiligen Waldpolitik. Aber was ist eine gute Einstellung zum Wald?

Wir leben in einer Versorgungsgesellschaft. Nur noch wenige Menschen bewirtschaften Wasser und Boden in der Landschaft. In den wachsenden Ballungsräumen rückt die Aneignung der Natur durch globale Lieferketten in weite Ferne. So entsteht ein kollektives Unbehagen – man möchte wieder nah dran sein an der Natur, allerdings zeichnet der Diskurs über Klimaveränderungen und eine gefährdete biologische Vielfalt kein gutes Bild von unserem Umgang mit ihr. Der kulturelle Argwohn gegenüber der Land- und Forstwirtschaft nimmt zu, es wächst das Bedürfnis nach einer unbelasteten Praxis, um dann umso unbeschwerter wieder in den Versorgungsalltag zurückkehren zu können.

Es ist wahr: Jede Landnutzung geht mit Eingriffen und ständiger Selektion einher, sie erfährt Rückschläge, muss mit unerwartetem Mangel und ebenfalls nicht immer wünschenswertem Überfluss zurechtkommen. Nun steht sie zudem unter dem Druck eines wachsenden gesellschaftlichen Missverstehens. Je drängender die Gesellschaft über ihre Märkte die Erzeugnisse der Land- und Forstwirtschaft einfordert, je ungeduldiger sie zugleich ihre Vorstellungen von einer besseren Landnutzung durchsetzt, umso schwieriger wird die Lage der Landnutzer. Denn ganz gleich, für welche Art der Bewirtschaftung sie stehen: Sie sind an den Standort gebunden, und sie tragen das wirtschaftliche Risiko. Für beide Umstände hat unsere Öffentlichkeit derzeit wenig Verständnis.

Das Glücksversprechen der Ressource

In dieser gesellschaftlichen Situation macht sich ein sprachliches Problem bemerkbar: Wir unterscheiden in unserer Sprache kaum zwischen Verbrauchs- und Gebrauchsbeziehungen. Der Abbau und die Nutzung von Bodenschätzen sind reine Verbrauchsformen: Erdöl, Gas oder Kohle, auch Kies oder Metalle können insofern den Begriff der Ressource, der einen Prozess der Wiederherstellung des genutzten Gutes konnotiert, gar nicht für sich beanspruchen. Sie werden abgebaut und unserem Metabolismus zugeführt. Einige dieser Stoffe lassen sich im Recycling ein weiteres Mal nutzen, aber sie werden nicht wiederhergestellt. Insofern sollte man sie nicht Ressourcen, sondern »Sourcen« nennen. Dieses Wort ist im Deutschen nicht gebräuchlich und geht uns dementsprechend schwer über die Lippen. Es trägt aber sehr zur Klarheit bei, denn für den Bereich des Verbrauchs ist das allgemeine umweltpolitische Gebot, sich die Welt mit Vorsicht, Sparsamkeit und in dem Wissen anzueignen, dass diese Nutzung nicht nachhaltig sein kann, absolut berechtigt. Dagegen müssen Wasser und Boden – und eben auch der Wald – als Ressourcen begriffen werden, die bei angemessener und immer wiederkehrender Bewirtschaftung eben nicht verbraucht werden. Landschaft ist angeeignete Natur, so auch der Wald in Deutschland. Diese Gebrauchsbeziehung wirft in erster Linie keine quantitativen, sondern qualitative Fragen auf. Derzeit wird in der Öffentlichkeit gefragt: »Wie viel Bewirtschaftung verträgt unser Wald?« Aus der Sicht einer ökologischen Forstwirtschaft ist diese Frage unsinnig. Sie müsste vielmehr lauten: »Welche Bewirtschaftung braucht unser Wald?«

Dieses Buch verspricht Einblicke in eine besondere Form eines menschlichen Glücks. Liest man die einzelnen Beiträge, so wird bald deutlich, dass die tägliche Arbeit im Wald, mit dem Wald und für den Wald auch mit Sorgen verbunden ist. Warum sprechen wir in unserem Buchtitel dennoch von Glück?

Der Grund ist wiederum den hier versammelten Texten leicht zu entnehmen: Die Aussicht auf ein Gelingen der menschlichen Tätigkeit, die in der Ressourcenbeziehung steckt, ist immer noch stärker als die mit ihr einhergehenden Belastungen. Einen Wald im Einklang mit den standörtlichen Bedingungen so zu entwickeln, dass er nutzbares Holz liefert, eine hohe Vielfalt an Pflanzen, Tieren und Lebensräumen aufweist und uns erfreuen kann, das ist etwas Schönes. Die Menschen, die diese Bindung eingehen, machen die anthropologische Erfahrung des Gartens: Natürliches Wachstum in menschlicher Hege ist ein Prozess der Ausdifferenzierung, die immer größere Fülle ermöglicht. Dazu gehört eben auch die Erfahrung, dass die Bewirtschaftung von Ressourcen ihre Schattenseiten hat. Wie alles Lebendige verlangt uns auch der Wald etwas ab. Es gibt Zeiten des Mangels oder der Zerstörung durch Windwurf, Feuer oder durch Massenvermehrung von Insekten. Es gibt die Sorge in Jahren der Trockenheit, den Ärger mit Wildschäden oder die Wut über Vandalismus. Aber gerade entlang dieser Leidensmomente scheint das Glück der Ressource immer wieder auf. Daraus, aus der Möglichkeit, einen gesunden, ertragreichen und attraktiven Wald zu gestalten, speist sich der Optimismus der forstlichen Kunst.

Das gesellschaftliche Wunder der Forstwirtschaft

Die Forstwirtschaft, wie sie sich in der Moderne herausbilden konnte, ist ein kleines gesellschaftliches Wunder. Es konnte ein Vertrag geschlossen werden, auf dessen Grundlage fortan Wald im volkswirtschaftlichen Maßstab für spätere Generationen angebaut wurde. Das ist nicht trivial, es setzte vielmehr eine enorme institutionelle Disziplinierung voraus. Nicht ohne Grund trugen die Forstleute Uniformen, hatten Dienstgrade und waren meist eng in die staatlichen Machtverhältnisse eingebunden.

Verbreitet ist heute der Vorwurf, dieser forstliche Generationenvertrag habe sich nur auf den Wald als Holzlieferant bezogen. Nun geht diese These zwar an so manchen ganzheitlichen Ansätzen in Theorie und Praxis vorbei, die zumindest in Deutschland viele faszinierende Wälder hervorgebracht haben. Dennoch trifft es zu, dass der Generationenvertrag über die Wälder eine Erneuerung braucht. In einer Zeit, in der die Segregation der Landschaft in genutzte und geschützte Zonen fortschreitet, in der sich verschiedenste Logiken, Ideologien und Interessen des Waldes bemächtigen können, ohne dass dies von einer kritischen Öffentlichkeit noch adäquat interpretiert werden kann, sollte die Forstpolitik den Vertrag zwischen den Generationen, zwischen den Waldbesitzern und den Verbrauchern, zwischen Bewirtschaftung und individueller Teilhabe neu aufsetzen.

Die aktuelle Debatte scheint allerdings blind dafür zu sein, dass die Waldwirtschaft bereits seit Jahrzehnten in dieser Transformation steht. Der Umbau von Wäldern aller Eigentumsformen ist längst Grundtenor forstlichen Handelns geworden. Die Waldbilder haben sich in verschiedene Richtungen verändert, teilweise allerdings so dramatisch, dass man fürchten muss, das aggregierte forstliche Erfahrungswissen könnte bereits verloren gegangen sein. Denn auch bei veränderten gesellschaftlichen Anforderungen ist es doch die Geschichte, die das menschliche Lernen ermöglicht. Wer sich von der Vorstellung leiten lässt, aus der Vergangenheit könne man nichts lernen, weil einem diese Vergangenheit nicht gefällt, ist schlecht beraten.

So in die Defensive geraten, gerät nun auch der Begriff »Forstwirtschaft« selbst in die Defensive. Meist spricht man heute lieber von Waldwirtschaft, um das umfassende Ergebnis dieser Profession zu betonen. Das ist nachvollziehbar, wird aber an der Notwendigkeit, die menschliche Rolle im Wald zu klären, nichts ändern. Andernfalls steht bald der Wirtschaftsbegriff selbst unter Verdacht, und man spricht möglicherweise von »Waldmanagement« oder besser nur noch von »Waldmonitoring«. Damit wäre allerdings weder uns noch dem Wald geholfen.

Perspektivvielfalt für einen besseren Walddiskurs

Dieses Buch greift verschiedene Perspektiven auf den Wald auf, die sich gegenseitig erhellen können. Es macht die historische Gewordenheit unserer Wälder sichtbar, aber auch die inneren Konflikte des Forstberufs, der den Wald schon immer im Spannungsfeld von Holzbedarf, Politik und standörtlicher Eignung entwickeln musste. Es thematisiert den gegenwärtigen Holzhunger unserer Gesellschaft und die Innovationen, die im Holzbau heute völlig neue Möglichkeiten geschaffen haben. Es öffnet verschiedene wissenschaftliche Zugänge zum Wald, wobei versucht wurde, zwischen hoch spezialisierter Forschung und allgemein verständlicher Sprache eine Balance zu finden. Und es lässt die Forstleute und Waldbesitzer selbst sprechen, die wertvolles Erfahrungswissen und oft tiefe Bindungen an ihre Wälder entwickelt haben. Die Autorinnen und Autoren haben nicht in allem dieselben Ansichten und Meinungen, aber das ist auch nicht erforderlich. Das Buch soll einladen, nicht festschreiben.

Die großen Diskursthemen der Gegenwart – Klima, Nachhaltigkeit und biologische Vielfalt – werden durch diese Vielstimmigkeit empirisch rückgebunden und differenziert. Wir sind davon überzeugt, dass auf diese Weise ein weniger defensives und weniger ängstliches Bild von uns und unseren Wäldern entsteht, mit dem sich die Zukunft besser gestalten lässt als in der gegenwärtigen diskursiven Rahmung. Die wissenschaftlichen, praktischen, ökologischen, waldbaulichen und wirtschaftlichen Erfahrungen sprechen dafür, dass der Optimismus der Forstpioniere berechtigt war: Die Liebe zum Wald und seine Nutzung, die Funktionsweise des ökologischen Systems und der Eingriff des Menschen, die emotionalen Bindungen und die stofflichen und energetischen Erträge, all dies muss kein Widerspruch sein. Oder genauer: Als Menschen sind wir in der Lage, uns in den damit verbundenen Widersprüchen klug zu verhalten.

Eine Debatte, die über den Wald hinausweist

Vom Wald lässt sich vieles lernen, von seiner Bewirtschaftung auch. Die forstliche Kunst, programmatisch erneuert und beschrieben, kann nicht nur der forstpolitischen Debatte neue Impulse geben, sondern auch im gesellschaftlichen Diskurs über die Landnutzung in der Versorgungsgesellschaft ein Achtungszeichen setzen. Diese Motivation war in allen Phasen der Erarbeitung dieses Buches spürbar. Nicht nur der Wald muss sich an Veränderungen anpassen, auch wir müssen uns verändern. Wir müssen aus gewohnten Rollen, in deren Sicherheit wir uns wohl allzu lange gewähnt haben, herausbegeben, aufeinander zugehen und zu einem gemeinsamen Verständnis der miteinander geteilten Welt kommen. Die konkret miteinander geteilte Welt ist nun einmal die Landschaft, die wir zusammen bewohnen und nutzen. Dieses Buch soll Mut machen, das eigene, in den vielfach unversöhnlichen Mediendiskursen viel zu enge Visier zu öffnen und miteinander ins Gespräch zu kommen, entlang von Empirie, also von Erfahrung. So können alle etwas zum Gelingen des Waldes beitragen – und am Glück der Ressource teilhaben. Wir danken allen, die dieses Buch durch Spenden, Engagement und Mitarbeit ermöglicht haben, sowie Clemens Herrmann und Dr. Christoph Hirsch vom oekom verlag für die sorgfältige und hilfreiche Betreuung des gesamten Prozesses.

Kenneth Anders, Albrecht Bemmann, Roland Irslinger

Teil I

Waldumbau als Generationenprojekt

Waldentwicklung in Europa seit dem Beginn des Quartärs

Wie Boden, Klima und menschlicher Einfluss den Wald prägten

Hansjörg Küster

Erste Wälder auf der Erde

Bereits im Paläozoikum, dem ältesten Abschnitt der Entwicklung des Lebens auf der Erde, gab es die ersten Landpflanzen, die ersten Bäume und auch die ersten Wälder. In ihnen kamen Gewächse vor, die mit heutigem Bärlapp und Schachtelhalmen verwandt sind; aus ihren Fossilien besteht die Steinkohle des Karbonzeitalters, die ungefähr 350 Millionen Jahre alt ist. Seitdem gab es stets Wälder auf der Erde, die sehr unterschiedlich aussahen. Gemeinsam ist allen Wäldern nicht viel mehr, als dass sie aus einer großen Menge an Bäumen bestehen und dass sich unter den Baumkronen ein Waldbinnenklima entwickelt. Der Hauptteil der Lichtenergie aus der Sonnenstrahlung wird im Kronenraum reflektiert oder aufgefangen. Ein Teil dieser Energie fließt dort in die Fotosynthese ein. Nur wenig Strahlung gelangt an den Waldboden. Daher bleiben dort die Temperaturen trotz Sonneneinstrahlung niedrig, und es besteht eine höhere Luftfeuchtigkeit als außerhalb des Waldes. Bei fehlender Sonneneinstrahlung, vor allem nachts, halten sich unter den Baumkronen dagegen höhere Temperaturen als außerhalb des Waldes, weil die Abstrahlung gemindert ist. So ist das ausgeglichene, feuchte Waldbinnenklima das wohl beste allgemeine Kennzeichen aller Wälder.[1]

In ihnen waren im Lauf der Zeit teilweise Farnpflanzen, dann Nadel- und Laubbäume dominant. Diejenigen Bäume setzten sich durch, in denen Wasser am besten vom Wurzelraum in die Blätter geleitet und daher am meisten Fotosynthese geleistet wurde. Auf der Erde ist dies in den regenreichen immergrünen Tropen und in den gemäßigten Zonen mit ihrem jahreszeitlich geprägten Klima möglich. Wälder der Tropen und der gemäßigten Zonen haben aber kein gemeinsames

Arteninventar. Sie sind von Grund auf verschieden und auch unterschiedlich zu bewerten. In den Tropen bilden sich zu jeder Zeit Blüten, Früchte und Blätter, die Stämme werden kontinuierlich dicker. Im Holz gibt es keine Jahresringe, zu jeder Jahreszeit sind Früchte verfügbar, von denen sich Tiere ernähren können und auch eine kleine Zahl an Menschen. Homo sapiens stammt ursprünglich aus den Tropen.

Allen Wäldern ist gemeinsam, dass in ihnen unter dem Einfluss von Lichtenergie organische Substanz aufgebaut und gespeichert wird. Sie wird im nicht bewirtschafteten Wald zwar zum großen Teil wieder abgebaut, aber zugleich bilden sich in Wäldern auch große Kohlenstoffspeicher. Und ein Teil der organischen Masse wird langfristig konserviert: im Humus, als Torf oder Kohle. Seit es Wälder gibt, wird Kohlenstoffdioxid aus der Atmosphäre abgebaut. Dies garantiert, dass an der Erdoberfläche Temperaturen überwiegen, bei denen Wasser nicht gefriert und Eiweiß nicht denaturiert wird. Da Wälder im Besonderen und Ökosysteme im Allgemeinen von Wachstum und Absterben geprägt sind, entwickeln sie sich aufgrund wandelbarer Umweltverhältnisse stets dynamisch.

Die Relikte jahreszeitlich geprägter Wälder aus dem Paläogen und Neogen in den gemäßigten Zonen

Die Wälder der gemäßigten Zonen entwickeln sich in Abhängigkeit von den Jahreszeiten. Die Bäume bilden im Frühjahr dünnwandige, größere Zellen, später im Jahr dickwandigere und kleinere, sodass sich ein Jahrringmuster ergibt. Die meisten von ihnen tragen nur zu bestimmten Zeiten Laub, Blüten und Früchte. Wälder dieser Bäume dürften niemals derart artenreich gewesen sein wie diejenigen der immergrünen Tropen, die sich in sehr langer Zeit ungestört, aber immer wieder auf anderen über die Erdoberfläche wandernden Kontinentalschollen entwickelten. In der Erdneuzeit, seit etwa 66 Millionen Jahren, im Paläogen und Neogen, Zeitabschnitten, die ehemals unter dem Begriff »Tertiär« zusammengefasst wurden, hatten sich aber auch die von Jahreszeiten geprägten Wälder optimal entwickelt und eine recht große Artenfülle erlangt. Sie blieb lange im Wesentlichen erhalten, obwohl die Jahresmitteltemperaturen bis zum Ende des Neogens allmählich von etwa 20 Grad auf zehn Grad abnahmen.

Dies änderte sich im nachfolgenden Quartär, das die letzten etwas mehr als 2,5 Millionen Jahre der Erdgeschichte umfasst. In großen Teilen der gemäßigten Zonen blieben dichte Wälder nicht als »Normalfall« bestehen. Denn immer wieder kam es zu Kalt- und Eiszeiten, in denen sich Gletscher aus polaren Breiten weit nach Süden ausbreiteten. Sie trugen Berge ab, was mit der Freisetzung an Mineralstoffen verbunden war. Gesteinspartikel wurden von Eis und Wasser weiter zerkleinert, dann vom Wind in lockeren Sedimenten außerhalb der vergletscherten Regionen als Löss wieder abgelagert. In der Umgebung der Eismassen blieben keine Wälder bestehen, weil die Bäume in den sehr kurzen Sommern ihre Entwicklungszyklen nicht abschließen konnten. Nur weit im Süden, fern von den Gletschern, hielten sich kleine Gehölzbestände, die als Reliktwälder bezeichnet werden. Vertreter einiger Baumarten fanden allerdings keinen Reliktstandort, bei anderen Baumarten gelang dies nur wenigen Individuen, sodass die Vielfalt an Arten, aber auch innerhalb der Arten abnahm. Im Lauf der Zeit durchliefen sie dabei einen sogenannten genetischen Flaschenhals: Die mangelnde Individuenvielfalt erwies sich als Nachteil bei der Wiederausbreitung der Baumarten in einer wärmeren Periode. Besonders klein waren die Eiszeitrefugien in Europa. Nur kleine Bereiche, vor allem im Umfeld des Mittelmeeres, kamen als Refugialstandorte infrage. Größere Eiszeitrefugien gab es südlich des Kaukasus, in Ostasien und in Nordamerika.

Mit den Kaltphasen wechselten Warmphasen ab, in denen die Durchschnittstemperaturen etwa zehn Grad höher lagen als in einer Kaltzeit. Das Eis schmolz, und Wälder breiteten sich in den vom Eis befreiten Gebieten wieder aus. Doch in Europa erlaubten die in westöstlicher Richtung verlaufenden Gebirge Pyrenäen, Alpen und Balkan nur in wenigen Korridoren eine ungehinderte Ausbreitung der Baumarten. In Ostasien und Nordamerika gibt es diese Ausbreitungshindernisse nicht. Entlang der sich von Süd nach Nord erstreckenden Gebirge konnten sich die Gehölzarten dort leichter nach Norden ausbreiten, wenn sich die klimatischen Bedingungen gebessert hatten.

Die Anzahl der Gehölzarten, denen ein Überleben in den eiszeitlichen Refugien im Süden bei Erhaltung einer ausreichenden genetischen Vielfalt gelang und die sich erneut in den Norden ausbreiten konnten, nahm von Eiszeit zu Eiszeit ab, vor allem in Europa. In den anderen gemäßigten Zonen der Erde hielten sich mehr Pflanzenarten aus den Wäldern des Neogens, die nach den Eiszeiten ihre ehemaligen Arealgrenzen wieder erreichten. Mit der Zeit verschwanden in Europa Ölweide und Amberbaum, Esskastanie und Magnolie, Walnuss, Hemlocktanne und Hickorynuss, während sie im Kaukasus, Ostasien und Nordamerika bessere Chancen hatten, sich nach einer Eiszeit wieder auszubreiten. Allerdings gibt es keinen Nachweis eines frühen Vorkommens der Douglasie in Europa. Die Artenvielfalt europäischer Wälder ist daher geringer als diejenige von Wäldern anderer gemäßigter Zonen und der Tropen. Europas Wälder der Nacheiszeit kann man als Überreste artenreicher Wälder des Neogens auffassen, in denen nur noch wenige Baumarten aus einer ehemals großen Artenfülle vorhanden waren.

In jeder Warmzeit entwickelten sich sowohl die Böden als auch die Wälder in einer gemeinsamen Sukzession, die man als »Primärsukzession« bezeichnen kann. Die Böden entstanden auf einem mineralstoffreichen Substrat, das in den Eiszeiten deponiert worden war (Löss, Decklehme). Die Ausbreitung von Baumarten, deren Früchte vom Wind verbreitet werden, verlief dabei rascher als die jener Arten, die wegen ihrer relativ schweren Früchte auf Tiere angewiesen sind.

Der Wandel der Vegetation lässt sich aus Pollendiagrammen sehr gut erschließen. In ihnen werden die kontinuierlich erfolgenden Ablagerungen von Pollenkörnern in wachsenden Sedimenten (zum Beispiel Torf) dargestellt. Der Blütenstaub lässt sich nach Baumarten oder -gattungen unter dem Mikroskop bestimmen. In einer dauernd feuchten Ablagerung wie dem Torf sind Pollenkörner schier unbegrenzt haltbar. Die Pollenanalyse ist grundlegend für die Erschließung der Vegetationsgeschichte. Eine besonders wichtige Information aus Pollendiagrammen wird immer zu wenig beachtet: Keine Schicht eines Pollendiagramms enthält die gleiche Blütenstaubzusammensetzung wie eine ältere oder jüngere. Dokumentiert ist damit ein stetiger Wandel der Wälder, keinerlei Stabilität im Sinne einer kontinuierlichen Häufigkeit einzelner Arten. Wälder behielten also niemals eine konstante Artenzusammensetzung, sondern diese wandelte sich, wie es bei einem Ökosystem zu erwarten ist, das ja durch Wachstum und Absterben geprägt ist. Dabei können Klimaschwankungen eine Rolle gespielt haben, aber auch eine regional unterschiedlich ablaufende Bodenentwicklung oder eine auf den Wald einwirkende Zerstörung, beispielsweise ein Waldbrand. Den Nachweis einer Klimaschwankung kann man niemals aus einem Pollendiagramm allein führen; vielmehr müssten sich in mehreren Diagrammen die gleichen Schwankungen der Blütenstaubzusammensetzung gut datiert in gleicher Weise nachweisen lassen, und dies ist in viel zu wenigen Fällen gelungen, um eindeutige Beziehungen zwischen Wäldern und Klima nachweisen zu können. Allerdings wurde dies in früheren Jahrzehnten stets behauptet.

Besonderheiten am Anfang des Holozäns

Im Holozän, der Nacheiszeit, die vor etwa 12.000 Jahren begann und die man auch als derzeit herrschende Warmzeit des Quartärs auffassen kann, verlief die Entwicklung der Wälder mit ihren übrig gebliebenen Vertretern aus der Waldvegetation des Neogens in vieler Hinsicht anders als in den früheren Warmzeiten, vor allem in Europa. Das hängt mit dem Einfluss des Menschen zusammen.

In der letzten Eiszeit verbreitete sich der moderne Mensch aus Afrika über weite Teile der Erde, denn in den waldfrei gewordenen Regionen der gemäßigten Zonen hatten sich große Herbivoren ausgebreitet, Tiere, die sich in Grasländern ernährten und auf die man jederzeit Jagd machen konnte. Hoch spezialisierte Jäger, zu denen sich die damaligen Menschen entwickelt hatten, konnten nun auch außerhalb der Tropen regelmäßig Nahrung finden. Durch ihre Ausbreitung in die gemäßigten Breiten gelang es ihnen, eng gesetzte Grenzen des Wachstums menschlicher Populationen in den Tropen zu überwinden und sich weiter zu vermehren.

Die Ausweitung des von Menschen besiedelten Gebietes hätte am Beginn des Holozäns scheitern können, und zwar als sich Wälder ausbreiteten und viele Gras fressende Tiere nicht mehr genug Nahrung fanden. Es wurde immer wieder behauptet, Menschen hätten durch die Jagd die Tiere zu stark dezimiert, sodass sich deswegen die Wälder ausgebreitet hätten, doch ist dies dadurch widerlegt, dass sich in jeder Warmzeit auf ähnliche Weise Wälder bildeten, ob es Jäger gab oder nicht.[2] Darin liegt die Besonderheit des Holozäns nicht. Vielmehr wichen Jäger ebenso wie die von ihnen erbeuteten Tiere, vor allem Rentiere, in waldarme Regionen weiter im Norden aus. Fortan in Wäldern lebenden Menschen gelang eine Anpassung an die klimatischen Bedingungen, sodass sie auch in Waldregionen leben konnten. Sie fingen mit kleineren Jagdwerkzeugen Fische und andere Gewässertiere sowie Wasservögel am Ufer von Seen, Flüssen und Meeren, und sie sammelten Pilze und Früchte. Allerdings stehen diese Nahrungsquellen nur saisonal zur Verfügung.

Anders als in anderen Warmzeiten sind in den Pollendiagrammen aus dem Holozän nach einer üblichen Sukzession mit dominierenden Birken und Kiefern Massenzunahmen von Haselbüschen angezeigt. Deren Ausbreitung von den Alpen bis weit nördlich nach Skandinavien fand innerhalb eines erstaunlich kurzen Zeitraums um 7000 vor Christus statt. Es ist kaum vorstellbar, dass diese rasche Ausbreitung allein durch Tiere wie Eichelhäher oder Eichhörnchen möglich wurde, sodass davon auszugehen ist, dass es ein sogenanntes Nut-Age der Menschheit gegeben hat,[3] in dem vom Menschen absichtlich Haselnüsse in den Wäldern ausgebracht wurden. Diese lassen sich sehr gut über längere Zeit lagern, stehen also als Nahrungsressource zur Verfügung. Sie wurden auch tatsächlich viel genutzt, was durch Funde in den Siedelschichten dieser Zeit nachgewiesen ist. Auch die Wassernuss (*Trapa natans*) wurde weit verbreitet. Belege dafür, dass die Haselnuss dank einer besonderen Klimagunst weit in den Norden gelangte, gibt es dagegen nicht. Es sind zwar klimatische Verbesserungen in dieser Zeit nachgewiesen, doch waren sie viel zu gering, um eine massenhafte Ausbreitung der Sträucher über weit mehr als 1.000 Kilometer innerhalb weniger Jahre möglich zu machen.

Natürlicherweise breiteten sich etwas später einige weitere Laubbäume in Europa aus, darunter Eiche, Ulme, Linde, Esche und Ahorn. Die meisten Kiefernbestände wurden dabei durch Laubwaldelemente ersetzt. Schließlich überzogen Laubwälder fast ganz Europa – bis weit in den Norden.

Prähistorische Landwirtschaft und ihr Einfluss auf Wälder

In einigen Regionen der Erde, unter anderem im Nahen Osten, sammelten Menschen die großen Früchte einiger Grasarten. Man kam auf die Idee, die Körner der Pflanzen auszusäen und zu ernten. Daraus entwickelte sich der Ackerbau, der tiefgreifende Folgen für das Leben der Menschen und den Zustand der gesamten Umwelt nach sich zog. Ackerbauern mussten das ganze Jahr über in festen Siedlungen leben, weil sie in der Wachstumszeit ihre Felder bewachen mussten, in der übrigen Zeit des Jahres aber ihre Vorräte. Getreidenahrung stand dann als »tägliches Brot« jederzeit zur Verfügung. Mit Getreide konnten viel mehr Menschen pro Flächeneinheit sicher versorgt werden als mit Pflanzensammeln und Jagd.

Daher wurde der Ackerbau von anderen Regionen übernommen, in denen aber die Umwelt grundsätzlich verändert werden musste. Entlang der großen Flüsse des Nahen Ostens musste künstlich bewässert werden, in Europa wurden Wälder gerodet, damit Bau- und Brennholz für Siedlungen zur Verfügung stand und die Kulturpflanzen in voller Sonne wachsen und reifen konnten. Damit kam zu natürlichen Einflüssen auf Wälder wie Klima und Sukzession ein weiterer hinzu, der im Lauf der Jahrtausende immer bestimmender wurde: die Einwirkung des Menschen. In Abhängigkeit vom Nutzungszweck wählte man bereits vor Jahrtausenden die jeweiligen Baumarten aus. Für den Hausbau kamen vor allem Eichen infrage, zum Heizen und Kochen verwendete man dagegen alles Holz, dessen man habhaft wurde. Man hielt auch Tiere, die man zur Weide in die Wälder trieb. Winterfutter wurde in Form von geschneiteltem Laubheu von Ulmen, Linden, Eschen und

Birken gewonnen. Ulmen wurden durch diese Form der Nutzung stark geschädigt, während Linden und Eschen immer wieder austrieben.

Man hat die Entstehung dieser frühen Siedlungen als »Landnahme« charakterisiert,[4] aber das trifft nicht vollständig zu. Siedlungen der frühen Zeit bestanden nämlich nicht dauerhaft. Sie wurden nach einigen Jahrzehnten wieder aufgegeben: Die Archäologen datieren sie in einen bestimmten Zeithorizont und können eine Siedlungskontinuität an einem bestimmten Platz über Jahrhunderte oder gar Jahrtausende nicht nachweisen. Offenbar wurden also die Siedlungsplätze und Felder immer wieder verlassen, sodass sich erneut Wald ausbreiten konnte. Dabei kam es zu einer Sekundärsukzession, denn die neuen Wälder wuchsen auf bereits vorhandenen Waldböden empor. Die als Pionierpflanzen kurzfristig hochkommenden Birken und Weiden wurden im Verlauf der Sukzession durch Eichen verdrängt. Außerdem wurden sich neu ausbreitende Baumarten im Verlauf der Neuentstehung von Wäldern in ihrer Ausbreitung begünstigt. Das gilt für die Rotbuche in weiten Teilen im westlichen Mitteleuropa,[5] für die Hainbuche weiter im Osten,[6] in Skandinavien[7] und im Alpenraum[8] für die Fichte.

Die ackerbauliche Nutzung ging zunächst von Lössgebieten aus und schloss dann immer mehr steinige Böden in Mittelgebirgslagen ein. Für diese Böden waren eiserne Pflüge erforderlich, die es seit dem 1. Jahrtausend vor Christus (Eisenzeit) gab. Eisen wurde unter Nutzung des inzwischen überall in Mitteleuropa vorhandenen Buchenholzes verhüttet. Aus Buche hergestellte Holzkohle liefert besonders hohe Temperaturen und wurde daher zum Schmelzen von Erzen und später Glas bevorzugt verwendet.

Ortsfeste Siedlungen und dauernd genutzte Wälder

Innerhalb des Imperium Romanum und dann im Mittelalter entstanden dauerhafte Siedlungen, in ihrer Umgebung wurden landwirtschaftliche Flächen dauerhaft genutzt. Es kam nicht mehr zu Sekundärsukzessionen von Wald. Bis zum Beginn des Mittelalters und zum Einsetzen dauerhafter Besiedlung breitete sich die Buche bis Südostengland, Südskandinavien und das Gebiet östlich der Weichselmündung aus. Kontinuierlich genutzte Wälder nahmen das Aussehen von Niederwäldern an, die immer wieder auf den Stock gesetzt wurden und danach wieder austrieben. Die Buche war dabei wegen ihres geringen Stockausschlagvermögens im Nachteil, wodurch sich in Mitteleuropa erneut Eiche und Hasel ausbreiteten. Zudem kam nun die Hainbuche auch im Westen Mitteleuropas häufiger in die

Höhe, weil sie eine Stockausschlagnutzung besser als andere Bäume erträgt. Niederwaldähnliche Bestände wurden außerdem beweidet. Hudewälder wurden aber nicht von Stockausschlagwäldern getrennt; die Wälder standen unter dem Einfluss sehr diverser Nutzung am gleichen Ort, wodurch sie besonders stark zurückgedrängt wurden.

Die gewerbliche Nutzung von Holz nahm in vielfältiger Weise zu, besonders als der Fernhandel an Bedeutung gewann und Städte aus einem ländlichen Umfeld mitversorgt werden mussten. Die Flößerei und Trift begann bereits in der Römerzeit[9] und wurde im Mittelalter besonders stark ausgeweitet.[10] Man kann von einer allgemeinen »Holzzeit« sprechen, denn nur Wälder lieferten den Rohstoff zum Heizen und zur Nahrungszubereitung, fast das gesamte Baumaterial, und auch für die meisten Geräte verwendete man in den Bereichen der gemäßigten Zonen der Erde ausschließlich Holz. Der Druck auf die Wälder war enorm und nahm immer weiter zu.

Reform der Landnutzung

In Mitteleuropa, in Böhmen, im Erzgebirge und im Harz, lagen zeitweise die wichtigsten Bergbaugebiete der Welt. Dort brauchte man am meisten Holz, um Erz zu verhütten. Es wurde immer deutlicher, dass die Quelle dieser wichtigen Ressource versiegen könnte, wenn nicht gegengesteuert würde. Über den Nürnberger Handelsherrn Peter Stromer, der auch Berg- und Hüttenwerke betrieb, ist erstmals schriftlich dokumentiert, dass er im Nürnberger Reichswald »Tännlein säte«, und zwar 1368. Sein Beispiel machte Schule: Auch im Harz oder in verschiedenen Stadtwäldern begann man mit der Aufforstung. Man wählte vor allem Fichten und Kiefern, weil sie rasch wuchsen, und dies auch auf stark genutzten, mineralstoffarmen Böden.

Rufe nach allgemeinen Reformen wurden immer lauter. Mit der Reformation kam es dann keineswegs nur zu einer Reform des Glaubens, sondern auch darüber hinausgehend zu einer tiefgreifenden Umstellung der Lebens- und Wirtschaftsverhältnisse. Martin Luther, aus einer Bergbauregion stammend, befasste sich mit Möglichkeiten, wie man Holz beim Heizen sparen könne, und begründete damit eine Form von Ratgeberbüchern, die man als »Hausväterliteratur« zusammenfasst.[11] Es gab zwei Möglichkeiten der Landnutzung: Entweder man machte so weiter wie bisher, oder man ging zu einer sehr viel intensiveren Pflege des Landes über. Lucas Cranach der Jüngere zeigte beide Alternativen auf seinem Bild

Der Weinberg des Herrn, das in der Wittenberger Stadtkirche ausgestellt ist. Die Reformatoren pflegen die Gehölzpflanzen des Weinbergs, die Kleriker alten Schlags lassen alles verkommen. Mit der Reformation breiteten sich Aufforstungsprojekte aus, in Sachsen, Braunschweig und Hannover und in Württemberg. Auch zur Zeit der Gegenreformation kam es zu umfangreichen Landreformen mit dazugehörenden Aufforstungen, etwa im Allgäu und im Südschwarzwald.

In allen diesen Regionen setzte nachhaltige Forstwirtschaft ein, die unter anderem durch Hans Carl von Carlowitz (*24.12.1645, †03.03.1714) im Erzgebirge, Johann Georg von Langen (*22.03.1699; †25.05.1776) im Harz, Solling und Umgebung, Wilhelm Gottfried Moser von Filseck (*27.11.1729; †31.01.1793) in Württemberg und anderen vorangetrieben wurde. Mehr und mehr wurde auch nach wissenschaftlichen Gesichtspunkten planmäßige Forstwirtschaft betrieben. Zwischen Wald und Weideland wurde deutlich getrennt, die Nebennutzungen von Wald außerhalb der Holzgewinnung wurden weitgehend zurückgedrängt. Dadurch erst wurde ein deutlicher Waldrand zu einem Ordnungsprinzip in der Landschaft, sodass man klare Statistiken zur Waldverbreitung erst für die Zeit seit dem 19., in Ausnahmefällen seit dem 18. Jahrhundert aufstellen kann. Seit dem 18. Jahrhundert führte man »Exoten« aus anderen Kontinenten ein, die deswegen in Europa so gut wuchsen, weil sie dies vor den Eiszeiten bereits getan hatten. Die planmäßige Aufforstung der Wälder wurde durch die Industrialisierung gefördert: Man brauchte zwar Grubenholz, und weiterhin verfeuerte man Holz. Aber viel wichtiger war, dass man mit der Dampfmaschine an tief im Boden liegende fossile Kohle herankam und damit eine Alternative zur Holznutzung hatte. Mit der dampfbetriebenen Eisenbahn wurde der fossile Rohstoff flächendeckend verteilt. Die Holzzeit mit der sehr starken Zurückdrängung der Wälder ging zu Ende, und seit dem 19. Jahrhundert konnte unter dem Einfluss einer planmäßigen Waldbewirtschaftung die Ausdehnung der Wälder erheblich zunehmen.

Wald wurde seit dem Ende des 19. Jahrhunderts durch den atmosphärischen Eintrag von saurem Regen erheblich geschädigt. Der Klimawandel, der durch den Eintrag von Kohlenstoffdioxid bei der Verbrennung fossiler Rohstoffe in die Atmosphäre verursacht wird, ist heute der hauptsächliche Schadensfaktor.

Doch zeigt die Geschichte des Waldes, bei der menschlicher Einfluss sowohl bei der Nutzung als auch bei der Aufforstung immer wichtiger wurde, dass die Probleme des Waldes im Hinblick auf die Bedürfnisse des Menschen nicht gelöst werden können, wenn man ihn »der Natur überlässt«. Alle Waldbestände sind tiefgreifend vom Menschen verändert worden, und sie sind daher nur dann in eine gute Zukunft zu begleiten, wenn eine pflegende Nutzung der Ressourcen fortgesetzt wird. Es wäre unsinnig, künstlich aufgeforstete Wälder nun nicht mehr zu nutzen und darauf zu vertrauen, dass »die Natur es am besten weiß«, wie die Zukunft der Wälder aussehen könnte. Wälder müssen umgebaut werden, Wälder müssen wieder aufgeforstet werden. All dies kann nur eine nachhaltige Forstwirtschaft leisten, denn die Natur ist nicht nachhaltig: Natürliche Einflüsse können in verschiedene Richtungen führen, aber sie führen auf jeden Fall zu weiteren dynamischen Entwicklungen, die dem Postulat der Nachhaltigkeit zuwiderlaufen könnten. Gemanagte Wälder brauchen weiterhin ein Management, auf dass uns das »Glück der Ressource«, des wichtigsten nachwachsenden Rohstoffs Holz, weiterhin erhalten bleibt.

Anmerkungen

1 Vergleiche hierzu: Küster, H. (1998): Geschichte des Waldes. Von der Urzeit bis zur Gegenwart. München; sowie Küster, H. (2019): Der Wald. Natur und Geschichte. München.

2 Zoller, H.; Haas, J. N. (1995): War Mitteleuropa ursprünglich eine halboffene Weidelandschaft oder von geschlossenen Wäldern bedeckt? Schweizerische Zeitschrift für Forstwesen 146, S. 321–354.

3 Regnell, M. (2012): Plant subsistence and environment at the Mesolithic site Tågerup, southern Sweden: new insights on the »Nut Age«. Vegetation History and Archaeobotany 21(1), 2012, S. 1–16.

4 Iversen, J. (1941): Landnam i Danmarks Stenalder: En pollenanalytisk Undersøgelse over det første Landbrugs Indvirkning paa Vegetationsudviklingen. Danmarks Geologiske Undersøgelse II, 66, S. 1–68.

5 Küster, H. (1997): The role of farming in the postglacial expansion of beech and hornbeam in the oak woodlands of central Europe. The Holocene 7 (2), S. 239–242.

6 Ralska-Jasiewicz, M. (1964): Correlation between the Holocene history of the Carpinus betulus and prehistoric settlement in North Poland. Acta Societatis Botanicorum Poloniae 33(2), S. 461–468.

7 Moe, D. (1970): The post-glacial immigration of Picea abies into Fennoscandia. Botaniska Notiser 123, S. 61–66.

8 Markgraf, V. (1970): Palaeohistory of the spruce in Switzerland. Nature 228, S. 249–251.

9 Küster, H. (1994): The economic use of Abies wood as timber in central Europe during Roman times. Vegetation History and Archaeobotany 3, S. 25–32.

10 Keweloh, H.-W. (1985): Flößerei in Deutschland. Stuttgart.

11 Frühsorge, Gotthardt (1984): Luthers Kleiner Katechismus und die »Hausväterliteratur«. Pastoraltheologie 73, S. 380-393.

Kiefernwirtschaft im Wandel

Erfahrungsbericht eines Forstamtsleiters aus zwei Epochen

Reginald Rink

Das Forstamt und sein Territorium

Das Forstamt Kaliß umfasst eine Gesamtwaldfläche von rund 17.000 Hektar und liegt, angrenzend an die Bundesländer Brandenburg und Niedersachsen, im Südwesten Mecklenburgs im Landkreis Ludwigslust-Parchim. Die Gegend mit circa 30 Prozent Bewaldung ist durch weite Kiefernwälder, Heiden und Dünen geprägt. Typisch für diese Landschaft sind ihre unterschiedlichen Charaktere auf engstem Raum, wie zum Beispiel die Überschwemmungsgebiete der Elbe mit angrenzendem Magerrasen und hohen Sanddünen.

Die große Weite der Elbe-Flusslandschaft mit ihren Feldern und Auen ist ein bevorzugter Lebensraum für nordische Gäste. Zahlreiche Kraniche, Gänse und Schwäne nutzen die Acker- und Grünlandflächen als Zwischenstation auf dem Flug in die Winterquartiere. Seit Jahrzehnten brüten auch Seeadlerpaare in den angrenzenden Kiefernwäldern.

Die Geländeausformung mit ihren armen und trockenen Sandböden entstand im Wesentlichen zum Ende der letzten Eiszeit. Mit zunehmender Erwärmung flossen große Schmelzwassermengen Richtung Elbe-Urstromtal und lagerten überwiegend leichte Sande bzw. Kiese ab. Zusätzlich trugen Windstürme zur Relief- und Dünenbildung bei. Die sich nach der Eiszeit allmählich herausbildende Baumvegetation bestand überwiegend aus lichten Kiefern-Birken-Eichen-Wäldern.

Im Zuge der menschlichen Besiedlung und Inbesitznahme des Waldes durch Rodungen und Holznutzung kam es zum Ausgang des Mittelalters, wie überall auf dem Gebiet des heutigen Deutschland, zu einer akuten Holznot. Ackerbau, Hausbau, Brennholzwerbung, Köhlereien und Glashütten verursachten großflächige Waldverluste. Ein durchgehendes Problem dieser Gegend war die geringe

Nährstoffausstattung der trockenen Sandböden, die ohne die Zufuhr von Dünger schnell in der Ertragsfähigkeit nachließen, was zur Aufgabe der landwirtschaftlichen Nutzung und zur Bildung von sogenannten Wüstungen führte. Vom 12. bis 18. Jahrhundert traten in der Region deshalb wieder Erosionen und Dünenbildungen auf. Die ertragsschwachen Böden verhinderten auch, dass sich landwirtschaftlicher Großgrundbesitz in der Region etablierte.

Zur Festlegung der Flugsandböden und zur dringend benötigten Holzproduktion wurden alle brachliegenden und für die Landwirtschaft ungeeigneten Flächen in diesem Bereich ab dem 18. Jahrhundert gezielt aufgeforstet. Das seit 1755 bestehende Forstamt Kaliß zählt deshalb zu den ältesten Forstdienststellen des Landes Mecklenburg-Vorpommern. Nach 1945 wurde es, wie alle Forstämter in der Sowjetischen Besatzungszone, aufgelöst. Allerdings umfasste die 1952 mit Bildung der Staatlichen Forstwirtschaftsbetriebe der DDR gegründete Oberförsterei Conow das Territorium des alten Forstamtes Kaliß. Diese gehörte zum Staatlichen Forstwirtschaftsbetrieb Ludwigslust und 1958 nach dessen Vereinigung mit dem Staatlichen Forstwirtschaftsbetrieb Perleberg bis 1991 zu diesem Forstbetrieb im Bezirk Schwerin. Nach der Wiedereinrichtung der Bundesländer wurden die einstigen Staatlichen Forstwirtschaftsbetriebe zum 31.12.1991 aufgelöst und ab 1992 wieder Forstämter eingerichtet. Das neu entstandene Forstamt behielt zunächst den Namen »Conow«, wurde aber, nach dem Umzug der Dienststelle 2002 in das alte Forstamtsgebäude nach Kaliß, 2012 im Zuge einer Verwaltungsreform wieder in »Forstamt Kaliß« umbenannt. Heute ist es eines von 29 Forstämtern des Landes Mecklenburg-Vorpommern. Es ist in sechs Reviere gegliedert, die (ohne Bundeswald) jeweils circa 2.000 Hektar umfassen. Die Waldbesitzverhältnisse bei einer Gesamtwaldfläche von 16.980 Hektar stellen sich wie folgt dar:

- Landeswald: 7.358 Hektar
- Bundeswald: 4.445 Hektar
- Privatwald: 4.634 Hektar
- Kommunalwald: 502 Hektar
- Kirchenwald: 41 Hektar

Mit rund 90 Prozent dominiert die Baumart Kiefer auf den vorwiegend nährstoffarmen und trockenen Sandstandorten. Auf wenigen grundwasserbeeinflussten Waldstandorten mit besseren Nährkraftstufen wachsen Erlen (ein Prozent), Eichen (zwei Prozent), Birken und auch Buchen (je 1,5 Prozent).

Der Waldbestand ist überwiegend als Altersklassenwald gegliedert.

Der langjährige durchschnittliche Hiebssatz des Forstamtes beträgt 4,3 Erntefestmeter pro Jahr und Hektar. Somit ergibt sich ein durchschnittlicher Jahreseinschlag von 32.000 Erntefestmetern für den Landeswald. Das Forstamt liegt im Grenzbereich der Regionalklimaformen Schwerin und Salzwedel und ist somit sowohl atlantisch als auch kontinental geprägt. Der durchschnittliche Jahresniederschlag beträgt 600 Millimeter und die Jahresdurchschnittstemperatur 8,3 Grad Celsius.

»Vom Winde verweht« … die Entstehung des vorhandenen Waldes und dessen Bewirtschaftung

Der gesamte südwestliche Raum Mecklenburgs wird landläufig als »Griese Gegend« bezeichnet. Zum Ursprung dieser Bezeichnung gibt es mehrere Deutungen. Eine davon sagt, dass der Landstrich immer dann in graue Staubwolken gehüllt war, wenn Frühjahrs- oder Herbststürme tobten und der blanke Sandboden aufgewirbelt und vom Wind verweht wurde. Auch heute tritt dieses Witterungsphänomen noch ab und an in Erscheinung und lässt uns erahnen, wie diese Gegend im ausgehenden Mittelalter unter diesen Stürmen und der Winderosion gelitten hat.

Die dauerhafte Bepflanzung des windanfälligen Sandbodens war also eine existenzielle Notwendigkeit für die Bewohner dieser Region. Hinzu kam der gravierende Holzmangel durch den Bedarf für Hausbau, Handwerk, Glashütten, Köhlereien, Ziegeleien, Salinen und die Brennholzwerbung.

Die Pionierleistung unserer forstlichen Vorfahren zur Wiederbewaldung dieser Heide- und Dünenlandschaft war eine riesige manuelle Kraftanstrengung, die mehrere Jahrzehnte andauerte und unter sehr schwierigen materiellen Voraussetzungen vollbracht wurde. Allein die Beschaffung von Pflanzen- und Saatgut oder die Anwuchspflege erforderten große Anstrengungen der verantwortlichen Forstleute. Dass diese Wiederaufforstung mit der Begrünung einer Sandwüste gleichzusetzen war, kann man an den wenigen noch offenen Wanderdünen in der Region gut beobachten (Wanderdüne Klein Schmölen bei Dömitz bzw. offene Dünen auf dem ehemaligen Truppenübungsplatz Lübtheen).

Forstwirtschaft in Zeiten der Rohstoffknappheit

Von 1945 bis 1989 war Holz ein begehrter und begrenzter Rohstoff. Die DDR war vom Weltmarkt teilweise isoliert und litt unter akutem Rohholzmangel. Darum mussten der Wald und sein Hauptprodukt Holz intensiv angebaut, gepflegt und genutzt werden. Dies schlug sich unmittelbar in der Bewirtschaftung nieder.

Es begann mit der Wiederaufforstungspflicht aller Blößen innerhalb von anderthalb Jahren und setzte sich in der Umwandlungsdringlichkeit nicht standortgemäßer und unproduktiver Bestände fort. Trotz permanenten Arbeitskräftemangels waren Kultur- und Jungwuchspflegemaßnahmen eine zwingende Planaufgabe, die durch überregionale Kontrolleure in ihrer Qualität und Quantität begutachtet wurde. Dies war neben der intensiveren Vornutzung der Bestände ein Grund, mit relativ hohen Pflanzenzahlen bei der Kunstverjüngung zu arbeiten. So wurden teilweise mehr als 20.000 Kiefernpflanzen je Hektar in den Boden gesteckt. Diese große Anzahl garantierte auch bei Ausfällen immer noch eine geschlossene Verjüngung im fünften Kontrolljahr. Nachbesserungen größerer Fehlstellen und begleitende Pflegemaßnahmen (Mähen und Hacken) ergänzten diese Bewirtschaftung.

Die Nutzung der gepflanzten Kiefern begann relativ frühzeitig mit dem Aushieb unerwünschter Bestandsglieder bei der Jungwuchspflege, denn ein Teil dieser den gleichmäßigen Aufwuchs aller anderen Kiefern störenden Bäume (sogenannte Protzen) wurde zu Faschinen gebunden. Diese wiederum wurden von Wasserbauern und Meliorationsbetrieben zum Ausbau von Gräben und Fließgewässern benötigt und waren somit gut absetzbar.

Die nächste Nutzungsetappe begann mit der Jungbestandspflege im entsprechenden Höhenrahmen (sieben bis zehn Meter). Hier wurden im Sinne einer kombinierten Hoch- und Niederdurchforstung vorherrschende und bereits unterdrückte Bestandsglieder entnommen. Dazu wurden die Bestände vorher durch das manuelle Vorasten jeder zweiten Reihe begehbar gemacht. Anschließend erfolgte der Aufschluss der Bestände entweder durch Reihenentnahme (jede fünfte, siebente oder zehnte Reihe) oder durch die Anlage von Schneisen im Abstand von 60 Metern quer zu den Pflanzreihen.

Danach wurden die Bestände durch den Revierförster ausgezeichnet und das zu entnehmende Baummaterial markiert. Das Abschneiden der Bäume erfolgte per Motorsäge, ebenso die Entastung stärkerer Stämme. Der schwächere, dünnere und teilweise bereits trockene Anteil der Bäume wurde mit der Axt in der Regel nur grob entastet und gehörte ebenfalls zu diesem Dünnholzsortiment.

Es schlossen sich die manuelle Vorkonzentration und Ablage der Stangen in Bündeln an, damit diese per Pferd oder Kleintraktor gerückt werden konnten. Das Holz wurde nach der Rückung im Wald von mobilen Hackschnitzelzügen gehackt und per LKW ins Plattenwerk Ribnitz-Damgarten zur Herstellung von Faserplatten transportiert.

Nun folgte die Pflege der mittelalten und älteren Bestände, die der weiteren Qualitätsverbesserung der Bestände sowie der Entnahme von Totholz oder künftig absterbenden Bestandsgliedern diente. Im Rahmen dieser Eingriffe galt es, den Bruch- und Dürrholzanteil der Bestände zu minimieren und möglichst alles vorhandene Holz einer Verwertung zuzuführen. Ziel war es unter anderem, keine Pflegerückstände in den Beständen zu haben, was eine prophylaktische Wirkung gegen biotische und abiotische Waldschäden (Pilz- und Käferbefall oder Waldbrand) hatte. Ausdruck dieser Wirtschaftsweise war die Abrechnung »Sauberer Waldkomplexe«, deren prozentualer Anteil an der Waldfläche wiederum die Prämienzuführung an die Forstbetriebe beeinflusste.

Auch bei den sogenannten Endnutzungen, wenn die Bestände ein gewisses Alter und einen Zieldurchmesser erreicht hatten, verblieb kaum Restholz auf den Kahlschlägen. Mit der exakten Holzaushaltung nach Eignung und Güteklassen erfolgte entsprechend der Holzqualität und -dimension die Sortierung in Verwendungsgruppen. Das ging vom wertvollsten Stamm (Furnierholz) über hochwertiges Sägeholz bis zum Einschnitt in Plattenholzsortimente. Mitunter wurde sogar noch das vorhandene dünne Astholz gehackt und für die Spanplattenproduktion genutzt.

Das darüber auf dem Kahlschlag verbliebene Restholz war bei den zahlreichen Brennholzselbstwerbern sehr begehrt, sodass die meisten Flächen anschließend problemlos manuell oder maschinell geräumt und zur Wiederaufforstung vorbereitet werden konnten. Dabei durfte die Zeit zwischen dem Einschlag der Fläche und der Wiederaufforstung nicht mehr als 18 Monate betragen. So sollten die Zuwachsleistungen der Waldflächen möglichst optimal und ohne Zeitverzug genutzt werden. Unaufbereitetes Wind- und Sturmbruchholz gab es nicht.

Im Zeitraum von 1980 bis 1988 mussten die verantwortlichen Oberförster für ihre Waldflächen sogenannte Höchstertragskonzeptionen erstellen, die zur Zuwachsmaximierung der Wälder im Sinne einer verstärkten Rohholzproduktion gedacht waren. Der Wald machte einen gepflegten Eindruck, Totalreservatsflächen ohne forstliche Eingriffe und unaufgeräumte Wälder gab es kaum. Es ist also kein Wunder, dass Forstleute und Anwohner, die von diesen forstlichen Prämissen und Waldbildern geprägt sind, angesichts heutiger Waldszenarien und Waldbehandlungsmethoden ins Grübeln kommen.

Die Forstwirtschaft seit der deutschen Einheit bis zur Gegenwart oder von der Mangelwirtschaft zur Überflussgesellschaft

Mit der Wiedervereinigung und freien Marktverhältnissen veränderte sich die Situation in den fünf neuen Bundesländern schlagartig. Ehemalige Holzverarbeiter kündigten ihre Lieferverträge oder verloren infolge marktwirtschaftlicher Konkurrenz und technologischen Rückstands ihre Existenz. Damit brachen Holzabsatzmärkte in der Region weg, was zu Lieferunsicherheiten für die Forstbetriebe führte. Die Neuausrichtung der Forstverwaltung war mit der Trennung von vielen vorher zum Staatlichen Forstwirtschaftsbetrieb gehörenden Betriebseinheiten verbunden.

Der Holztransport, sämtliche Werkstätten und alle Betriebsstätten der industriellen Warenproduktion (IWP) wurden separiert und privatisiert. Die Gewinnung von Kiefernrohbalsam (Harz) wurde völlig eingestellt.

Hinzu kamen gewaltige Strukturänderungen durch eine Neuordnung der Eigentumsverhältnisse. Die Staatlichen Forstwirtschaftsbetriebe hatten bis zur Wende den Wald aller Besitzarten außer dem Kirchenwald grenzübergreifend geschlossen bewirtschaftet. Die Rückgabe der Privatwälder an ihre Eigentümer bereitete vor allem im Waldkleinbesitz große Schwierigkeiten, denn durch die besitzübergreifende Bewirtschaftung der Staatlichen Forstwirtschaftsbetriebe war das Waldeigentumsbewusstsein vieler Waldbesitzer oft verkümmert. Auch waren ehemalige Eigentumsgrenzen kaum noch sichtbar. Während Alteigentümer sehr wohl wussten, wo sich ihre Waldflächen befanden, gab es vor allem bei ehemaligen Bodenreformwaldbesitzern bzw. deren Erben Defizite in der Zuordnung und Auffindung der Parzellen. Der ehemalige Großprivatwald und Flächen mit ungeklärtem Eigentum kamen unter die Verwaltung der Treuhand und wurden nach und nach verkauft oder früheren Besitzern zum Kauf angeboten.

In diese Zeit fielen auch die Auflösung der Staatlichen Forstwirtschaftsbetriebe und der Neuaufbau der Forstverwaltungen, was zu Verunsicherungen durch Stellenabbau und Kündigung systemnaher Leitungskader führte. Die drastischen gesellschaftlichen Veränderungen führten aber vor allem zu einem rigorosen Arbeitskräfteabbau. Neben der Ausgliederung vieler Nebenproduktionsbereiche wurde auch der forstliche Produktionsprozess stark verändert. Während zu DDR-Zeiten noch relativ viele Frauen im Wald tätig waren, wurden diese nach der Wende arbeitslos, weil deren bisherige Tätigkeiten nun als verzichtbar galten. Für uns

Forstleute besonders tragisch war der Preisverfall auf dem Holzmarkt. Vor allem der extrem niedrige Preis von Dünnholz und Industrieholz führte dazu, dass die bisherigen Pflegeeingriffe in den Jungbeständen zu hohen Kosten und geringen Erlösen führten, was die forstliche Notwendigkeit dieser Maßnahmen aus rein betriebswirtschaftlicher Sicht sehr stark reduzierte. Ebenso gravierend war die waldbauliche Neuausrichtung der Forstwirtschaft zur naturnahen Waldwirtschaft mit der Erhöhung der Naturverjüngungen, der Reduzierung der Wiederaufforstung durch Pflanzung bzw. die Halbierung der Pflanzenanzahl bei der Kiefer. Kulturpflegemaßnahmen wurden auf ein Minimum reduziert, die Jungwuchspflege und der erste Pflegeeingriff in den früher stammzahlreich begründeten Kiefernjungbeständen wurden unrentabel. Der Arbeitskräfteabbau setzte sich auch bei den männlichen Waldarbeitern fort, was dazu führte, dass dringend notwendige Pflege- und Aufräumarbeiten in Jungwüchsen ebenso wie die Beseitigung von einzelnen Sturmschäden und Windbrüchen unterblieben.

Die Umstellung vieler Heizungen auf Heizöl- oder Erdgasbetrieb in den Städten und Dörfern führte zu einem drastischen Rückgang der Brennholzselbstwerber, die früher als »Aufräumkommandos« dem Bruch- und Dürrholz zu Leibe gerückt waren.

Gleichzeitig nahm die Mechanisierung des Holzeinschlages durch die Entwicklung und den Einsatz von modernen und effektiven Maschinen (Harvestern) Fahrt auf. Die gefährliche und körperlich schwere ehemalige manuelle Motorsägenarbeit im Holzeinschlag wurde dadurch erleichtert und immer mehr ersetzt. Gleichzeitig führte das aber dazu, dass die Einsatzgrenzen hinsichtlich des Maschineneinsatzes den Mindestaufarbeitungsdurchmesser der Bäume stark nach oben trieben. Damit war die frühe, in den stammzahlreich begründeten Kiefernbeständen notwendige Pflege ausgeschlossen.

Die Kiefer – gestern, heute und morgen

Jeder in dieser Region tätige Forstmann hat im Laufe seiner Berufslaufbahn die Erfahrung gemacht, dass auf diesen grundwasserfernen, trockenen und nährstoffarmen Sanden einzig und allein die Baumart Kiefer wächst und so gedeiht, dass eine lohnende Holzernte erhofft werden kann. Die hier ansässigen Menschen haben dabei gelernt, dass es großer Geduld, Ausdauer und waldbaulicher Anstrengung bedarf, bis aus einem Kiefernsämling ein stattlicher Baum wird. Inzwischen haben die jahrhundertelangen forstlichen Anstrengungen zum Waldaufbau Früchte getragen, denn ganz allmählich haben sich die ehemals sandigen Rohböden zu deutlich besseren Waldstandorten durch den waldeigenen Humuseintrag verbessert. Wer aufmerksam durch den hiesigen Wald wandert, sieht hier und da noch alte Kiefernbäume aus der vorherigen Baumgeneration in den mittelalten oder auch bereits wieder hiebsfähigen Beständen stehen, sogenannte Überhälter, die das Baumwachstum des früheren Bestandes reflektieren. Ausnahmslos alle neuen Bestände haben diese »Baumveteranen« bereits höhenmäßig überwachsen und zeigen dem Fachmann, dass hier eine Bodenverbesserung (Bonitätssteigerung) eingetreten ist.

Freilich kann sich der Wald in unserer Klimazone mit den unterschiedlichsten Baumarten beinahe jedes Terrain zurückerobern. Zur Holzgewinnung auf armen und sehr armen Standorten sind aber nur wenige Baumarten geeignet. Die Kiefer als Hauptbaumart des Norddeutschen Tieflandes war so beliebt im Anbau, weil sie im Vergleich zu anderen Baumarten, vor allem den Laubbäumen, frühzeitigen Holzertrag und gute Zuwächse versprach. Wer diese Wälder, die vor 50, 100 oder 150 Jahren entstanden sind, mit heutigen forstlichen Maßstäben und gesellschaftlichen Ansprüchen an den Wald als forstliche Fehlentwicklung kritisiert, verkennt die geschichtlichen Bedingungen ihrer Entstehungszeit. Die mehr als 300-jährige Geschichte der Forstverwaltung, ihre Erfahrungen und wissenschaftlichen Erkenntnisse haben zu den Waldbildern geführt, die wir heute in weiten Teilen Deutschlands vorfinden. Man führe sich einmal vor Augen, dass die heute hiebsreifen Kiefernbestände (120 bis 130 Jahre alt) noch in der Kaiserzeit begründet wurden! Fünf unterschiedliche Gesellschaftssysteme, zwei Weltkriege und drei Revolutionen sind inzwischen Teil unserer deutschen Geschichte geworden.

Forstliche Erfahrungen erwirbt man durch jahrelanges praktisches Wirtschaften, möglichst am gleichen Forstort. Die Debatte über Kahlschlag oder Dauerwald hat sich in Deutschland in den letzten Jahren zugunsten der Kahlschlagvermeidung geneigt. Das ist ebenso plausibel wie die Förderung von Mischwäldern zur Stabilisierung und Vitalisierung unserer Wälder. Jeder Forstmann wird diese Ziele grundsätzlich unterschreiben, allerdings zwingt uns das »eiserne Gesetz des Örtlichen«, genau hinzuschauen, was uns die Natur als standörtliche Voraussetzung zur Bewirtschaftung überlassen hat. Diese Kenntnisse erschließen sich am besten durch langjährige Tätigkeit am gleichen Forstort. Nur wer über Langzeiterfahrungen verfügt, erkennt die für seine Verhältnisse besten Verjüngungs-, Pflege- und Hiebsstrategien. Dies gilt auch für die Kiefer, die als Pionier- und Lichtbaumart ganz besondere Anforderungen stellt. Nur wer über viele Jahre hinweg seinen Wald von der Begründung bis zur Pflege beobachten kann, wird die Sensibilität zur richtigen Behandlung seines Waldes am jeweiligen Standort erlernen. Deshalb sind forstliche Strukturveränderungen, die Stellenwechsel nach sich ziehen, kontraproduktiv für die Gewinnung von Erfahrungswerten.

Eine ganz elementare Erfahrung bei der Kiefernbewirtschaftung ist die Beachtung der Licht- und Bodenverhältnisse. Der überaus reichliche Samen von reifen Kiefern wird vom Wind dank der geflügelten Samenkörner weit in der Fläche verteilt, was sich zur natürlichen Waldverjüngung sehr gut nutzen lässt. Leider gelangt der überwiegende Teil der Samen aber nicht zum Keimen, weil die meistens geschlossene vorhandene Bodenvegetation das Ankommen der Samenkörner auf dem Erdboden verhindert. Dem kann man entgegenwirken, indem durch Bodenbearbeitung Teile des Rohbodens freigelegt werden, um das Ankommen der Samenkörner und deren Keimung zu ermöglichen.

Die zweite wichtige Voraussetzung zum Gelingen einer Kiefernpflanzung oder aber Naturverjüngung ist die Herstellung der zum Wachstum erforderlichen Lichtverhältnisse. Optimale Lichtverhältnisse sind aber nun einmal am ehesten mit Kahlschlägen oder aber kahlschlagähnlichen Bedingungen für die Lichtbaumart Kiefer zu erreichen. Alle Verjüngungsversuche mit dichten oder lockeren Schirmstellungen führten zu Zuwachsverlusten oder gravierendem Pflanzenausfall durch Kiefernschütte.

Über Pflegeeingriffe und notwendige Dünnholzaufbereitung lässt sich sicher streiten: Holz, das im Wald verbleibt und zu Humus wird, dient schließlich der Standortverbesserung. Waldästhetisch sind diese Waldbilder mit stammzahlreich begründeten ungepflegten Beständen aber fragwürdig, was bei den Waldbesuchern Befremden auslöst. Dieser Zustand betrifft nahezu alle Waldbesitzarten.

Es steht außer Frage, dass der heutige Wald veränderte gesellschaftliche Erwartungen erfüllen muss. Die Anzahl der Schutzgebiete im Wald ist enorm gestiegen. Nationalparke und Biosphärenreservate schaffen mit Kernzonen bereits große Gebiete, die ohne forstliche Bewirtschaftung bleiben und der natürlichen Waldentwicklung Raum bieten. Dass das System der forstlichen Untätigkeit jedoch auf weite Teile unseres historisch gewachsenen Kulturwaldes übertragbar ist, bezweifle ich. In den letzten Jahren werden immer größere Forderungen zum Waldumbau hinsichtlich dessen Klimastabilität laut. Das ist angesichts großflächig absterbender Fichtenreinbestände verständlich und eine forstliche Mammutaufgabe für die kommenden Jahre. Die Forderung nach einer Abkehr von der Baumart Kiefer sehe ich angesichts der Klimaentwicklung und der örtlichen Standortverhältnisse in Südwestmecklenburg dagegen nicht. Diese Pionierbaumart hat gerade in den letzten Trockenjahren ihre Trockenresilienz bewiesen und diesen Stress besser bewältigt als alle anderen Baumarten.

Forstwirtschaft — Fluch oder Segen?

Die Beantwortung dieser Frage hängt sehr stark von der Erwartung ab, die wir an den Wald haben. Ich möchte natürlich als Forstmann antworten.

Der urbane Stadtbewohner sieht die Natur anders als der Landbewohner, was sich auch in seiner Sicht auf den Wald ausdrückt. Die großstädtische Umgebung und Waldferne führen zu einer Natursehnsucht, die sich im Wunsch nach Wildnis und Unberührtheit manifestiert.

Dagegen ist die Waldsicht der Dorfbewohner, der Holz verarbeitenden Betriebe, Handwerker und Forstleute eine ganz andere. Für sie sind Waldnutzung, Pflege und Pflanzung eine Notwendigkeit, die sich aus der historischen Waldbedeutung der letzten Jahrhunderte und dem Generationenvertrag Wald ergibt. So wie wir heute nur ernten können, was unsere Vorväter gepflegt haben, wollen wir unseren Kindern und Enkeln einen gepflegten Wald zu deren Nutzung hinterlassen. Forstleute und Waldbewirtschafter haben immer die Zukunft im Blick, weil sie, wenn sie das Gegenwärtige nutzen, wissen, dass sie dies ihren forstlichen Vorfahren verdanken.

Die bei diversen Waldführungen mit Touristen bzw. Einheimischen gemachten Erfahrungen spiegeln genau diese gegensätzlichen Auffassungen zu Wald und Forstwirtschaft wider. Es ist eine gesellschaftliche Herkulesaufgabe, diesen Widerspruch zu überwinden.

Wenn man sich darüber hinaus die Frage nach der menschlichen Existenz und deren materieller Sicherung in der Zukunft stellt und weiß, dass ein Großteil der gegenwärtig genutzten Rohstoffe auf unserem Planeten endlich ist, der muss sich zwangsläufig fragen, was künftige Generationen nutzen sollen. Eigentlich bleibt dann nur das Holz als nachwachsender und universell nutzbarer Rohstoff, der nahezu überall auf der Erde verfügbar ist, was weltweite Transporte einschränkt oder überflüssig macht. Verstärkt wird dieses Argument zudem durch die enorme Bedeutung des Waldes für das Weltklima.

Die weltweite Nutzung von Wäldern, und insbesondere die deutsche Forstwirtschaft haben außerdem gezeigt, dass damit mehrere Waldfunktionen erfüllbar sind und Nutzung und Naturschutz sich nicht automatisch ausschließen. Ich meine deshalb, dass der Wald, seine Pflege und seine Nutzung auch in Zukunft einen Glücksfall für die Menschen darstellen.

Literaturhinweise

Schmidt, G. (2006): Beiträge zur Geschichte des Forstwesens in M-V, Band I. Ministerium für Ernährung, Landwirtschaft, Forsten und Fischerei Mecklenburg-Vorpommern (Herausgeber).

Arens, D. (2012): Der deutsche Wald. Köln: Komet.

Waldumbau in Sachsen — Aufgabe für Generationen

Der Weg von Fichten- und Kiefernforsten zu standortgerechten Kulturwäldern

Dirk-Roger Eisenhauer

Waldbauliche Positionsbestimmung

Waldgenerationen bestimmen die zeitliche Dimension, in der die Annäherung an ein dynamisches Zielsystem durch Waldbewirtschaftung erreicht werden kann. Aufgrund der langen Zeiträume sind allerdings Änderungen von gesellschaftlichen Anforderungen an den Wald und seine Bewirtschaftung wahrscheinlich. Daher ist es wesentlich, strategische Erfolgspotenziale abzuleiten, von denen eine hohe Konstanz angenommen werden kann.

Übergeordnetes waldbauliches Ziel sind standortgerechte Wälder, die eine möglichst ausgeprägte Stetigkeit der Holzproduktion aufweisen. Davon ausgehend, können als strategisches Erfolgspotenzial Ökosystemleistungen, die maßgeblich zur Funktionalität der Kulturlandschaft beitragen (Abflussregulation, Wasser-, Boden- und Klimaschutz, Biodiversität, Freizeit und Erholung), in einer lokal differenzierten Ausprägung und in einem ausgewogenen Verhältnis zur Produktion von Holz definiert werden. In diesem Zusammenhang sind die Hochwasserereignisse in den Jahren 2002, 2006, 2010, 2013, 2014 und 2021 recht eindrucksvolle Indikatoren für die enorme Störungsanfälligkeit der Kulturlandschaft im Freistaat Sachsen.[1]

Für den Umbau der Wirtschaft zu einer auf nachwachsenden Rohstoffen und erneuerbaren Energien aufbauenden Bioökonomie ist die kontinuierliche regionale bis nationale Verfügbarkeit von Holz eine der tragenden Säulen. Global wird Holz zu einer strategischen Ressource.[2] Der Erhalt bzw. die Erneuerung funktionaler Biodiversität* ist als Weg und Ziel des Waldumbaus ein weiteres strategisches Erfolgspotenzial. Dieses bezieht sich primär auf das dynamische Beziehungsgefüge von Waldökosystemen und sekundär auf die Ausprägung verschiedener Ökosystemleistungen.

Devastierte Landschaften, Holzmangel

Während des weit überwiegenden Teils der Forstgeschichte hat auch im heutigen Freistaat Sachsen die Deckung des Holzbedarfs die Entwicklung der Forstwirtschaft geprägt. Der Perspektive, aus der politisch maßgebende Teile der Gesellschaft heute Sachsens Wälder betrachten, ist die des Holzmangels fremd. Gleiches gilt für devastierte Waldlandschaften, die ihre landschaftsökologischen Funktionen in historischer Zeit nur noch bedingt erfüllt haben. Es waren jedoch gerade katastrophale Waldschäden, die mit der zweiten Hälfte der 1980er-Jahre die frühe Initialphase des Waldumbaus von Fichten- und Kiefernforsten zu standortgerechten Kulturwäldern und die erneute Hinwendung zu den Prinzipien eines ökologisch orientierten Waldbaus auslösten.

Die Rahmenvorgaben für die Forstwirtschaft in der DDR waren auch während dieser Zeit nach wie vor von der Prämisse bestimmt, ein hohes Maß der Eigenversorgung der Volkswirtschaft mit Holz zu sichern. Ein systematischer Vorratsaufbau wurde dafür nicht nur angestrebt, sondern auch erreicht. Der Holzvorrat stieg im Gesamtwald der DDR von 129 Kubikmetern je Hektar im Jahr 1961 auf 182 Kubikmeter je Hektar im Jahr 1985.[3] Dies war dennoch lediglich ein Drittel des gegenwärtigen Holzvorrates im sächsischen Staatswald von 367 Kubikmetern je Hektar[4] vor der aktuellen Spirale von Systemeinbrüchen (»Waldschäden«). Die Gründe hierfür waren

- der stark abgesenkte Holzvorrat infolge der Kriegswirtschaft und des Wiederaufbaus,
- der im Verhältnis zur Fichte flächenbezogen hohe Anteil der weniger wüchsigen Kiefer auf den Sandböden des Nordostdeutschen Tieflands,

* Unter funktionaler Biodiversität wird die Vielfalt an Wechselwirkungen zwischen unterschiedlichen Elementen und Hierarchieebenen eines Ökosystems verstanden; eine hohe Artenzahl ist beispielsweise eine Bedingung dafür, dass ein Ökosystem eine große Anzahl verschiedener ökologischer Funktionen übernehmen kann.

- die zum Teil degradierten Waldböden als Folge von historischen Nebennutzungen wie zum Beispiel die Entnahme der Nadelstreu für die Landwirtschaft und den dadurch bedingten Humusentzug sowie
- die im Wesentlichen auf maximale Holzproduktion ausgerichtete Forstwirtschaft.

Letzteres bedingte eine Endnutzung der Bestände ab der Phase, wo durch einen Zuwachsrückgang und das Risiko von Einwirkungen abiotischer und biotischer Schadfaktoren mit Produktionsverlusten zu rechnen war, etwa in einem Alter zwischen 80 und 100 Jahren. Dennoch wurde der nachfolgenden Generation von Forstleuten ein im Sinne des ökologisch orientierten Waldbaus entwicklungsfähiges Potenzial übergeben. Kritisch waren in Teilen die qualitative Struktur des Holzvorrates, vor allem durch Fäule infolge von massiven Rindenschäden durch Rotwild, und der durch gleichaltrige Reinbestände geprägte Waldaufbau.[5]

Zu Beginn der 1990er-Jahre kann das Ausgangspotenzial für den Waldumbau in Sachsen wie folgt charakterisiert werden:

- In den überwiegend jüngeren bis mittelalten, bis etwa 60-jährigen Kiefern- bzw. Fichtenforsten bewirkten Durchforstungsrückstände eine geringe statische Stabilität gegenüber Schneebruch.
- Laubbaumbestände waren in ähnlicher Weise von Durchforstungsrückständen geprägt. Dies betraf im Tief- und Löß-Hügelland vor allem Trauben- und Stieleichen-, im Mittelgebirge Rotbuchenbestände.
- In den Immissionsschadzonen der Hoch- und Kammlagen der Mittelgebirge bestimmten Bestände aus sogenannten Übergangs- und Pionierbaumarten, wie Stechfichte, Murraykiefer, Omorikafichte bzw. Eberesche und Birke, auf einer Fläche von circa 5.000 Hektar die Waldentwicklung.
- Die Bestände wiederkäuender Schalenwildarten (Rot-, Reh-, lokal Dam- und Muffelwild) ermöglichten außer bei Fichte und Kiefer kaum eine Kunstverjüngung (Pflanzung, Saat) ohne Schutzmaßnahmen. Auch Naturverjüngung war wegen des massiven Beweidungsdruckes weitgehend ausgeschlossen. Ökologisch bedeutende Begleitbaumarten wie Eberesche, Aspe und Weiden konnten ebenso nicht aufwachsen.
- Die ökonomischen und strukturellen Bedingungen für die Forstwirtschaft führten mit dem Zusammenbruch der DDR zu tiefgreifenden strukturellen Verän-

derungen der Forstverwaltungen, unter anderem erfolgte ein weitreichender Personalabbau.

- Die Kulmination der Waldschäden und der daraus resultierende umweltpolitische Gestaltungswille bedingten und ermöglichten in Sachsen mit dem Beginn der 1990er Jahre einen programmatischen und zunehmend evidenzbasierten Waldumbau.

1992 bis 2002: Vom schlagweisen Hochwald zu standortgerechten Kulturwäldern durch ökologisch orientierten Waldbau

Die sogenannten neuartigen Waldschäden wurden bereits zu Beginn der 1990er-Jahre als Indizien des Klimawandels aufgefasst und die Auswirkungen von globalen Umweltveränderungen auf Wald und Forstwirtschaft analysiert.[6] Der Klimawandel wurde damit von Beginn an zu einem Aspekt des Waldumbaus. Um die Anpassung der Waldstruktur und der Baumartenzusammensetzung durch prozessorientierte Modellierung des Wasserhaushalts unterstützen zu können, wurde damals ein System von Waldklimastationen etabliert. Dadurch steht heute eine über 25 Jahre hinweg aufgebaute Datenbasis zur Verfügung, welche zur Analyse der Auswirkungen insbesondere von extremen Witterungsverläufen auf Wälder herangezogen werden kann. Auch der Einfluss waldbaulicher Behandlung auf die abflussregulierende Wirkung von Wäldern in funktionalen Landschaftseinheiten kann auf dieser Basis abgeschätzt und die waldbauliche Steuerung darauf abgestimmt werden.[7]

Die extreme Versauerung der Waldböden Sachsens war mit dramatischen Basenausträgen verbunden. Repräsentative Informationen zur bodenökologischen Ausgangssituation ergab die Bodenzustandserhebung zwischen den Jahren 1992 und 1997.[8] In Verbindung mit der Bodenschutzkalkung war die Entwicklung einer standortgerechten Baumartenzusammensetzung von Beginn an auf ausgeglichene Stoffkreisläufe gerichtet. Im Prinzip handelte es sich um eine Hilfe zur Selbsthilfe der Waldökosysteme, um über die Zuführung der durch saure Bodenwässer ausgetragenen Basenvorräte (zum Beispiel Calcium und Magnesium) die Stoffkreisläufe wieder auszugleichen. Letzteres erfordert eine Beteiligung standortgerechter Laubbaumarten von mindestens 20 bis 25 Prozent, auch im Fall von weiterhin durch Fichte dominierten Waldbeständen in den Hoch- und Kammlagen der Mittelgebirge.

In Fichten- und Kiefernforsten bestand eine ausgeprägte Diskrepanz zwischen Standort (Biotop) und aktueller Waldlebensgemeinschaft (Biozönose). Unter den Bedingungen einer weitgehenden Verarmung der Baumartenzusammensetzung und des Genpools standortgerechter Baumarten waren die Erarbeitung der genetischen Grundlagen sowie die Erschließung und Bereitstellung von geeignetem forstlichen Vermehrungsgut eine notwendige Voraussetzung für den Waldumbau.

Die Pflege von Anpflanzungen und Jungwüchsen diente seit Beginn der 1990er-Jahre der Entwicklung einer standortgerechten Baumarten- bzw. Gehölzvielfalt. Nach einer bisher auf Produktionsmaximierung gerichteten Behandlung von Fichten- und Kiefernjungwüchsen bedeutete das für die Praxis einen erheblichen Umstellungsprozess. Dieser betraf auch die in der Waldentwicklung folgende Jungbestandspflege und Durchforstung.

Die Förderung von individueller statischer Stabilität, des Durchmesser- und Wertzuwachses des einzelnen Baumes und der vertikalen Differenzierung der Bestände gewann erheblich an Bedeutung. Die Eingriffe entsprachen einer Hochdurchforstung, also einem Eingriff in die herrschende Bestandsschicht, und einer positiven Phänotypenauslese der Bäume mit der relativ besten zu erwartenden technischen Holzqualität.

Vernachlässigt wurde allerdings, dass diese Eingriffsstruktur an ein etabliertes Potenzial für einen vertikalen Waldaufbau gebunden ist. Die der Kronenentwicklung vorausgehende Wuchsraumerweiterung bezog sich nach dem zuvor umrissenen Ausleseprinzip auf eine sehr geringe Anzahl von vorherrschenden bis herrschenden Bäumen (sogenannten Zielbäumen). Unter den Bedingungen des eingebrochenen Schwachholzmarktes handelte es sich bei diesem Durchforstungskonzept um eine zielkonforme waldbauliche und ökonomische Rationalisierungsmaßnahme. In Verbindung mit der Verfügbarkeit von hochmechanisierten Holzerntesystemen gelang so innerhalb eines Jahrzehnts der weitgehende Abbau der Durchforstungsrückstände.

In den Fichtenbeständen konnte die statische Stabilität der herrschenden Baumschicht gegenüber Schneedruck in kurzer Zeit verbessert werden. In den Eichenbeständen führte die Auflockerung der horizontalen Bestandsstruktur zu günstigeren ökophysiologischen Bedingungen und damit neben einer ertragsorientierten Förderung des Radialzuwachses zu einer geringeren Prädisposition gegenüber Trockenheit. In einschichtigen Buchen-Reinbeständen entstanden frühe Initialstadien von Verjüngungsvorräten. Diese bildeten – neben dem Belassen von starken Buchen und Buchengruppen mit geringer technischer Holzqualität – das Potenzial für die Herausbildung einer Mosaikstruktur, die auch lokale Alterungs- und Zerfallsphasen einschließt. Für Eichenbestände galt dies entsprechend.

Die Durchforstung bestimmte also das Holzaufkommen. Lediglich zehn Prozent der Holznutzung entfielen auf Bäume, die ihre technische und finanzielle Hiebsreife erreicht hatten.

Kritische Aspekte waren:

- die Überbetonung der Vitalität im Verhältnis zum qualitativen Entwicklungspotenzial des einzelnen Baumes,
- die weitgehend fehlende Berücksichtigung des realen Entwicklungspotenzials des einzelnen Waldbestandes bei der Umsetzung der Durchforstungskonzepte,
- die fehlende Ausweisung differenzierter Produktionsziele im Hinblick auf Qualität und Zieldurchmesser sowie die eingeschränkte Berücksichtigung eines ausgewogenen Verhältnisses der potenziell produzierten Holzmenge zur Wertleistung,
- zu starke Durchforstungseingriffe in 40- bis 60-jährige Kiefernbestände, die innerhalb der Planungsperiode nicht durch den laufenden Zuwachs kompensiert werden konnten und zudem anstelle der Ausbreitung standortgerechter Laubbaumarten eine konkurrenzstarke Bodenvegetation begünstigten.[9]

Die Erntenutzung wurde vom Produktionsziel für den einzelnen Baum und von der Verjüngung unter dem Schirm des Altbestandes bestimmt. Somit erfolgte eine prinzipielle Abkehr von bestandsweisen Endnutzungen durch Kahl- und schematisch geführte großflächige Schirmhiebe zugunsten von trupp- bis gruppenweisen Schirmstellungen (Femelhieben) bei einem insgesamt geringen Verjüngungsprozent* von etwa zwei Prozent pro Jahrzehnt, bezogen auf die Fläche des sächsischen Landeswaldes. Eine differenzierte Planung der Endnutzung und Verjüngung in Abhängigkeit vom Ausgangszustand und Entwicklungspotenzial der Waldbestände erfolgte aber kaum. Gleiches galt für die Rolle der Naturverjüngung in Anbetracht der Dominanz von Fichte und Kiefer.

Sogenannte ökologische Unterbauten in Kiefernforsten mit 2.000 bis 3.000 Rotbuchen je Hektar erreichten ihr eigentliches Ziel, die Ausbreitung verjüngungshemmender Begleitvegetation einzugrenzen, nur eingeschränkt, insbeson-

* Das Verjüngungsprozent ist der Anteil der bereits verjüngten Fläche an der Gesamtfläche eines Waldes oder eines Wald(entwicklungs)typs.

dere auch weil die geringe Zahl der gepflanzten Buchen durch Mäusefraß weiter reduziert wurde.

Die Rolle der Jagd als Instrument des Waldumbaus wurde zwar neu definiert, jedoch nur inkonsequent umgesetzt. Letzteres betraf zum Beispiel eine überhöhte Einordnung der unmittelbaren Einnahmen aus der Jagd gegenüber dem Einsparungs- und Rationalisierungseffekt für den Waldumbau, aber auch handwerkliche Aspekte wie die professionelle Durchführung großräumiger gemeinschaftlicher Jagden. Diese sind gegenüber der dominierenden individuellen Jagdausübung ein effektives Instrument zur Wildbestandsbegrenzung.

2002 bis 2012: Entwicklung und Umsetzung einer evidenzbasierten Waldbaustrategie

Der nächste Schritt war die grundlegende Systemanalyse des Waldzustandes sowie der umweltpolitischen und forstbetrieblichen Rahmenbedingungen für den Waldumbau. Die Ergebnisse der zweiten Bundeswaldinventur (BWI²)[10] mit Stichtag 01. 01. 2002 bestätigten folgende zunächst empirisch begründete Positionen:

- Ein weiterer Vorratsaufbau wird durch die zunehmende Prädisposition der Fichten- und Kiefernforste gegenüber abiotischen und biotischen Schadfaktoren und eine zunehmende Eintrittswahrscheinlichkeit von großflächigen Systemeinbrüchen begleitet,
- die vorhandenen Verjüngungsvorräte standortgerechter Baumarten waren zu gering, um potenzielle Systemeinbrüche zu puffern,
- die qualitative Struktur des Holzvorrates erforderte differenzierte Produktionsziele,
- die Intensität des Umbaus der Kiefern- und Fichtenforste zu standortgerechten Kulturwäldern war im Verhältnis zu deren kritischer Systemdynamik zu gering,
- eine konsequente, das heißt waldökologisch wirksame Reduktion der Bestände wiederkäuender Schalenwildarten war mit hoher Dringlichkeit zu vollziehen und vorerst noch durch Schutzmaßnahmen gegen Wild zu flankieren.

Von außerordentlicher Bedeutung war, die Auswirkungen des in den Jahren 1992 bis 2002 begonnenen Waldumbaus und der zwischen 2002 und 2005 entwickelten Waldbaustrategie auf den Waldzustand, sein künftiges Entwicklungspotenzial und zentrale forstbetriebliche Kenngrößen zu analysieren.[11]

Die Anpassung von waldbaulichen Entwicklungszielen und Behandlungskonzepten an den Klimawandel erfordert die Verbindung der forstlichen Klimagliederung nach Höhenzonen mit der heute angewandten dynamischen Klimagliederung. Anhand der Vegetationszeitlänge und der klimatischen Wasserbilanz, normiert auf die Monate der Vegetationszeit, wurden Klimaareale ausgewiesen,[12] die für die jeweils aktuelle 30-jährige Klimanormalperiode evaluiert und angepasst werden können.

Die Wasserspeicherfähigkeit von Waldböden beeinflusst zusammen mit dem Klima, dem Relief und der Exposition den Wasserhaushalt von Waldökosystemen. Ausgehend von der nutzbaren Feldkapazität (nFK), wurden auf der Basis eines digitalen Höhenmodells die Lokalbodenformen der forstlichen Standortskartierung in Substratfeuchteklassen zusammengefasst.[13] Diese Vorgehensweise unterstützte die Anpassung von Waldbehandlungskonzepten an sich ändernde klimatische Standortbedingungen, denn das in der forstlichen Standortserkundung bis vor Kurzem als weitgehend konstant betrachtete Klima muss künftig dynamisch betrachtet werden, da insbesondere mit der Baumartenwahl fast immer über Zeiträume von weit mehr als einem Jahrhundert entschieden wird. Auf einer höheren Aggregationsebene können aus den Substratfeuchteklassen darüber hinaus Informationen über die Beziehungen zwischen Waldaufbau und Landschaftswasserhaushalt abgeschätzt werden.[14]

Die Forstwirtschaft der Gegenwart steht vor der Aufgabe, die Veränderung der Klimaverhältnisse bereits heute von der Bestandsbegründung bis zu den Pflegekonzepten zu berücksichtigen, um über die Art der Waldbewirtschaftung Auswirkungen des Klimawandels wenigstens teilweise abpuffern zu können. Aus den über Klima, Relief, Exposition und Boden definierten Waldstandorten wurden zunächst künftige Leitwaldgesellschaften abgeleitet. Grundlage dafür sind sogenannte Möglichkeitsräume für das Vorkommen von Baumarten, Sträuchern und Arten der Bodenvegetation.[15] Durch die Berücksichtigung von Klimaszenarien ist es möglich, zu erwartende Veränderungen in einer planungsrelevanten räumlichen Auflösung abzubilden. Davon ausgehend, lassen sich dynamische Zielzustände für die Waldentwicklung ableiten. Bezogen auf eine konkrete Waldfläche, handelt es sich um Rahmenvorgaben für eine zum Beispiel durch vorrangige Bedeutung der Abflussregulation erforderliche funktionale Modifikation. Insgesamt erfolgte eine system- und prozessorientierte Qualifizierung des Zielsystems für den Waldumbau.[16]

Bezogen auf eine waldtypologische Einheit (Standortvegetationstyp), wird eine mittel- bis langfristige Prognose der biozönotischen Stabilität der Wälder als Wirkungseinheit aus Resistenz und Resilienz maßgeblich durch die Standortgerechtigkeit der Baumartenzusammensetzung und die Waldstruktur bestimmt. Auf dieser Basis können waldbauliche Maßnahmen abgeleitet werden, die zu einer günstigen Entwicklung der biozönotischen Stabilität gegenüber abiotischen und biotischen Schadfaktoren beitragen. Dabei gewinnt unter dem Einfluss von Änderungen der Biotope (Standorte) gegenüber der Resistenz die Resilienz als Fähigkeit zur strukturellen Erneuerung nach Systemeinbrüchen und zur Anpassung an Standortänderungen maßgeblich an Bedeutung. Mit zunehmender Prädisposition gegenüber destruktiv wirkenden exogenen bzw. endogenen (Schad-)Faktoren nehmen waldbauliche Möglichkeiten, die zu einer ausgeprägten Systemkontinuität beitragen können, rapide ab. Die Gestaltung waldökologischer Prozesse verlagert sich mit zunehmender Prädisposition von der waldbaulichen Prävention zum unmittelbaren Risikomanagement. Für die Kiefern- und Fichtenforste war offensichtlich, dass sich diese auf großer Fläche in wenigen Jahrzehnten ihrer kritischen Phase – einer hohen Eintrittswahrscheinlichkeit von großflächigen Systemeinbrüchen beispielsweise durch Sturm, Trockenheit oder Insekten – annähern. Durch die Anwendung eines aggregierten Modells zur Risikoabschätzung wurden auf einer Fläche von 110.000 bis 130.000 Hektar hoch und sehr hoch prädisponierte Fichtenbestände ausgewiesen.[17] Bei den Kiefernforsten kam es zu einer ähnlichen Einschätzung. Für die Funktionalität der sächsischen Kulturlandschaft zeichnete sich damit eine kritische Situation ab.

Konsequenz aus dieser Risikoabschätzung ist die Notwendigkeit, bei Erntenutzung und Verjüngung räumlich und zeitlich differenziert vorzugehen, sodass mit dem Erntenutzungs- und Verjüngungsfortschritt der Eintrittswahrscheinlichkeit eines Systemeinbruchs entsprochen wird. Grundsätzlich sollten dabei alle Erntenutzungs- und Verjüngungsarten berücksichtigt werden.[18] Auch Kahlhiebe sind bei einer kritischen kurz- bis mittelfristigen (10-jährigen) Waldschutzprognose in Betracht zu ziehen, vor allem dann, wenn eine Verjüngung unter dem Schirm des Altbestandes ausscheidet. Beispiele hierfür sind Fichtenbestände auf Pseudogley oder Sandrohr-Kiefernforste, wo eine natürliche Verjüngung der Kiefer faktisch ausgeschlossen ist, aber die Kiefer standörtlich bedingt auch die folgende Waldgeneration prägen soll. Diese Vorgehensweise ermöglicht neben einer höheren funktionalen Stetigkeit ein vielfältigeres Mosaik an Waldentwicklungsphasen und waldbaulichen Optionen als im Fall von großflächigen Systemeinbrüchen.

Die Fichtenbestände zeigten für die nächsten Jahrzehnte klar das Potenzial einer Verlagerung der Vorratsstruktur zugunsten der Durchmesserklassen über 40 bzw. 50 Zentimeter. Die Holzqualität war weit überwiegend durchschnittlich, oft in Verbindung mit einem faulen unteren Stammabschnitt. In den über 40-jährigen Beständen wurden an über 60 Prozent der Bäume Stammschäden mit nachfolgender Rotfäule nachgewiesen, überwiegend als Folge des Abschälens der Rinde durch Rotwild. Gegenüber der Fichte war die Qualitätsstruktur des Holzvorrates in den Kiefernbeständen stärker differenziert und das Risiko des Wertverlustes bei höheren Durchmessern weniger ausgeprägt. Die Produktion von stark dimensioniertem Wertholz erwies sich dennoch insgesamt nur als Nischenoption.

Auf der Grundlage der zu erwartenden durchschnittlichen Holzqualität und einer zunehmenden Holzentwertung durch Stammfäule vor allem bei Fichten wurden die Zieldurchmesser abgesenkt, in Fichtenbeständen auf 45 bis 50 Zentimeter, in Kiefernbeständen auf 40 Zentimeter. Für Bäume mit Wertholzanteil waren größere Zieldurchmesser und längere Zeiträume bis zur Nutzung vorgesehen. Starke Bäume mit geringer technischer Holzqualität, aber einem hohen ökologischen Wert für die Entwicklung der Waldlebensräume wurden von diesem Nutzungskonzept ausgeschlossen. Das galt insbesondere für Laubbaumarten.

Die Erzeugung von Massensortimenten durchschnittlicher Holzqualität bildete demnach die tragende Säule der Holzbereitstellung und damit auch der Ertragssituation des Staatsforstbetriebes. Die Festlegung entsprechender Produktionsziele war darüber hinaus für den räumlichen und zeitlichen Fortschritt des Waldumbaus entscheidend. Wegen der umrissenen Qualitätsstruktur der Fichten- und Kiefernbestände war eine Intensivierung des Waldumbaus im Sinne der zuvor dargestellten Waldschutzprognose möglich, ohne dafür Ertragsverluste in Kauf nehmen zu müssen. Im Gegenteil, Erntenutzungs- und Verjüngungskonzepte, die beide Aspekte berücksichtigen, führen zu einer relativ hohen funktionalen Stetigkeit bei einer adäquaten Wertschöpfung durch die Holznutzung.

Der Waldumbau mit hohen Laubbaumanteilen war mit dem Ziel der Wertholzproduktion verknüpft, das durch höhere Pflanzenzahlen bei der Kunstverjüngung von Stieleiche, Traubeneiche und Rotbuche sowie eine moderate Vergrößerung der Fläche der Verjüngungselemente auf 0,3 bis 0,5 Hektar erreicht werden sollte. Letzteres vermeidet lange Randlinien, die oft zur Grobastigkeit und damit zu einer geringen Holzqualität führen. War vor allem in Kiefernbeständen ohne waldökologisch relevante Naturverjüngungsvorräte die kurz- bis mittelfristige Waldschutzprognose auf größerer Fläche kritisch, konnten auch Verjüngungselemente von ein bis maximal zwei Hektar Größe gebildet werden. Die Kunstverjüngung erfolgte hier mit Laubbaumarten oder Douglasie und weiteren Mischbaumarten. Auf Standorten, wo Fichte und Kiefer auch in der folgenden Waldgeneration den dynamischen Zielzustand der Waldentwicklung prägen sollten, war die Anreicherung mit Laubbaumarten weitgehend durch deren spontane Ausbreitung vorgesehen.

Auch wenn bereits seit 1992 die Rolle der Jagd als Instrument des Waldumbaus neu definiert worden war, mussten die bisher gemachten Erfahrungen hinterfragt und bewertet werden. Daraufhin wurde die Jagd konsequent als Umweltleistung eingeordnet und die Jagdausübung vermehrt von der Einzeljagd zu qualifizierten Bewegungsjagden verlagert.

Der Personalabbau in der gesamten Landesverwaltung betraf nicht zuletzt auch den Landesforstbetrieb und führte zu einer deutlichen Vergrößerung der forstbetrieblichen Organisationseinheiten (Reviere, Forstämter, ab 2006 Forstbezirke). Auch dieser Aspekt war bei der Weiterführung des Waldumbaus zu berücksichtigen,[19] da als Folge für eine langfristige Erfolgssicherung waldbauliche Rationalisierungsmaßnahmen notwendig werden können.

In nur wenigen Jahren, von 2002 bis 2006, erfolgte eine Verdoppelung der jährlichen Kunstverjüngungsfläche standortgerechter Baumarten von circa 650 Hektar pro Jahr im Jahr 2002 auf 1.300 Hektar pro Jahr im Mittel der Periode von 2006 bis 2018. Damit einher ging die Diversifizierung der Baumartenzusammensetzung in der Verjüngung. Im Tief- und Löß-Hügelland stiegen die Pflanzflächen von Stiel- und Traubeneiche zwischen 2000 und 2005 von 100 Hektar auf 200 Hektar pro Jahr zwischen 2006 und 2018, im Mittelgebirge vergrößerte sich die Pflanzfläche von Weißtanne von 100 Hektar zwischen 2000 und 2005 auf 250 Hektar pro Jahr im Zeitraum von 2006 bis 2018. Unter Einbeziehung der gezielten Förderung der Naturverjüngung lag damit das Verjüngungsprozent je nach Forstbezirk zwischen sechs und acht Prozent im Jahrzehnt.

Das übergeordnete Ziel war der Abbau von Risikovorräten zugunsten einer standortgerechten Baumartenzusammensetzung und der Genese größerer Strukturvielfalt. Das setzte den zuvor beschriebenen Aufbau von Verjüngungsvorräten voraus.

Für die zwischen 2003 und 2005 entwickelte Waldbaustrategie folgte daraus eine kontinuierliche Erhöhung des Hiebssatzes von 7,3 Vorratsfestmetern pro Hektar und Jahr zwischen 2003 und 2007 auf 9,7 Festmeter bzw. 1,8 Millionen Festmeter pro Jahr zwischen 2018 und 2022. Das bedeutete eine Steigerung der jährlich genutzten Holzmenge um circa 33 Prozent. Danach sollte die Nutzung eine hohe Kontinuität des Waldzustandes bewirken.

Als Referenz diente die Prognose aus dem von 1992 bis 2002 realisierten Waldbauszenario. Sie schätzte für 2003 bis 2007 einen Hiebssatz von 4,8 Vorratsfestmetern pro Hektar und Jahr und sagte für die Periode 2018 bis 2022 eine potenzielle Steigerung des Hiebssatzes auf 6,9 Vorratsfestmeter voraus, was etwa 60 Prozent (!) des laufenden Zuwachses entspräche.

Trotz einer deutlichen Verlagerung des Verhältnisses von Durchforstung zu Erntenutzung zugunsten der Erntenutzung – von 90 : 10 zu 50 : 50 – wurde bzw. blieb genau dieses Nutzungsszenario (1992 bis 2002) Realität.

Die Folge war vor allem in den Fichtenbeständen der sächsischen Mittelgebirge ein dramatischer Aufbau von Risikovorräten zulasten der Genese einer vielfältigen Waldstruktur sowie einer wertorientierten, für den Klimaschutz zweckmäßigen Holznutzung. Wenn auch deutlich abgeschwächt und in den waldökologischen wie forstbetrieblichen Auswirkungen weniger kritisch, verlief diese Entwicklung in den über 80-jährigen Kiefernbeständen ähnlich. Dieser Vorratsaufbau auf 367 Vorratsfestmeter je Hektar (Landeswaldinventur 2017) war weder ökologisch noch wirtschaftlich und genauso wenig sozial nachhaltig.

Die Gründe für diese von der Waldbaustrategie erheblich abweichende Fehlentwicklung sind komplex. Hier soll lediglich die Durchmesserstruktur der Endnutzungen erwähnt werden, die sich nicht im Bereich des Oberdurchmessers, sondern im mittleren Durchmesserbereich konzentrierten. Überwiegend wurden Sortimentshiebe geführt, die der Konzentration der regionalen Holzverarbeitung und deren Bedarfsstruktur entsprachen.[20]

2012 bis 2018: Konsolidierung in der Umsetzung der Waldbaustrategie

Auslöser für einen Konsolidierungsprozess waren die Ergebnisse der BWI³ zum Stichtag 01. 01. 2012. Dabei wurde offensichtlich, dass einer Flächenzunahme der Verjüngungsschicht um 120 Prozent, überwiegend aus standortgerechten Mischbestandstypen, eine enorme Vorratsakkumulation gegenüberstand, in den über 80-jährigen Fichtenforsten waren die Holzvorräte auf ein Niveau zwischen 400 bis 500 Vorratsfestmetern je Hektar in der oberen Bestandsschicht angewachsen.

Die Ergebnisse der einzelbestandsweisen Taxation wichen von denen der Großrauminventuren BWI² und BWI³ allerdings deutlich ab. Der Holzvorrat und der

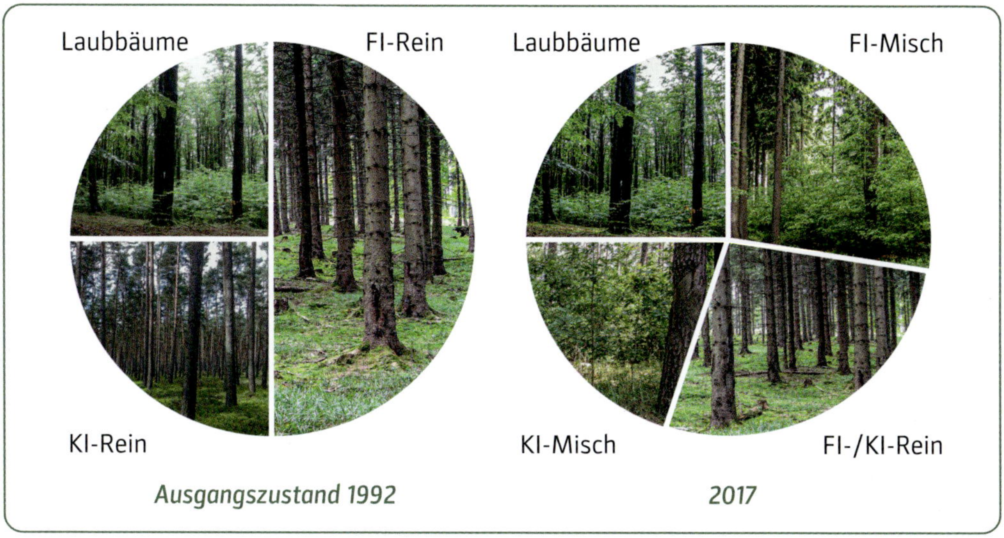

Abbildung 1:
Von Fichten- und Kiefernforsten zu standortgerechten Mischwäldern — Waldveränderungen nach drei Jahrzehnten Waldumbau im sächsischen Staatswald.

laufende Zuwachs der Einzelbestände wurden offenbar unterschätzt. Der Hiebssatz entsprach daher weder dem nachweislich vorhandenen Potenzial noch der Waldbaustrategie.

Diese Diskrepanz wurde im Jahr 2014 durch ein neues Forsteinrichtungsverfahren als Kombination zwischen einer stichprobenbasierten Waldzustandserfassung (WISA – Wald-Inventur-Sachsen)[21] und einer auf den einzelnen Bestand bezogenen Waldbauplanung aufgelöst. Die Einführung der neuen Planungssoftware (FESApro)[22] ermöglichte mit geringem zeitlichen Versatz die Abstimmung des Planungsprozesses in der Fläche mit dem Revierleiter. Das Ergebnis war die konsistente Umsetzung der Waldbaustrategie in der Praxis, bei der Hiebssatz und Verjüngungsfläche den Rahmenvorgaben entsprechen.

Der konsequente Aufbau von Verjüngungsvorräten seit dem Jahr 2006 ermöglichte eine hohe waldbauliche Flexibilität. Mit der zunehmenden Bedeutung der Naturverjüngung standortgerechter Baumarten wird der Waldumbau zu einem sich selbst verstärkenden Prozess. Davon ausgehend, prägt die Überführung als quasi fließender Übergang von gleichaltrigen Reinbeständen in strukturreiche und ungleichaltrige Mischwälder mit der folgenden Waldgeneration zunehmend die Erntenutzungs- und Verjüngungsplanung. Die Wiederkehr von Durchforstungs-

und Erntenutzungsmaßnahmen nähert sich einem Faktor zwischen 1,5 und zwei Mal pro Jahrzehnt. Dem entspricht eine hohe Maßnahmenkontinuität in Verbindung mit einer Intensität der waldbaulichen Eingriffe, die sich an der Systemdynamik orientiert und unter anderem auch ökophysiologisch kritische Situationen zu vermeiden versucht.

Bilanz des Waldumbaus am Beginn der großflächigen Systemeinbrüche von 2018 bis 2021

Die Bezugsfläche für diese Bilanz bilden sämtliche Landeswaldflächen im Freistaat Sachsen, für die Standortinformationen vorliegen (180.000 Hektar). Die Etablierung einer standortgerechten Baumartenzusammensetzung ist inzwischen auf einer Waldfläche von 82.000 Hektar abgeschlossen. Die frühe Initialphase der Entwicklung einer standortgerechten Baumartenzusammensetzung ist auf einer Waldfläche von 46.000 Hektar nachgewiesen. Der Input in die Kunstverjüngung ist hier im Sinne eines langen Gesamtverjüngungszeitraums gering. Das weitere Vorgehen entspricht der Überführung in einen dynamischen waldbaulichen Zielzustand.

Auf einer Fläche von 52.000 Hektar wurde noch keine Veränderung der Baumartenzusammensetzung eingeleitet. Diese Flächen werden in hohem Maße von jüngeren Fichten- und Kiefernbeständen geprägt. Wie wir mit diesen Flächen künftig waldbaulich umgehen werden, hängt auch von den Veränderungen des Klimas in den nächsten Jahrzehnten ab.

Die aktuellen Systemeinbrüche in den Kiefern- und Fichtenforsten treffen also überwiegend auf eine etablierte nachfolgende Waldgeneration mit einer weitgehend standortgerechten Baumartenzusammensetzung. Diese entspricht einem Puffer, der zu einer dauerhaften Stabilisierung der Ökosystemleistungen des Waldes einschließlich der Systemsenke für Kohlenstoff beiträgt. Für die Anpassung von Wald und Forstwirtschaft an den Klimawandel sind eine kontinuierliche, system- und prozessorientierte Weiterentwicklung und praktische Umsetzung dieser Waldbaustrategie von grundlegender Bedeutung.

Anmerkungen

1 Wikipedia (2020): Hochwasser und Naturkatastrophen in Sachsen [https://de.wikipedia.org/wiki/Hochwasser_und_Naturkatastrophen_in_Sachsen; aufgerufen am 13.11.2021].

2 Döhring, P. (2020): Bedeutung der Meldeschwelle der offiziellen Statistik für die Ableitung des Rohholzverbrauchs von Schnittholzproduzenten in Deutschland. Dissertation zur Erlangung des Doktorgrades an der Fakultät für Mathematik, Informatik und Naturwissenschaften Fachbereich Biologie der Universität Hamburg, 211 S.

3 Brandenburgisches Ministerium für Ernährung, Landwirtschaft und Forsten (BMELF) (1998): In Verantwortung für den Wald. Potsdam, 516 S.

4 Landesanstalt für Forsten (LAF) (2000a): Bodenzustandserhebung (BZE) in den sächsischen Wäldern (1992-1997). Schriftenreihe der Sächsischen Landesanstalt für Forsten (20), 200 S.

5 Bieberstein, D. (1981) zitiert in: Brandenburgisches Ministerium für Ernährung, Landwirtschaft und Forsten (1998): In Verantwortung für den Wald. Potsdam, 516 S.

6 Thomasius, H. (1990): Globale und regionale Umweltprobleme. Bezüge des Treibhauseffektes zur Waldökologie und Forstwirtschaft. Teil I. Forstwirtschaft, 40. Jg., 1: S. 18-20; Teil II. Forstwirtschaft, 40. Jg., 2: S. 44-46, sowie Irrgang, S. (2002): Klimaänderung und Waldentwicklung in Sachsen. Forstarchiv 73, (4): S. 137-148.

7 Dittrich, I.; et al. (2005): Walddynamik und ihre Wirkung auf Hochwasser und Wasserhaushalt. Integration von Wachstums- und Entwicklungsdynamiken in das Wasserhaushalts- und Niederschlags-Abfluss-Modell AKWA-M. Forschungsbericht, Graupa 2006, unveröffentlicht; sowie Irrgang, S.; Eisenhauer, D.-R. (2004): Struktur und Wasserhaushalt in Waldökosystemen. Konsequenzen für den präventiven Hochwasserschutz. FuH 59: S. 467-475.

8 Landesanstalt für Forsten (LAF) (2000a): Bodenzustandserhebung (BZE) in den sächsischen Wäldern (1992-1997). Schriftenreihe der Sächsischen Landesanstalt für Forsten (20), 200 S.

9 Eisenhauer, D.-R.; Kurt, C.; Berger, A. (2004): Conversion of Pure Pine Stands on Sites of Non-Coniferous Forest Ecosystems Including Stand Succession. Forstwissenschaftliche Beiträge Tharandt 20, S. 153-166.

10 BMVEL (2004): Die zweite Bundeswaldinventur - BWI^2 Das Wichtigste in Kürze. BMVEL, 89 S.

11 Rock, J.; et al., Bundesministerium für Ernährung und Landwirtschaft (BMEL) (2016): Wald und Rohholzpotential der nächsten 40 Jahre, Ergebnisband der WEHAM-Prognose Stand 4-2016 [https://www.bundeswaldinventur.de/service/publikationen/broschueren-und-fller/; aufgerufen am 01.10.2021]; sowie Eisenhauer, D.-R.; Sonnemann, S. (2009): Waldbaustrategie unter sich ändernden Umweltbedingungen. Leitbilder, Zielsystem und Waldentwicklungstypen. Waldökologie, Landschaftsforschung und Naturschutz 8: S. 71-88.

12 Schlutow, A.; Gemballa, R. (2008): Sachsens Leitwaldgesellschaften. Anpassung in Bezug auf den prognostizierten Klimawandel. AFZ-Der Wald 63: S. 28-31.

13 König, T. (2011): Substratfeuchte. Wichtige Auswerteeinheit der Standortserkundung am Beispiel Sachsen. In: Freiburger Forstliche Forschung 88: S. 90-100.

14 Dittrich, I.; et al. (2005): Walddynamik und ihre Wirkung auf Hochwasser und Wasserhaushalt. Integration von Wachstums- und Entwicklungsdynamiken in das Wasserhaushalts- und Niederschlags-Abfluss-Modell AKWA-M. Forschungsbericht, Graupa 2006, unveröffentlicht.

15 Schlutow, A.; Gemballa, R. (2008): Sachsens Leitwaldgesellschaften. Anpassung in Bezug auf den prognostizierten Klimawandel. AFZ-Der Wald 63: S. 28-31.

16 Eisenhauer, D.-R.; Sonnemann, S. (2009): Waldbaustrategie unter sich ändernden Umweltbedingungen. Leitbilder, Zielsystem und Waldentwicklungstypen. Waldökologie, Landschaftsforschung und Naturschutz 8: S. 71–88; sowie SBS (Staatsbetrieb Sachsenforst) (2013): Richtlinie zu den Waldentwicklungstypen im Staatswald des Freistaates Sachsen, Teil 1, Pirna, 44 S.

17 Baier, P.; Pennerstorfer, J.; Otto, L.-F.; Schopf, A. (2012): Online-Modellierung der Entwicklung und der Phänologie des Buchdruckers (Ips typographus L.) auf der Basis des Modells PHENIPS und täglicher Wetter- und Prognosedaten des DWD. In: Mitteilungen der Deutschen Gesellschaft für allgemeine und angewandte Entomologie 18, S. 397–400.

18 Eisenhauer, D.-R.; Sonnemann, S. (2009): Waldbaustrategie unter sich ändernden Umweltbedingungen. Leitbilder, Zielsystem und Waldentwicklungstypen. Waldökologie, Landschaftsforschung und Naturschutz 8: S. 71–88.

19 Eisenhauer, D.-R. (2008): Waldbaukonzept und Klimawandel. AFZ-Der Wald, 15: S. 814–817.

20 Dritte Bundeswaldinventur (BWI^3): https://bwi.info/start.aspx; aufgerufen am 01.10.2021.

21 SBS (Staatsbetrieb Sachsenforst) (2017): Waldinventur Sachsen. Datenerfassung (WISA-DE) Arbeitsanweisung für den öffentlichen Wald, unveröffentlicht.

22 SBS (Staatsbetrieb Sachsenforst) (2018): Arbeitsanweisung Planungsbegang mit FESA_pro, unveröffentlicht.

2018 hat uns die Verletzlichkeit der Wälder gezeigt

Wir müssen mehr mit der Natur arbeiten

Philipp von der Malsburg

Bei uns steht die Tradition an oberster Stelle. Escheberg, im Habichtswald bei Kassel gelegen, ist seit 1322, also 700 Jahren, ununterbrochen im Besitz unserer Familie. Meine Eltern haben mir die Aufgabe zugedacht, den Betrieb weiterzuführen. Ich habe sie angenommen und zuerst Forstwissenschaft in Göttingen studiert. Nach meinem Masterabschluss in Forstwissenschaften habe ich später in England und Mexiko einen zweiten Masterabschluss in Betriebswirtschaft angefügt und nach sechs Jahren als Unternehmensberater in Frankfurt am Main und London in 2011 die Guts- und Forstverwaltung von der Malsburg von meinem Vater übernommen, der leider kurze Zeit später verstarb. Daher konnte ich nicht im gewünschten Umfang auf seine Erfahrung und sein betriebliches und traditionelles Wissen zurückgreifen. Über unseren Forstbetrieb und die anderen Belange des Gutes Escheberg war ich schon gut im Bilde, aber nach den Jahren in der Unternehmensberatung musste ich mir viele betriebliche Themen und Prozesse neu aneignen, mein forstliches Wissen wieder hervorholen und mir bei den Holzkäufern, Lieferanten und Forstunternehmen ein Standing erarbeiten. Mittlerweile leite ich den Betrieb seit neun Jahren mit großer Freude und lasse die Tradition dabei nicht außer Acht. Wir haben drei Kinder und daher auch die kommenden Generationen im Blick. Dieses Konstrukt aus Tradition und Zukunft ist sehr zerbrechlich, nicht nur durch äußere Einflüsse. Mein Vater sagte immer, ein inkompetenter Eigentümer in der Generationenfolge reiche aus, um die Existenz des Gutes zu gefährden.

Bis zur Zeit meines Urgroßvaters hatten meine Vorfahren nie etwas mit dem operativen Geschäft des Gutes zu tun. Entweder sie dienten im Militär oder nahmen Regierungstätigkeiten in Kassel oder Potsdam wahr. Verwalter führten das Gut. Mein Urgroßvater, von Beruf Jurist, nahm die Flächen Anfang des letzten

Jahrhunderts aus der Verpachtung und begann, den Betrieb zu bewirtschaften. Mein Großvater war der Erste in der Familie, der nicht Jura, sondern Landwirtschaft studierte. Nach seiner landwirtschaftlichen Promotion betrieb er die Landwirtschaft des Gutes, die damals einen größeren Stellenwert einnahm als die Forstwirtschaft, die mehr der Brennholznutzung diente und der Paletten- und Schwellenindustrie Holz lieferte. Mein Vater studierte Forstwissenschaften an den Fakultäten in Hannoversch Münden und München. Nach seinem Referendariat und dem bestandenen Staatsexamen wechselte er in den Privatdienst, übernahm ab 1966 sukzessive den Betrieb und erhöhte den Stellenwert der Forstwirtschaft, die den Betrieb heute prägt.

Die Zeiten des sauren Regens gingen meinem Vater sehr stark an die Substanz. Die Sorge um das Waldsterben und damit um die Erwerbsgrundlage der Familie trieb ihn um. Ich kann mich noch gut daran erinnern, wie die ersten Waldkalkungen zur Kompensation der Bodenversauerung durchgeführt wurden. Unser Wald ist überwiegend mit Buchenbeständen bestockt. Sie machen über 70 Prozent der Fläche aus. Zu Zeiten meines Großvaters hatten wir so gut wie keine Naturverjüngung, eine riesige Streuauflage am Boden machte sie nahezu unmöglich. Die ersten Kalkungsmaßnahmen sowie eine veränderte Bewirtschaftungsform führten dazu, dass sich die Waldbestände deutlich besser natürlich verjüngten. Sobald man die Bestände auflichtete, kam die Naturverjüngung nach, denn die Bodengare hatte sich mit der Kalkung entsprechend positiv entwickelt. Wenn man durch den heutigen Wald fährt, kann man sich das gar nicht vorstellen. Wir haben flächig verjüngte Bestände, was für jeden Forstmann ein Vergnügen ist. Wir müssen kaum nachhelfen, wird ein Baum entnommen, stehen darunter schon die Keimlinge und freuen sich, gen Licht wachsen zu können und irgendwann den Standraum einnehmen zu dürfen.

Ich bin froh, dass mein Vater die Stürme in 2018 und 2019 nicht miterlebt hat. Für jemanden mit einer großen emotionalen Nähe zum Wald sind solche Kalamitäten nur schwer zu verkraften. In Kombination mit dem Klimawandel ergibt das heute leider eine ganz andere Dynamik. Das ist vielen nicht bewusst.

Das Gut Escheberg hat eine Größe von 1.600 Hektar, davon entfallen 1.400 Hektar auf die Forstwirtschaft. Nach dem Zweiten Weltkrieg hatten wir in der Forstwirtschaft zwischen 60 und 70 Angestellte, darunter einen Forstdirektor und drei Förster. Da wir heute nicht mehr nur unseren eigenen Wald betreuen, sondern auch als Forstdienstleister tätig sind, beschäftigen wir bei einer nahezu verdreifachten Bewirtschaftungsfläche mittlerweile wieder drei Förster, wovon einer als Halbtagskraft eingesetzt wird. Im Bereich der Dienstleistungen arbeiten wir sowohl für kommunale als auch für private Betriebe und versuchen, in diesem Sektor zu wachsen, um weitere Skaleneffekte zu generieren. Ohne diese und weitere Optimierungen sämtlicher betrieblicher Prozesse ist es heutzutage schwer, in der Forstwirtschaft Geld zu verdienen. In der Regel übernehmen wir für unsere Kunden zunächst nur die Holzvermarktung. Selbstverständlich nehmen aber auch einige unserer Kunden die komplette forstliche Revierbetreuung von der Pflanzung über die Pflege, Durchforstung bis zur Ernte in Anspruch. Für diese Dienstleistungen setzen wir neben den eigenen Mitarbeitern auch externe Forstdienstleister als Subunternehmer ein. Dieses umfassende Profil und Serviceportfolio ist wichtig, gerade in der Zusammenarbeit mit jungen, qualifizierten und motivierten Mitarbeitern. Diese bevorzugen es, in einem Betrieb zu arbeiten, der wächst und gute Perspektiven zu bieten hat.

Unsere Muschelkalkverwitterungsböden mit teilweise sehr mächtigen Lössauflagen sind nährstoffreich und prädestiniert für Laubbäume, insbesondere für die Buche, aber auch für Edellaubbaumarten. Die Standorte sind gut wasserversorgt, denn die Jahresniederschläge liegen bei 600 bis 800 Millimetern. Die Buche ist hier so vorwüchsig und konkurrenzstark, dass sie die Edellaubbäume stark bedrängt. So ist es erforderlich, die Edellaubbäume durch Freistellung zu fördern, damit diese sich durchsetzen können. Darüber hinaus regulieren wir die Wilddichte, um den Verbiss zu minimieren. Ohne diese notwendigen jagdlichen Maßnahmen würden sich die Edellaubbäume auch im Escheberger Wald nicht durchsetzen können. Überdies bieten die lössüberlagerten Standorte neben der Fichte auch anderen Nadelbaumarten wie der Douglasie, Lärche sowie der Weißtanne beste Wachstumsbedingungen. Aus Gründen der betrieblichen Diversifizierung werden wir auch zukünftig auf geeigneten Standorten die entsprechenden Nadelbaumarten haben. Wir können betriebswirtschaftlich nicht nur auf Laubbaumarten setzen.

Betriebe, die überwiegend von der Fichte leben und durch die Kalamitätsjahre 2018 bis 2020 in Mitteldeutschland betroffen waren, sind teilweise in ihrer Existenz bedroht. 2018 hatten wir in unserer Region nur circa 500 Millimeter Niederschlag und im Zeitraum von Mai bis November sogar nur 150 Millimeter. Bei zeitgleichen hohen sommerlichen Temperaturen und einhergehendem Borkenkäferbefall kam dies einer Katastrophe unbekannten Ausmaßes gleich. Sehr viele Nadelbaumbestände sind in dieser Zeit verschwunden.

Obwohl wir stets darauf achten, kein Käferproblem zu bekommen, fand der Borkenkäfer nach den Sturmschäden durch den Orkan Friederike im Januar 2018 ideale Fortpflanzungsbedingungen. Die Trockenheit hat zu einer Massenvermehrung der Borkenkäferarten Buchdrucker und Kupferstecher geführt. In den von der Dürre geschwächten Bäumen hatten die Borkenkäfer ideale Bedingungen für die Vermehrung gefunden. Die befallenen Bäume sind vor allem Fichten. Wir hatten keine Chance, das Schadholz rechtzeitig aus den Beständen zu bekommen. 2007, nach dem Orkan Kyrill, war das bei Weitem nicht so problematisch, da der nachfolgende sehr nasse Sommer damals eine starke Entwicklung der Borkenkäferpopulation verhinderte.

In den Jahren 2019 und 2020 waren wir damit beschäftigt, den Borkenkäfer zu bekämpfen und die Fichten, so gut es ging, zu vermarkten. Wichtig war es dabei, die befallenen Bäume möglichst frühzeitig zu erkennen, zum Beispiel an herausrieselndem Bohrmehl, einzuschlagen und so schnell aus dem Wald abzufahren, dass ein Ausfliegen der fertig entwickelten Käfergeneration und ein anschließender Neubefall verhindert werden konnten. Um einen Neubefall zu verhindern, wurde das an den Waldwegen gepolterte Holz, das nicht rechtzeitig abgefahren werden konnte, maschinell entrindet oder mit Insektiziden behandelt. Es war frustrierend und demoralisierend, wenn man wieder einen Anruf vom Revierleiter erhielt, dass ein weiterer Fichtenbestand geräumt werden muss und weitere Tausende von Festmetern dem Käferdruck zum Opfer fielen. Diese unvorstellbaren Käferholzmengen mussten dann auch erst mal aufgearbeitet und vermarktet werden. Zum Glück haben wir Einschlagunternehmen als Partner, die uns in der Krise treu geblieben sind. Es gab andere Waldbesitzer, die keine Dienstleister mehr finden konnten, da die Aufarbeitungskapazitäten in manchen Regionen erschöpft waren. Die Aufarbeitung des Käferholzes musste vorfinanziert werden, was bei Erntekosten von rund 20 Euro je Festmeter und angesichts der außergewöhnlichen Mengen nicht mehr von allen betroffenen Waldbesitzern liquiditätstechnisch zu leisten war. Im Vergleich zum Vorkrisenniveau – auf dem wir uns heute beinahe wieder befinden – hat der Preisverfall bei der Fichte in den Jahren 2019 und 2020 zu einem Vermögensverlust von fast zwei Millionen Euro geführt. Dieser Vermögensverlust berücksichtigt aber wohlgemerkt nicht die Zuwachsverluste. Wir leben allerdings von den Zuwächsen, und in den nächsten 20 bis 30 Jahren werden wir auf den betroffenen Flächen keine Erträge, sondern nur Kosten generieren. Ein Forstbetrieb wie der unsere, der beispielsweise über ausreichend Buchenbestände verfügt, wird hoffentlich überleben, aber es gibt einige Forstbetriebe in existenzieller Not, da deren Substanz, der Wald, den Kalamitäten zum Opfer gefallen ist. Viele Waldbesitzer werden voraussichtlich die notwendigen Aufforstungsmaßnahmen nicht finanzieren können – trotz der in manchen Bundesländern guten staatlichen Förderprogramme –, da sie das benötigte Eigenkapital nicht aufbringen können. An dieser Stelle muss ich unseren Partnern und Kunden in der Holzindustrie ein großes Kompliment aussprechen, sie standen an unserer Seite. Es wäre schön gewesen, wenn wir auch die politische Unterstützung gehabt hätten, beispielsweise bei der Einrichtung von großen Nass- und Trockenlagerplätzen, um das Holz über längere Zeiträume lagern zu können und somit den angespannten Holzmarkt zu entlasten. Aber es gab aufgrund von Verfahrensverzögerungen und auch aus Gründen des Gewässerschutzes häufig keine behördlichen Genehmigungen. Das war enttäuschend für viele Waldbesitzer und auch für die regionale Holzindustrie. Sie kann dabei zusehen, wie der Rohstoff Nadelholz aus der Region verschwindet, weil das verfügbare Angebot abnimmt. In Mitteldeutschland, Nordhessen, Nordrhein-Westfalen und Niedersachsen, wo die großen Fichtenvorkommen verschwinden, ist das ein großes Problem mit Folgen für die Holzindustrie. Wir erwarten, dass einige Betriebe ihre Geschäfte aufgeben werden.

Hinsichtlich der Buche, unserer Hauptbaumart, sieht die Situation noch etwas anders aus. Ein Großteil unseres Holzes geht in die Säge- und Möbelindustrie sowie in die Furnierproduktion, die hier an der Grenze zwischen Nordrhein-Westfalen und Hessen noch gut vertreten ist. Das ist für uns ein großer Standortvorteil. Aber die Buche wird in den nächsten Jahren ebenfalls ein knapperes Gut werden, weil sich die Behandlungsformen der Bestände verändern. Seit neun Jahren lerne ich aus den Fehlern, die in Buchenwäldern gemacht worden sind. Wir haben in den letzten Jahren die Durchforstungsintensität und Erntefestmeter pro Hektar deutlich reduziert, um einen gewissen Schlussgrad im Kronenbereich zu gewährleisten und das Klima im Wald so positiv wie möglich zu gestalten. 2018 war zu sehen, wie gefährdet auch unsere Buchenbestände durch extreme Trockenheit sind und wie sensibel und wichtig das Waldinnenklima im Bestand ist. In sonnenexponierten Lagen können Buchen Sonnenbrand und Schleimfluss bekommen, sie produzieren in der Folge nicht nur mehr Schadholz, sondern können sukzessive absterben. Wie schnell dies geschehen kann, war unter anderem im Nationalpark Hainich zu beobachten. Zu sehen, wie aus den 150 Jahre alten Buchenbeständen Äste und ganze Kronen ausbrechen, ist wirklich ernüchternd.

Ich weiß nicht, wohin sich die Forstwirtschaft entwickelt, das muss ich ehrlich sagen. Das Jahr 2018 hat uns gezeigt, wie anfällig und verletzlich unsere Wälder sind. Wenn wir vorher über den Klimawandel gesprochen haben – ich war schon immer ein Anhänger der Energiewende und erneuerbarer Energien –, war das etwas Abstraktes. Nun bin ich persönlich betroffen. Wenn ich sehe, dass es nicht nur Fichtenbestände sind, die einfach absterben, sondern auch in gut geführten Betrieben ganze Buchenbestände abgängig sind, die dort 150 Jahre standen, dann überlegt man sich schon, wohin die Reise gehen soll. Es ist ja nicht möglich, von jetzt auf gleich den Schalter umzulegen und etwas anderes anzubauen. Ich hoffe, dass sich die nachwachsenden Baumgenerationen in gewisser Form an diesen Klimastress anpassen werden. Denn ich weiß nicht, wie wir es schaffen könnten, unsere Waldbestände komplett umzubauen. Die Roteiche und die Douglasie sind ja schon gängige Baumarten hierzulande. Aber was ist mit Baumarten wie Baumhasel, Atlaszeder oder Schwarzkiefer, also Baumarten aus dem mediterranen Raum? Zu sagen, wir setzen auf die Baumarten X, Y, Z, weil sie in 50 Jahren vielleicht die Baumarten der Zukunft sind, das ist wie ein Blick in die Glaskugel. Es ist der durch uns Menschen verursachte und sich ständig verschärfende Klimawandel, den wir gesellschaftlich in den Griff bekommen müssen, das ist das Hauptproblem. Natürlich könnten wir dies in der Forstwirtschaft flankieren durch eine Baumartenwahl, die mit Blick auf die klimatischen Veränderungen in unseren Wäldern eventuell eine längere Überlebenschance bietet. Das hieße, auf Standorten mit kritischer Wasserversorgung beispielsweise mit der Eiche zu arbeiten. Aber die Buche verjüngt sich ja auf unseren Standorten, sie hat eine unglaubliche Wuchsdynamik. Wenn wir Eiche pflanzen, sie aber immer wieder von der Buche freistellen müssen, um ihre Wachstumschancen zu verbessern, arbeiten wir auch immer wieder gegen die Natur. Man muss hoffen, dass es die Buchenbestände im Alter bis 30 Jahren schaffen werden, sich an die Klimaveränderungen anzupassen, indem sie genetisch eine Antwort geben.

Die Esche ist zusammen mit dem Bergahorn unsere am weitesten verbreitete Edellaubbaumart. Wir hatten bis zum Jahr 2018 ein großes Problem mit dem Eschentriebsterben. Der Sommer 2018 hat der Entwicklung der Eschen augenscheinlich besser getan als der Buche. Ich kann das nicht wissenschaftlich belegen, aber es scheint, dass sich die Esche sehr positiv entwickelt hat. Die Kronen der Alteschen, die sehr stark verlichtet waren, sind wieder deutlich besser belaubt. Auch die Eschenjungbestände stehen gut da. Wir sind froh, dieses vielfältige Spektrum an Baumarten zu haben. Die Ulme allerdings ist uns verloren gegangen, wir hoffen, dass wir die Esche halten können. Bei den Edellaubbäumen entscheiden wir ganz bewusst, diesen Ahorn, diese Eiche oder Esche pflegen wir, lassen wir wachsen und sich natürlich verjüngen. Sie werden erst entnommen, wenn sie ihr Optimum erreicht haben. Aber davon ist der betriebliche Erfolg nicht abhängig. Das ist viel mehr eine waldbauliche Entscheidung. Betrieblich kommt es auf die Hauptbaumarten wie die Buche an.

Die Katastrophe von 2018 und der Klimawandel haben uns gezeigt, dass wir mit der Natur arbeiten müssen. Das kann ich nur immer wieder betonen. Das heißt auch, in den Bereichen, wo früher nicht standortgerechte Baumarten gepflanzt wurden, wieder zu naturnahen Waldgesellschaften zurückzukehren.

Wenn wir auf den Wald als CO_2-Senke abstellen, und das ist unsere Philosophie, müssen wir die entstandenen Kahlflächen schnell wieder in Bestockung bringen. Nicht nur, weil sich von Natur aus eine Begleitvegetation einstellt, die die Wiederbewaldung auf manchen Standorten deutlich erschwert, sondern auch, um die Senkenfunktion wieder zu ermöglichen.

Die Wiederbewaldung ist so wichtig! Ich bin gespannt, wie die Wälder im Sauerland, im Reinhardswald oder im Harz in zehn oder 20 Jahren aussehen werden. Ein Peter Wohlleben sagt, lass es wachsen, aber über die natürlichen Pionierstadien verlieren wir meines Erachtens zu viel Zeit, die wir nicht haben. In Hang- und Steillagen die Flächen der natürlichen Verjüngung bzw. Sukzession zu überlassen ist aus Gründen der Bodenerosion ein hohes Risiko. Müssen wir hier nicht für eine Bestockung sorgen? Starkregen hat schon Böden in weniger steilen Lagen weggespült. Ich weiß nicht, was uns hinsichtlich der CO_2-Bindung mehr in die Karten spielt, aktive Aufforstung der Freiflächen oder deren natürliche Sukzession. Wo ist die CO_2-Bindung besser? Das ist ein spannendes Feld.

Dort, wo wir durch Kalamitäten Bestände verloren haben, können wir viel aktiv steuern. Aber ein kompletter Waldumbau mit neuen Arten und einem Ankämpfen gegen die Natur – ich wüsste nicht, wie das funktionieren sollte.

Angesichts der großen Freiflächen und Sichtachsen, die wir durch die Kalamitäten bekommen haben, wächst auch bei mir das Bedürfnis, Waldbilder zu etablieren, die für die Nachwelt von besonderem Stellenwert sein können: mit Eichenalleen oder Esskastanien an Wegen zum Beispiel. Die Esskastanie ist auch eine Baumart, von der gesagt wird, dass sie im Klimawandel eine besondere Rolle spielen kann. Für solche besonderen Aspekte ist sie vielleicht der richtige Baum. Oder einzelne, in Takt gebliebene Baumgruppen mit vitalen Kronen bleiben stehen, und wir lassen sie alt werden und verzichten darauf, sie aus ökonomischen Gründen zu entnehmen.

Die Katastrophe zeigt eben auch, dass wir Flächen wiederbewalden, sie prägen und neue Landschaftsbilder zeigen können. Vor Kurzem waren wir auf einer Exkursion durch unseren Wald, und da sagte mein Onkel, der einen Wald in der

Nachbarschaft besitzt, zu mir: In diesem Waldstück war ich noch nie. Ich entgegnete: Doch, bestimmt, du erkennst es nur nicht wieder, weil sich hier so viel verändert hat.

Es entstehen neue Wälder, die aus klimatischen Gründen sowie ökonomischen, naturschützerischen und touristischen Gesichtspunkten heraus gestaltet werden.

Wenn ich sehe, was einerseits auf uns zukommt und dass andererseits das Bewusstsein dafür nach wie vor nicht weit verbreitet ist, werde ich ein wenig pessimistisch. Es steht auch zu befürchten, dass ein Sommer wie 2021, der gefühlt feuchter und kühler war als die letzten, aber immer noch zu trocken, von vielen Städtern als normal eingeschätzt wird. Dennoch: Wir müssen uns die Tragweite des Klimawandels vor Augen führen und entsprechend handeln.

Die Ansprüche an den Wald werden in jeder Hinsicht steigen. Das fängt mit der Holzindustrie an. Viele kleine und mittelgroße Betriebe sind seit Generationen davon abhängig, dass sie Holz aus der Region bekommen und weiterhin darauf bauen können – auch wenn das Angebot von regionalem Holz sinkt. Volkswirtschaftlich hat das ganze Cluster Forst und Holz eine enorme Bedeutung, es ist der größte Arbeitgeber deutschlandweit, noch vor der Automobilindustrie. Im ländlichen Raum hat es eine besonders große Bedeutung.

Der Naturschutz wird eine immer anspruchsvollere und zunehmende Herausforderung für die Waldbesitzer werden. Wir sind hier in einem durch Autobahnen und Zugstrecken stark vorbelasteten Gebiet und haben daher aus naturschutzfachlicher Sicht keine so herausragende Bedeutung. Trotzdem versuchen wir, ein gutes Miteinander zu gestalten, auch weil Maßnahmen für den Naturschutz meist auch mit Eingriffen in das Eigentum verbunden sind.

Welch unvergleichlicher Drang erholungssuchende Menschen in die hiesigen Wälder führt, weil sie nicht in den Urlaub fahren können, hat uns Corona gezeigt. Raus in die Natur, auch diesem wohl wachsenden Bedürfnis heißt es als Waldbesitzer gerecht zu werden. Sicher weckt es ein gewisses Unverständnis und Unbehagen bei vielen Menschen, wenn sie die großen Forstmaschinen im Wald sehen, die Bäume entnehmen. Bin ich vor Ort, suche ich das Gespräch und erkläre nicht nur, dass die entnommenen Bäume, als Möbel oder im Holzhaus gut und langfristig verbaut, eine Menge Kohlenstoff speichern und Platz für den Aufwuchs neuer Bäume gemacht wird, die wiederum CO_2 binden. Sondern auch, dass unsere Wälder PEFC-zertifiziert[1] sind und dieses Gütesiegel für Holz aus nachhaltig bewirtschafteten Wäldern ökologische Schutzmaßnahmen vorschreibt, etwa die Bestände aus Bodenschutzgründen nicht vollflächig zu befahren und für die Technik Rückegassen zu nutzen. In den Buchenbeständen können wir mit dem Harvester Stämme bis zu einer bestimmten Dimensionierung ernten, was zu einer geringeren Schädigung des verbleibenden Bestandes führt, denn der Harvester greift den Stamm und legt ihn gezielt ohne Schaden auf der Gasse ab. Dort wird er in bestimmte Längen geschnitten und später von einem Rückezug am Forstweg gepoltert. Das schont den Boden und die Naturverjüngung. Stärkere Bäume müssen aufgrund der Dimensionierung motormanuell geerntet und aufgearbeitet werden. Auch hier versuchen wir, die Krone möglichst auf die Gasse zu werfen und dort aufzuarbeiten, um die Naturverjüngung zu schonen. Anschließend rückt ein Rückeschlepper die Stämme zum Abtransport an den Waldweg.

Bei uns im ländlich geprägten Raum sind solche Gespräche mit Waldbesuchern eher selten, in großstadtnahen Regionen ist das bestimmt öfter der Fall und die Gespräche sicher auch emotionsgeladener, weil die medialen Bilder vom Waldsterben für die Großstädter eine andere Rolle spielen. Viele Waldbesucher kennen die forstlichen Zusammenhänge nicht, und das kann ihnen auch nicht vorgeworfen werden.

Vor dem Hintergrund der Energiewende und der gesellschaftlichen Verantwortung, die der ländliche Raum hier hat, können wir den Wald nicht länger isoliert betrachten. Uns Gedanken über die richtige Baumartenwahl zu machen ist das eine, viel drängender ist es, das Klimaproblem in den Griff zu bekommen. Und wir haben keine Zeit mehr zu verlieren. Macht es denn nicht Sinn, die in den letzten Jahren entstandenen Kahlflächen, insbesondere in den Mittelgebirgen, zum Ausbau der Windkraft zu nutzen? Was bringt es uns, wenn wir über den Naturschutz die Energiewende nicht bewerkstelligen? Was wollen wir an kommende Generationen übergeben bzw. was sollen wir unseren Kindern sagen, wenn der Klimawandel mit dieser Dynamik voranschreitet und unsere Lebensgrundlage massiv gefährdet und gegebenenfalls irgendwann zerstört? Das ist ein sehr emotionales Thema. Über viele Generationen hinweg war der Wald eine Ressource, auf der das Glück unserer Familie ruhte. Wird dies auch noch in den nächsten Generationen der Fall sein?

Hessen greift uns Waldbesitzern mit staatlichen Förderungen zur Wiederbewaldung und zum Aufbau von Mischwäldern vorbildlich unter die Arme, aber ist das Geld wirklich richtig angelegt, wenn der Klimawandel so voranschreitet? Wir müssen an die Wurzel des Übels und in Deutschland unseren Energiebedarf so schnell wie möglich durch erneuerbare Energien decken.

Wenn wir von der Kohle und anderen fossilen Energiequellen wegkommen wollen, schaffen wir das nur mit der Windkraft im Wald und Fotovoltaikfreiflächenanlagen im Offenland. Hier kommt auch auf uns als Waldbesitzer bzw. Grundbesitzer eine wichtige Aufgabe zu. Wir haben bereits vier Windkraftanlagen im Wald, und wo es Akzeptanz findet, werden wir es auch weiter vorantreiben. Für einen solchen Weg braucht man die politische Unterstützung der Kommunen und Akzeptanz bei den Bürgern. Und das geht nur miteinander. Das gilt auch für uns als Grundbesitzer. Viele wollen mit dem Kopf durch die Wand und achten nicht darauf, die Menschen mitzunehmen, die betroffen sind. Sie sollten eine gewisse Vergütung bekommen, in welcher Form auch immer. Wir müssen die Energiewende hinbekommen, da liegt das Hauptaugenmerk. Der Windpark in unserem Wald entlang der Autobahn betrifft uns Escheberger Bürger unmittelbar. Wir haben eine Entfernung von 1.000 Metern, und die Lärmbelästigung ist unwesentlich. Ich habe mich an sie gewöhnt und denke, es ist besser, eine Windkraftanlage vor der Nase zu haben als ein Kohlekraftwerk. Es gibt zudem auch schöne Landschaftsbilder, wenn sich im Sonnenauf- oder -untergang das Licht in den Rotorblättern bricht. Ich kann mir unser Waldbild gar nicht mehr vorstellen ohne Windkraft, sie gehört für mich zur heutigen Kulturlandschaft dazu. Sie ist auch betrieblich ein wichtiger Aspekt. Ohne die Einnahmen aus der Windenergie hätten wir die Verluste durch das Fichtensterben und die Kosten für die Wiederbewaldung nicht schultern können. Somit helfen die Einnahmen aus der Windkraft bzw. der Energiewende uns bei der Wiederbewaldung unseres Waldes.

Anmerkung

1 PEFC steht für Programme for the Endorsement of Forest Certification, ein Zertifizierungssystem für nachhaltige Waldbewirtschaftung. Weitere Informationen unter www.pefc.de.

»Regelmäßig mäßig« ist unser Prinzip

*Waldbau auf kleinen Flächen –
Anforderungen und Auswirkungen*

Angelika Morgenroth

Der Wald ist meine Leidenschaft. Schon als Kind von vier, fünf Jahren ging ich mit meinem Vater in den Wald, um Steckerla – kleine Äste und Holzabschnitte – zu sammeln. Wir waren sehr arm und konnten so das nötige Holz beschaffen, um unsere Wohnung zu beheizen. Auch mit der Verwandtschaft bin ich oft zum Holzmachen in den Wald gegangen, und das hat mir immer enormen Spaß gemacht.

Nachdem ich meinen Mann 1978 kennengelernt hatte, war es für mich selbstverständlich, im Waldbesitz meiner Schwiegereltern mitzuarbeiten. Sie besaßen in der Nähe von Scheßlitz eine Brauerei mit Bauernhof und etwas über sechs Hektar Wald. Dieser bestand hälftig aus einem in den 1960er-Jahren aufgeforsteten Fichtenreinbestand und einer althergebrachten Mittelwaldbewirtschaftung mit hohem Eichenanteil, bei uns Heppenholz genannt. Hier wurde regelmäßig nach 25 bis 30 Jahren der Baumbestand auf den Stock gesetzt. So bildeten sich Stockausschläge, meist vier bis sechs Stämmchen, und nach der vorgenannten Umtriebszeit wurden sie dann als Brennholz gewonnen. Diese Mittelwaldbewirtschaftung war hier am Anstieg zur Fränkischen Schweiz seit dem Mittelalter eine häufige Form der Forstwirtschaft. Ich erlebte diese Art von Brennholzgewinnung Ende der 1970er-Jahre zum letzten Mal. Heute wird sie in unserer Region nicht mehr praktiziert.

Das große Wohnhaus und die Brauerei meiner Schwiegereltern wurden ausschließlich mit Holz aus dem eigenen Wald beheizt. Wir benötigten 60 bis 70 Ster, also Raummeter Brennholz, deshalb wurde im Winterhalbjahr jede freie Zeit im Wald und mit dem Holz verbracht. Damals wurde fast alles mit der Hand gemacht, denn es gab ja außer den Motorsägen keine weiteren Hilfsmittel. Vom Fällen über Holz heraustragen, aufladen, heimfahren, abladen, kleinsägen, aufschichten, wieder aufladen und letztlich den Heizkessel bestücken, bei all diesen Arbeiten war auch meine Hilfe notwendig.

1998 ist der Schwiegervater verstorben, und der Waldbesitz ging auf meinen Mann über. Wir standen vor sechs Hektar Wald und wussten nicht, wie wir diesen bewirtschaften sollten. Die Entscheidungen hatte ja immer der Schwiegervater getroffen. Die Brauerei wurde mit dem Tod des Schwiegervaters geschlossen, aber trotzdem brauchten wir ja Holz zum Heizen des großen Wohnhauses. Wir hatten keine Ahnung, welchen Baum wir jetzt einschlagen sollten oder sogar müssen. Also holten wir den zuständigen Revierleiter, der uns bei einer Waldbegehung bezüglich unserer Zukunftsziele und der damit einhergehenden Arbeiten beraten hat. So haben wir uns herangetastet. Zwar kannten wir damals die Hauptbaumarten in unserem Wald, aber es gab noch viele, die uns unbekannt waren. Dies war der Zeitpunkt, an dem ich anfing, mich für Forstwirtschaft zu engagieren. Ich wollte wissen, was für unbekannte Baumarten in unserem Wald standen. Selbst verschiedene Förster waren sich nicht ganz sicher, was mit unbelaubter Krone vor ihnen stand.

Damals war ich die Leiterin einer Außenstelle der Volkshochschule Bamberg Land und sagte mir: »Wir brauchen Schulungen für die Waldbewirtschaftung, denn viele Waldbesitzer wollen bestimmt genau wie ich wissen, wie Forstwirtschaft funktioniert und was im Wald so wächst.« Die heute üblichen Fortbildungen für Kleinwaldbesitzer gab es damals meines Wissens noch nirgendwo in Bayern. Gemeinsam mit dem Forstdirektor in Scheßlitz habe ich die Themen festgesetzt und Kurse ausgeschrieben: Jungdurchforstung, Altdurchforstung, Pflege der Edellaubbäume, Erkennen der Baumarten im Wald und, und, und – im Jahr vier Kurse. Die Veranstaltungen waren jedes Mal ausgebucht mit 20 bis 30 Teilnehmern. Die Kurse wurden zum Selbstläufer, und die Interessenten waren schon gespannt, welches Thema neu angesetzt wurde. Mit Motorsägekursen für Frauen und Männer erweiterte ich das Schulungsangebot »Wald«. Das sichere Arbeiten mit der Motorsäge ergänzte das Arbeitsspektrum im Wald. Über 300 Frauen und Männer haben in unserem Wald den Umgang mit der Motorsäge erlernt.

Über diese Kurse wurde uns immer klarer, wie man Forstwirtschaft betreibt. Wir lernten, wo wir hinlangen können, wo wir aufpassen müssen, was wir nicht dürfen und was besonders gut für die Natur ist. Wir traten damals einer neu gegründeten Edellaubholzgemeinschaft bei, um die Bewirtschaftung mit seltenen Baumarten wie der Elsbeere, dem Speierling oder den Edellaubbaumarten Feld-, Spitz- und Bergahorn, Wildkirsche, Eberesche und Esche zu erlernen. Diese kommen hier in unserer Region wegen der teils tonhaltigen Böden von Natur aus vor. Dies sind auch die Perlen unseres Waldes. Nicht allein ihres Furnierholzes wegen, sondern als wärmeliebende Baumarten helfen sie, den Wald gegen den Klimawandel zu stärken. Auch die Bewirtschaftung der Tanne, die hier von Natur aus vorkommt, mussten wir uns beibringen.

Einen Zusammenbruch unseres Waldes will ich nie mehr erleben

Und dann kam 2003. Ein Jahr, das meine ganze Familie und mich forstwirtschaftlich stark geprägt hat. Es war das erste Jahr, in dem es in unserer Region über 35 Grad warm wurde. Die lang anhaltende Trockenheit des ausgehenden Frühjahres und die teils große Hitze im Juni, Juli und August sorgten dafür, dass einer unserer Fichtenschläge vom Borkenkäfer befallen wurde. Diese Kalamität breitete sich Woche für Woche immer weiter aus. Fast zwölf Wochen ohne Regen und nach dem letzten Sturm nicht geräumte Fichtenkronen in benachbarten, nicht bewirtschafteten Waldbeständen waren meiner Ansicht nach der Auslöser.

Der Revierförster ordnete Anfang August 2003 eine sofortige Räumung der geschädigten Fichten an. Aber wie war das zu schaffen? Der Betrieb meines Mannes hat im Sommer Hochsaison, und an Urlaub war nicht zu denken. Eine organisierte Hilfe durch Forstzusammenschlüsse, wie es sie heute gibt, war damals bei uns noch nicht vorhanden. Also musste ich mit meinem 17-jährigen Sohn in den Wald. Leider gab es damals noch keine Forstausrüstung speziell für Frauen, so musste ich die Schnittschutzhose meines Mannes tragen. Die Beine waren fast 50 Zentimeter zu lang, abschneiden ging ja nicht. Ich sah aus wie ein »Michelinmännchen« und arbeitete bei über 30 Grad stundenlang mit der Motorsäge. Mein Sohn fällte, und ich habe entastet, Stämme für den Verkauf gezopft und das Kronen- oder Giebelmaterial, wie wir es nennen, auf Haufen geworfen. Die viele Arbeit, die Hitze, unpassende Schutzkleidung, es war einfach nur schrecklich. An den Wochenenden unterstützten uns mein Mann und sein Freund.

Meine Familie hat sich geschworen, das darf uns nie wieder passieren. Auch haben wir aus heutiger Sicht sehr viele Fehler gemacht. Wir haben den Waldboden in diesem Bestand flächig befahren, weil wir nicht wussten, wie wichtig Bodenschutz ist. Durch die starke Verdichtung des Bodens war die Wiederaufforstung erschwert. Hinzu kam eine schlechte forstliche Beratung hinsichtlich der Auswahl der Baumarten und Pflanzgröße. Die an einem Südhang gelegene Fläche war bis auf wenige vereinzelte Linden kahl. Die starke Sonneneinstrahlung, kombiniert mit Trockenheit, machte den Boden steinhart. Wir haben damals Esche, Ahorn und Wildkirsche von einer Größe bis 30 Zentimeter gepflanzt, insgesamt circa 3.000 Bäume. Diese Pflanzengröße konnte den schnell wachsenden Brombeeren, Gräsern, Unkräutern wie Disteln und Brennnesseln nichts entgegensetzen. Die Eschen fielen dem Eschentriebsterben zum Opfer, viele Ahorne der Trockenheit. Kleine Pflanzen bis 30 Zentimeter für das Aufforsten zu nehmen war damals Stand der Dinge, aber diese Entscheidung war nicht gut. Sechs Winterhalbjahre haben wir uns geplagt und die Bäumchen gesucht, um sie mit Heppen und Sicheln freizuschneiden. Nach dem ersten Jahr haben wir rote Verbissbändchen angebracht und die Fläche ausgegrast. Aber die Brombeere hat dennoch alles überwuchert. Fünf Jahre in Folge haben wir wochenlang im Winter aus der Wiederaufforstung meterweise Brombeeren herausgezogen. Weil deren Laub rötlich braun ist, haben wir auch die Bändchen kaum mehr gefunden. Also wurde an jedes Bäumchen ein Stab gesteckt. Ebenso haben wir versucht, jeden Baum auf dieser Fläche zu halten, der sich nebst den gepflanzten Bäumchen natürlich angesiedelt hatte wie zum Beispiel Birken oder Weiden.

Nach fünf Jahren kam der Prüfbeamte der Forstverwaltung – die Wiederaufforstung war eine Fördermaßnahme – und kontrollierte, ob sich die Aufforstungsfläche sachgemäß nach den Förderrichtlinien entwickelt hatte. Hier kam es meines Erachtens zur nächsten falschen Entscheidung. Wir mussten alle Baumarten wie Birke, Weide oder Aspe entfernen, die nicht im Pflanzplan waren, sondern sich natürlich angesiedelt hatten. Hierzu muss man wissen, dass 40 Prozent der von uns gepflanzten Bäume trotz mehrmaliger Nachpflanzung nicht mehr vorhanden waren. Wieder eine unsägliche Mehrarbeit, und hinterher war die Fläche erneut so aufgelichtet, dass die Sonne wieder hineinbrennen konnte. Dies war die Krönung aller negativen Erfahrungen. Nach heutigem Stand wäre man froh um jeden Baum, der den kahlen Boden bestockt, und sei es nur eine Birke oder Weide. Mit dieser ersten Fläche hatten wir nur Ärger, Schinderei und Frustration. Dies war uns eine Lehre!

»Regelmäßig mäßig« ist unser Prinzip

Wir haben gelernt, Kalamitäten vorzubeugen: regelmäßig mäßig alle vier bis fünf Jahre die einzelnen Waldflächen durchforsten und Platz schaffen für die vitalsten Bäume im Bestand, damit diese sich zu kräftigen Zukunftsbäumen entwickeln können. Denn nur gesunde Bäume können Schädlingen, Wetterkapriolen und Stürmen etwas entgegensetzen. So bewirtschaften wir nun – durch Zukäufe besitzen wir mittlerweile zwölf Hektar – nacheinander immer wieder unsere Waldflächen. Jeweils werden zwei, drei schwache Bäume, die in Konkurrenz zu einem starken Zukunftsbaum stehen, entnommen. Dieses Prinzip praktizieren wir bis heute: So bleibt der Wald vital und ist besser gegen den Klimawandel geschützt.

Gerade in den stetig durchforsteten Fichtenbeständen hat sich so ein junger, ganz anderer Wald angesiedelt: der gewünschte Mischwald. Eichen, Tannen, Buchen, Kirschen – alles eingeflogen aus den Wäldern ringsum. 2019 nahmen wir die letzten Altfichten heraus und besitzen nun einen wunderbar gemischten Wald, der sich hoffentlich gut dem Klimawandel anpasst. Und das Schöne daran: Wir mussten fast keinen Finger dafür krümmen. Ich glaube, das ist das Geheimnis nachhaltiger Waldwirtschaft.

Dass sich in unseren Verjüngungsflächen die Tanne ausbreitet, freut uns ganz besonders. Sie wird hoffentlich die Nadelbaumart, die sich als Ersatz für die abgängige Fichte einstellt. Denn auch in Zukunft wird Nadelholz als Bauholz benötigt. Deshalb helfen wir den jungen Tannenbäumchen und entfernen im Winterhalbjahr alle ihre aktuellen Bedränger. Die Tannen sollen im Jugendstadium nicht im Wachstum behindert werden. So helfen wir allen noch selten vorkommenden Baumarten in unseren Waldflächen und erreichen einen artenreichen Mischwald. Darauf sind wir richtig stolz.

Unsere forstwirtschaftliche Perspektive ist sehr gut. Durch die jährliche nachhaltige Entnahme von Bäumen fördern wir die Vitalität unserer Wälder, können jedes Jahr Stamm- bzw. Brennholz verkaufen und produzieren aus dem Gipfelmaterial Hackschnitzel für den Eigenverbrauch und den Verkauf. Mit dem Erlös können wir unsere forstliche Ausrüstung finanzieren, Investitionen im Wald tätigen und ab und zu einen Überschuss erwirtschaften, von dem wir uns auch etwas gönnen.

Viele Waldbesitzer in Deutschland haben erkannt, wie wichtig nachhaltiges Wirtschaften in diesem Sinne ist. Ohne ihr konsequentes und umsichtiges Handeln stünden in unserem Land viel weniger wunderbare Wälder, trotz aller Kritik der Gesellschaft und der Medien an der Forstwirtschaft. Sicher, es gibt auch noch die Reinbestände der Fichten und Kiefern aus den Nachkriegsjahren. Diese sollte man aber nicht verteufeln. In den beiden Weltkriegen und auch danach wurden unsere Wälder mehr als verträglich geschunden. Die damaligen kalten Winter und auch das benötigte Bauholz zum Wiederaufbau sorgten für Übernutzung. Die Nachkriegsgeneration setzte deshalb auf schnell wachsende Baumarten wie die Fichte, um Engpässen in der Holzproduktion vorzubeugen. Auch unsere eigenen Wälder wurden in den Kriegsjahren ausgebeutet. Sicher, aus heutiger Sicht sind die Monokulturen Fehler, aber es wurde einfach schnell Bau- und Brennholz gebraucht. Wer sich aber heute hinstellt und sagt, es würden auch in der heutigen Zeit nur sogenannte Plantagenwälder gepflanzt, und 90 Prozent davon wären Nadelbäume, der lügt. Die Naturverjüngung ist in Deutschland mit 85 Prozent Flächenanteil die überwiegende Verjüngungsart, Pflanzungen machen nur 13 Prozent aus (BMEL 2018).[1]

Ganz wichtig ist uns das Wirtschaften im Einklang mit der Natur. Zusammen mit unserem Sohn haben wir in allen Waldstücken Arbeitswege angelegt, damit wir bodenschonend die einzelnen Flächen bearbeiten können. Wir fördern selten vorkommende Baumarten, lassen alte oder abgestorbene Eichen als Biotopbäume stehen, belassen Weiden für die Bienen im Wald und vieles mehr. Die Artenvielfalt, die wir in unseren Wäldern geschaffen haben, macht uns mächtig stolz. Alle heimischen Spechtarten finden sich, der Hirschkäfer, viele Baumpilze, um nur einige Beispiele zu nennen. Unser Wald ist nachhaltig, ökologisch und ökonomisch gut für die Zukunft aufgestellt, und wir haben ganz große Freude daran, dass nun auch schon unser kleiner Enkel mit in den Wald geht und »helfen« will.

2.400 Waldbauern auf 12.000 Hektar – die Waldbesitzervereinigung Bamberg

Durch die stetige forstliche Weiterbildung habe ich mir ein umfassendes Wissen angeeignet. Dies führte zu Anerkennung und Respekt von anderen Waldbesitzern, Kommunalpolitikern und Forstleuten. Somit war mein weiterer Werdegang vorgezeichnet. 2009 wurde ich als 2. Vorsitzende in den Vorstand der Waldbesitzervereinigung (WBV) Bamberg e. V. gewählt und konnte mich nun ehrenamtlich stärker für den Wald und seine Eigentümer engagieren. Zwei Jahre später wurde ich 1. Vorsitzende und leite seit nun mehr als zehn Jahren die Geschicke dieses Forstzusammenschlusses.

Als Vorsitzende der WBV Bamberg e. V. vertrete ich rund 2.400 Mitglieder mit circa 12.000 Hektar Wald. Wir sind eine Selbsthilfeorganisation, die ihren Mitgliedern aus Privat-, Kommunal- und Kirchenwald Betreuung und Dienstleistungen rund um ihren Wald anbietet. Die waldbaulichen Strukturen im Vereinsgebiet der WBV sind vielfältig: im Süden die sandigen Böden mit vielen Kiefern, im Osten der Jura mit überwiegend Nadelbaumbeständen und im westlichen Bereich schwere Tonböden mit meist Edellaubbeständen. Auf dem Jura erstreckt sich die historische »Lange Meile« bis weit ins Forchheimer Land. Dieses vormalige Ödland wurde um 1900 vom liebevoll »Waldvater« genannten Johann Ott mit vielen Gleichgesinnten in einer eigens gegründeten Waldbaugenossenschaft wiederbewaldet. Sie sind die geistigen Gründungsväter unserer WBV. Mit der Aufforstung von Kiefern und Fichten haben die 30 bis 40 Grundbesitzer damals versucht, diese karge Karstlandschaft wieder zu bewalden. Und es ist geglückt. So konnte im durchlässigen Kalkstein der Wasserrückhalt verbessert werden, und das Leben der armen Menschen auf dem Jura wurde bereichert. Johann Ott bekam für diese Ödlandaufforstung damals das Bundesverdienstkreuz. Heute hat sich durch diese historische Vorleistung in Teilen auch Laubwald angesiedelt.

Durch den Klimawandel wurden und werden diese vielen nadelbaumgeprägten Flächen zum Spielball der Elemente. Gerade durch die sich wiederholenden Schadereignisse wie Sturmschäden, Borkenkäfer und Trockenheit sind nun Waldbesitzer komplett überfordert, und das Arbeitsvolumen meiner Mitarbeiter hat sich mehr als verdreifacht. Deshalb beschäftigen wir als WBV aktuell sieben Mitarbeiter in zwei Geschäftsstellen. Zu der Zeit, als wir unseren Wald übernommen haben, war es normal, dass kleine private Waldbesitzer neben der notwendigen Ausrüstung wie etwa Traktor und Motorsäge auch den notwendigen Anspruch hatten, um mit so einer Situation fertigzuwerden. Heute haben die Erben dieser Generation andere Interessen und können mit Waldarbeit nichts mehr anfangen. Das vorhandene Equipment ist veraltet oder nicht mehr vorhanden, Holz wird kaum mehr gebraucht, und Wald ist nur noch ein Klotz am Bein. Dies ist auch der Grund, warum nur noch 40 Prozent unserer Mitglieder wirklich aktiv im Wald arbeiten. Die anderen 60 Prozent sind weggezogen oder haben keinen Bezug mehr zu ihrem Wald. Dies bedeutet für uns als forstlichen Zusammenschluss aber auch die Chance, mit einem breiten Dienstleistungsangebot aufzuwarten und im Auftrag die Wälder nachhaltig umzubauen und zu pflegen. Unsere Dienstleistungen reichen von der Beratung über Planung des Einschlages, Durchführung der Hiebsmaßnahme, und Vermittlung des Verkaufs des Stammholzes, bis zur Wiederaufforstung, Pflanzenbestellung, Begleiten von Fördermaßnahmen, Waldpflegeverträge und vielem mehr.

Gerade Waldpflegeverträge und deren Umsetzung werden zukünftig eine unserer Hauptaufgaben werden. Im Zeichen des Klimawandels ist es so wichtig, dass Wälder nicht einfach ungepflegt, zusammenbrechend und schutzlos den Kalamitäten ausgesetzt werden. Auch hier in unserer Region findet man bereits viele kleinere unbewirtschaftete Waldflächen. Ob aus Naturschutzgründen oder aus Desinteresse, ist nicht bekannt. Gerade diese Waldstücke sind oft der Auslöser von großflächigen Borkenkäferkalamitäten. Aber auch die extreme Trockenheit der letzten Jahre in unserer fränkischen Heimat setzt den Wäldern zu. Es ist erschreckend, wie immer mehr Wald verloren geht. Die ökologischen und ökonomischen

Schäden sind immens. Teilweise sind die Waldbesitzer aber auch selbst schuld. Seit ich die WBV Bamberg führe, haben wir jährlich mehr als 25 Informations- bzw. Schulungsveranstaltungen für Mitglieder und Waldeigentümer durchgeführt. Wie oft haben wir auf den großen überständigen Fichtenflächen in unserem Vereinsgebiet gestanden und gepredigt: »Ihr müsst regelmäßig mäßig eure Wälder durchforsten, bekommt dadurch Zug um Zug eine Naturverjüngung darunter und könnt Einnahmen generieren.« Aber was haben die Waldbauern gemacht? Sie haben gepokert, um vielleicht im nächsten Jahr mehr Geld für den Festmeter zu erlösen! Diese Haltung ist ihnen auf die Füße gefallen. Jetzt haben sie Kahlflächen und müssen für ein immenses Geld aufforsten. Dies ist mit vielen Schwierigkeiten verbunden. Die Böden sind nach wie vor trocken, deshalb sind nur im Herbst Pflanzungen möglich, gewünschte Pflanzen oft nicht lieferbar, und Brombeere und Unkräuter nehmen überhand. Die Voraussetzungen sind denkbar schlecht, um zügig einen neuen Wald zu begründen, und es werden viele Jahre vergehen, bis man wieder Holz ernten kann. Ein weiterer Baustein für einen gelingenden Waldumbau ist ein gutes Jagdmanagement, aber dazu weiter unten.

Aus meiner Sicht ist es deshalb so wichtig, die Mitglieder der WBV immer wieder zu schulen und zu informieren. Einmal jährlich machen wir eine Informationsfahrt, um deutschlandweit andere Forstbewirtschaftungsstrukturen kennenzulernen. Der Bayerische Wald, der Hainich, die Rhön, der Sachsenforst in Pirna, der Hohenzollernforstbetrieb in Sigmaringen, Schadflächen am Brocken im Harz, der Forstbetrieb des Fürsten von Castell und viele mehr sind bis jetzt unsere Ziele gewesen. Auch dies sorgt dafür, den Blick zu weiten und neue Erkenntnisse dann im eigenen Wald anzuwenden.

Meine Arbeit als Vorsitzende der WBV Bamberg ist mittlerweile fast zu einem Halbtagsjob geworden. Eine nachhaltige, ökologische, ökonomische sowie sozial ausgewogene Forstwirtschaft durchzusetzen ist gegenwärtig die gesellschaftliche und politische Herausforderung. Viel Engagement ist nötig, um allen diesen Anforderungen gerecht zu werden. Zum Glück habe ich ein hervorragendes Mitarbeiterteam, das mich auf diesem Weg begleitet.

Das Jagdrevier – mein zweites Steckenpferd

In meinen ersten forstlichen Wirkungsjahren stellte ich in unseren privaten Wäldern fest, dass kaum Naturverjüngung zu sehen war. Also hinterfragte ich das Jagdgebaren unseres damaligen Revierpächters. Ich organisierte Waldbegänge mit der

Forstverwaltung, der Unteren Jagdbehörde im Landratsamt, dem Jäger und dem Kreisjagdberater. Das Ergebnis war deutlich: Der Abschuss muss dringend erhöht werden, damit der verheerende Wildverbiss endlich aufhört. Alle Teilnehmer dieser Veranstaltungen waren sich darüber einig, nur der Jagdpächter nicht. Bei der darauffolgenden Wahl der neuen Vorstandschaft der Jagdgenossenschaft kandidierte ich und wurde zur Jagdvorsteherin gewählt. Meine erste Handlung war die Erhöhung des Abschusses von Rehwild. Trotz massiver Widerstände und vieler Anfeindungen setzte ich dies bei meinen Jagdgenossen durch. In der Folge verlängerte der Jagdpächter seinen Vertrag nicht, und wir konnten einen neuen Jagdpächter gewinnen, dem nicht nur das Wild am Herzen liegt. Alle Ziele, die wir uns für den Wald in unserem Jagdrevier gesetzt haben, wurden vertraglich abgesichert. Und siehe da, die Naturverjüngung stellte sich ein, und die Baumartenvielfalt hat sich massiv erhöht. Im Zusammenspiel mit der Jagd ist es mir äußerst wichtig, miteinander die notwendige Balance zwischen Wild und Wald zu finden und zu erhalten.

Freizeit im Wald – der Druck steigt

Ein Problem für Wälder in Stadtrandlage, wie hier im Raum Bamberg, ist der Freizeitdruck. Nichts gegen Wanderer, die auf den Wegen bleiben. Aber wir haben immer mehr Mountainbiker, die bauen sich wilde Trails quer durch die von uns mit Mühe hochgezogenen, über Jahre gehegten und gepflegten Wälder. Sie verursachen Schäden an Baumwurzeln, verdichten den Waldboden und verspüren dabei kein Unrechtsbewusstsein. Und als ob dies nicht schon genug wäre, obliegt uns Waldbesitzern auch noch die Verkehrssicherungspflicht für diese Trails. Welch Irrsinn! Wir müssen die Mountainbiker bei ihrem illegalen Handeln auch noch schützen.

Generell scheint die Gesellschaft Wald als gemeinschaftliches Eigentum zu betrachten, und in der Folge nehmen die negativen Einflüsse von Freizeitnutzungen auf die Waldentwicklung zu. Wir Grundeigentümer werden immer mehr an die Wand gedrückt. Jeder will mitreden, wie Wald bewirtschaftet werden oder aussehen soll. Die Leistungen des Waldes und die Arbeit seiner Eigentümer auch für die Gesellschaft werden hingegen weder honoriert noch respektiert. Man spürt einen Hauch von schleichender Enteignung. Ich habe Angst davor! Gerade auch vor ideologischen, dem schnelllebigen Zeitgeist folgenden und nicht forstwissenschaftlich begründeten politischen Entscheidungen aus Brüssel und Berlin.

Die Kunst des Waldbaus

Wald hat für mich etwas Schöpferisches. Waldarbeit ist ein wenig wie ein Kunstwerk schaffen. Manchmal geht es mir im Wald wie in einem alten Haus, das umgebaut werden soll. Ich gehe hinein und sehe, was aus ihm alles werden kann. Wir machen unsere Waldflächen durch das Fördern der forstlichen »Perlen« – Edellaubbäume wie Elsbeere, Wildbirne, Kirsche oder Ahorne – ökonomisch wertvoller, stärken ihre Widerstandskraft und Artenvielfalt und gestalten den Wald zu einem naturnahen Kunstwerk, das dem Klimawandel etwas entgegenzusetzen hat. Die Schwachpunkte in unseren Wäldern werden konsequent umgebaut. Wo wir zum Beispiel einen Eichenreinbestand haben, schlagen wir alle paar Jahre Sichtfenster von rund 150 mal 150 Meter frei, zäunen ein und schauen, was uns die Natur aus den umliegenden Wäldern einfach so an Naturverjüngung beschert, und pflanzen ein paar andere heimische Baumarten wie Tanne, Elsbeere oder Speierlinge dazu. So begründen wir Zug um Zug einen stabilen Mischwald. Eigentlich ist es keine Kunst, Waldumbau zu betreiben, man muss nur mit offenen Augen in seinen Wald gehen und erkennen, was notwendig ist. So kann eine in meinen Augen herrliche Baumartenvielfalt entstehen, prächtig entwickelte gesunde Bäume, unterschiedliche Strukturen und der Beginn eines vitalen Zukunftswaldes. Unser aller gemeinsames Ziel muss es sein, so viele Waldbesitzer wie irgend möglich auf diesen Weg mitzunehmen. Wir müssen sie unterstützen mit Schulungen, Informationen und forstlichem Know-how. Wir brauchen weder Verbote noch Stilllegungen, sondern Fachleute, die uns unterstützen, und keine Politiker, die ideologisch getrieben falsche Entscheidungen treffen. Es liegt an uns, für unsere Wälder und deren Besitzer zu kämpfen, denn unser Wald ist Klimaschützer, Rohstofflieferant, Lebensraum, Erholungsort, Trinkwasserspeicher – kurzum, einfach wunderbar!

Anmerkung

1 Bundesministerium für Ernährung und Landwirtschaft (BMEL) (2018): Der Wald in Deutschland: Ausgewählte Ergebnisse der dritten Bundeswaldinventur. Berlin 3. Auflage.
Die zum Waldgipfel vom BMEL veröffentlichten Zahlen zur Förderung von Wiederaufforstung und Waldumbau verdeutlichen: Von insgesamt 2.763 Hektar wurden nur vier Hektar rein mit Nadelholz aufgeforstet, und im Waldumbau waren von 5.084 Hektar nur fünf Hektar reine Nadelwälder.
Bundesministerium für Ernährung und Landwirtschaft (BMEL) (2021): Zahlen & Fakten zum Waldgipfel am 2. 6. 2021 [https://www.bmel.de/SharedDocs/Downloads/DE/_Wald/waldgipfel-zahlen-fakten.pdf?__blob=publicationFile&v=3].

Angelika Morgenroth

Teil II

Der Wald im Spiegel des Forstberufs

Das Berufsbild ist gut

Der Horizont des Forstberufs aus der Erfahrung des Kommunalwaldes

Hilmar Alexandrin

Ich bin 1967 geboren und in Fürstenberg aufgewachsen, einer Kleinstadt im Norden Brandenburgs, die schon immer sehr forstaffin war, denn sie lag im Einzugsbereich vieler preußischer und auch mecklenburgischer Forstämter. Da mein Vater im Forstbetrieb gearbeitet hat und Jäger war, hatte ich immer eine persönliche Nähe zum Wald. Wir haben direkt am Wald gewohnt, und so habe ich mich von Kindesbeinen an für den Wald interessiert. Von klein auf hatte ich schon den Wunsch, Förster zu werden. Und so hat sich das entwickelt: Ich habe in Kunsterspring meine Lehre zum Forstfacharbeiter gemacht, zwei Jahre als Waldarbeiter gearbeitet, die meiste Zeit davon als Gespannführer. Dann hatte ich die Möglichkeit, einen Studienplatz zu bekommen, womit ich genau in die Wendezeit geriet. Wir starteten noch mit Uniform, Morgenappell, Zimmerkontrolle und Meldung vor dem Spind, das ging dann aber in das erste Revolutionsjahr über, mit Studentenrat und viel mehr Freiheit. Durch den Systemwechsel bekamen auch neue Dozenten eine Chance, zum Beispiel Dr. Peter Röhe, Dozent für Betriebswirtschaft, Standortkunde und Forsteinrichtung, der das Vermögen hatte, sehr gut zu unterrichten. Allerdings wurde unser Ingenieurstudium nach bundesdeutschem Recht nicht anerkannt, also verlängerte sich das Studium um ein viertes Jahr, auf das wiederum noch ein Verwaltungsjahr folgte. Nach dieser Ausbildung und unter den neuen Bedingungen in den Beruf starten zu können, das war ein großes Glück. Diese Zeit war ein Geschenk für mich, denn wir konnten die Erfahrung der DDR-Zeit bewusst reflektieren und auch einen Teil dieses Wissens mitnehmen, zugleich aber die neuen Möglichkeiten ausschöpfen.

Dann habe ich von 1995 bis 2001 in meinem alten Forstbetrieb, der nun zum Amt für Forstwirtschaft wurde, in der Vermessung und Eigentumsrückführung gearbeitet. Wir mussten das ganze System der Liegenschaften neu aufsetzen. Alle

Eigentumsübertragungen aus dem preußischen Staatsbesitz an das Land Brandenburg und an Mecklenburg waren zu bearbeiten, was nicht so einfach war, denn die Länder haben ja keine Rechtsnachfolge des preußischen Staates angetreten. Mit dieser Aufgabe war also viel Recherche verbunden, man musste die Geschichte der einzelnen Ämter und Liegenschaften genau nachvollziehen können. Diese Erfahrungen nutzen mir noch heute in meiner Arbeit, denn hier haben wir Wälder, die militärische Liegenschaften waren und sich in der Verwaltung der Brandenburgischen Bodengesellschaft befanden. Es ist sehr nützlich, wenn man da durchsteigt.

2001 habe ich mich als Leiter des Stadtforstamtes Lychen beworben und den Zuschlag erhalten. Ich stand damals kurz vor meiner Verbeamtung auf Lebenszeit, habe diesen Weg aber verlassen und bin damit dem Rat meines Lehrers Peter Röhe gefolgt, der gesagt hatte: »Wenn Sie die Möglichkeit haben, für eine Kommune zu arbeiten, dann machen Sie das! Sie werden nie wieder so viele Freiheiten bekommen wie in einem vernünftig geführten kommunalen Forstbetrieb.« Auch für diesen Rat bin ich ihm zeitlebens dankbar, denn genau so habe ich es dann auch erlebt.

Die Stadt Lychen hat circa 1.100 Hektar Holzboden, dazu kommen noch einmal etwa 300 Hektar Nichtholzboden und 17 eigene Seen. Das ist schon ein großer Vermögensschatz. Aufgrund dieser Qualität hatte sich die Stadt entschieden, die Flächen in die Restitution zu führen, ein eigenes Forstamt zu gründen und den Wald selbst zu bewirtschaften. Rückwirkend war das eine sehr kluge Entscheidung. Über viele Jahre ist der Forstbetrieb nun schon eine wichtige Stütze des kommunalen Haushaltes. Wir bringen jährlich 200.000 bis 250.000 Euro Erlös in die Stadtkasse ein. Das ist für eine kleine Gemeinde wie Lychen mit etwa 4.000 Einwohnern eine echte Größenordnung. Hinzu kam für mich die Übernahme des Wirtschaftshofes der Stadt, der alle kommunalen Außenarbeiten übernimmt. Aus den drei Mitarbeitern dieses Betriebs sind inzwischen elf geworden, darunter vier ausgebildete Forstwirte und eine Auszubildende.

Durch meine Qualifikation bin ich inzwischen in unserem Einzugsbereich auch für Munition und Munitionsbergung zuständig sowie für alles, was mit Naturschutzrecht zu tun hat, von dem wir stark betroffen sind, denn wir haben fünf FFH-Gebiete (Fauna-Flora-Habitat-Gebiete), die über 9.000 Hektar einnehmen, das ist mehr als die Hälfte unserer Gemeindefläche. Wir sind sozusagen der kleine vergessene Nationalpark in Brandenburg. Meine Arbeit geht also an verschiedenen Stellen über den eigentlichen Forstbetrieb hinaus.

In Anbetracht der Naturausstattung im Gemeindegebiet ist es schon gut, dass eine Stelle in der Verwaltung angesiedelt ist, die die rechtlichen Folgen so einer Situation durchdringt, wenn es zum Beispiel darum geht, die Managementplanung in einer FFH-Gebietsausweisung oder die Rechtsverordnungen für die Schutzgebiete zu beurteilen und sie qualifiziert in der Öffentlichkeit zu beraten. Wir haben die Angler, die Landwirte, die Forstbetriebe, die Naturschutzverwaltungen, die Wandervereine und viele andere von vornherein in die Gestaltung der Schutzgebietsverordnung einbezogen, um trotz aller Konflikte und Gegnerschaften dafür zu sorgen, dass die Menschen der Region das annehmen und die Verordnung auch mit Leben füllen können. Denn es ist ein großes Problem in dieser Zeit, dass Verordnungen erlassen werden, die zum einen keiner kontrolliert und zum anderen niemand akzeptiert. Die Naturschutzauflagen bilden auch eine andauernde Beanspruchung unserer unmittelbaren Arbeit im Wald. Zum Beispiel erscheinen die Eingriffe des Naturschutzes in die Freiheit der Baumartenwahl in Anbetracht der Herausforderungen des Waldumbaus doch recht dogmatisch. Und dann sind da die Einschränkungen beim Wegebau: Wege sind ja nicht nur für den Transport, sondern auch für den Waldbrandschutz da, und hier kann man viele Einschränkungen einfach nicht mehr nachvollziehen.

Bei der Erarbeitung der Schutzgebietsverordnungen war es uns wichtig, dass die Leute hier auch weiterhin leben und arbeiten können. Gerade hier hat der Tourismus sehr zugenommen, der Binnenurlaub hat an Bedeutung gewonnen, was wiederum die Geschäftstätigkeit in der Landschaft anregt. Der Kommunalwald hat in erster Linie dem Allgemeinwohl zu dienen. Das heißt nun aber auch, dass die Leute in den Wald kommen. Das fängt beim Jogger an, geht über den Geocacher und den Wanderer bis zum Mountainbiker, der quer durch die Bestände fährt. Bei uns kommen noch Wasserwanderer und Camper dazu. Die Frequentierung ist inzwischen sehr hoch, vor 20 Jahren war das noch nicht so ausgeprägt. Da muss man schauen, dass das Naturkapital, das die Leute anzieht und das ja auch Ergebnis unserer Wirtschaftsweise ist, erhalten bleibt. Die damit verbundenen Zielkonflikte sind fast unvermeidlich, zumal sich die Schutzgüter nach der Aufgabe der Bewirtschaftung ja auch verändern und ihren ausgewiesenen Wert einbüßen. Nicht immer kann man das steuern, oft hängt es von den Eigentumsverhältnissen ab.

Lychen war aufgrund seiner Lage in der Nähe der Forstschule Templin schon früher ein Lehr- und Ausbildungsrevier für den Forstberuf. Das wurde dann durch die Betriebsberufsschule in Lychen fortgesetzt, hier wurden die Lehrlinge der Forstwirtschaft für den Bezirk Neubrandenburg ausgebildet. Danach kam die Waldarbeitsschule, die aber Ende der 1990er-Jahre geschlossen wurde. Wir versuchen nun über verschiedene Projekte, diese Verbindung zur Lehre wieder aufleben zu lassen, zum Beispiel gibt es in Kooperation mit der Landesforstverwaltung mehrere Waldprojekte mit den Schulen der Region. Seit 17 Jahren haben wir hier an der Grundschule ein Waldprojekt, das regelmäßig und 14-tägig mit zwei Kollegen einen Unterricht für die sechsten Klassen im Wald ermöglicht. Da vermitteln wir grundlegende Artenkenntnisse, grundsätzliche ökologische Zusammenhänge, schauen uns etwa ein Moor an und erkunden die Einteilung und den Aufbau eines Waldes. Der Unterricht zielt aber auch auf den Arbeitsplatz Wald, der nicht nur Schutzgut ist, sondern seit vielen Generationen bewirtschaftet wird. Deshalb machen wir auch Arbeitseinsätze, pflanzen den Baum des Jahres und heben mal eine Bodengrube aus, um den Standort und seine Nutzungsmöglichkeiten zu erläutern.

Wir realisieren außerdem schon im zwölften Jahr ein Projekt mit der freien Schule in Templin, die ja in der ehemaligen Forstschule ansässig ist. Hier läuft das eher im Zeitraffer, in einem jährlichen Projekt. Da betreiben wir mit den Kindern der fünften und sechsten Klassen einen Waldumbau. Das Ziel ist es, mit den Kindern immer einen Hektar zu schaffen, und der Unterricht wird darum herum gestrickt. Es wird vermessen, gerechnet, wie viele Pflanzen man braucht, wie viele Arbeitskräfte dafür benötigt werden. Wenn es glücklich läuft, haben wir den Harvester und den Rückezug noch da, sodass die Kinder sehen, was vorher bei der Durchforstung passiert. Dann rücken die Pferde an, und die Kinder können auch mal mit den Tieren pflügen und selbst die neuen Pflanzen einbringen. Wir wollen, dass sie das alles einmal miterleben. Auf diese Weise lernen sie, dass sie selbst aktiv werden können, und Themen wie der Klimawandel werden greifbar und gestaltbar. Wir vermitteln auch, dass aus diesen seinerzeit fachlich völlig korrekt angelegten Kiefernreinbeständen heute klimaplastische Mischbestände geformt werden können, die wir wegen ihrer Pufferfunktionen dringend brauchen.

Außerdem setzen wir beim Waldunterricht von Jahr zu Jahr verschiedene Schwerpunkte. Mal konzentrieren wir uns mehr auf den Boden, mal mehr auf die Lebewesen oder die Schichten des Waldes. In diesem Falle habe ich immer eine Hebebühne im Wald und fahre mit immer drei Kindern für jeweils 20 Minuten hoch in eine Baumkrone, sodass sie mal erleben, wie der Wald in 30 Metern Höhe aussieht und klingt, wie sich die Lichtverhältnisse ändern, sich die Blätter bewegen und anderes Leben zu finden ist. Man nimmt dort ganz andere Dinge wahr, als wenn man auf dem Boden steht. Wenn wir im Wald sind, kochen wir auch draußen das Essen frisch, und wir möchten erreichen, dass sich die Kinder als Gruppe neu erleben können. Es wird auch immer wieder ein Wissenschaftstag eingebaut, dann haben wir Forscher vor Ort, sodass mal mikroskopiert werden kann, zum Beispiel wenn man den Teil eines Baches absperrt und dann bestimmen möchte, was alles darin zu finden ist. Wir haben sogar mal einen Waschbären seziert – es gibt sehr viele Möglichkeiten. Das macht mir viel Spaß. Ich denke, wir bekommen für all das, was sich ändern muss, nur die Zustimmung, wenn es auch eine entsprechende Erfahrung gibt. Die jungen Leute müssen auch mal um die Ecke denken können, die gewohnten Ordnungen der Schulfächer sind für die Probleme, die wir bekommen, vielleicht nicht mehr geeignet.

Auch mit der Lehrlingsausbildung haben wir inzwischen angefangen, derzeit lernt bei uns eine erste Auszubildende, und wir bieten Praktikumssemester für die Hochschule in Eberswalde an. Und wir versuchen auch mit allen möglichen Forschungs- und Bildungseinrichtungen zu kooperieren, etwa mit dem Thünen-Institut, der Hochschule Eberswalde oder dem Leibniz-Zentrum für Agrarlandschaftsforschung in Müncheberg.

Wir sind ein naturnah wirtschaftender Betrieb. Fast 20 Jahre lang waren wir FSC-zertifiziert, haben das aber aufgrund der internationalen Diskussion über nationale Unterschiede, der sich der FSC (Forest Stewardship Council) ausgesetzt sieht, aufgegeben, obwohl wir weiter nach den gleichen Prinzipien wirtschaften. Wir sind auch nicht gegen Zertifizierung, aber sie sollte schon so transparent sein, dass man auch vergleichbare Wirtschaftsweisen daraus ablesen kann. Als öffentlicher Waldbesitzer erfüllen wir ohnehin eine Menge Standards – vom Tariflohn über die Schaffung von Ausbildungsmöglichkeiten bis hin zu unserem transparenten System der Betriebsführung. Das ist bei anderen Betrieben nicht unbedingt so, vor allem wenn man in andere Staaten schaut. Aufgrund der Fördersituation sind wir dem PEFC (Programme for the Endorsement of Forest Certification) beigetreten, denn die Fördermittel sind an irgendeine Form der Zertifizierung gebunden.

Der Stadtforst Lychen gliedert sich in zwei Teile. Der Revierteil Hohenlychen ist potenziell ein ganz klassischer Buchen-Eichenwald. Die Eichen sind aber vor etwa 200 Jahren gefällt worden, sodass jetzt die Buche dominiert. Unsere Vorgänger haben hier schon vor 100 Jahren erkannt, dass man nicht nur die Bodenreinertragslehre durchziehen kann, sondern eine Mischung braucht. Deshalb sind dort damals schon die Kiefernbestände mit Buchen unterbaut worden. Das sind sehr gut strukturierte Bestände, und wir können hier mit einer gut organisierten Jagd und einem gezielten Einschlag im Hinblick auf die Lichtsteuerung auf die Eigendynamik dieses Waldes bauen. Hier haben wir auch mit Elsbeere, Esskastanie und Thuja eine kleinflächige Mischung erprobt – und es scheint super zu funktionieren. Zwei Hektar groß sind diese Flächen im Idealfall. Außerdem ist dieser Revierteil schon immer ein guter Douglasienstandort. Wir hatten lange Zeit die höchste Douglasie Brandenburgs, die ist aber einem Sturm zum Opfer gefallen. Na, da warten wir auf den nächsten Sturm, dann sind wir vielleicht wieder vorne.

Der zweite Revierteil ist ein klassischer Kiefernwald, der von 1903 bis 1935 von meinem Vorgänger Georg Carstedt aufgebaut worden ist, das war damals geradezu eine kulturhistorische Tat. Deshalb haben wir diesen Schulwald auch nach ihm benannt. Fast 400 Hektar Schafweide wurden damals von ihm aufgeforstet. Das ist auch für die Stadt ein enormes ökonomisches Potenzial, in den letzten Jahren haben wir mit den Kiefern sehr gute Einnahmen erzielt. Aber nun bauen wir diese Wälder in Mischbestände um. Wir haben es mit Saaten und Pflanzungen versucht, die auch gut gelungen sind: Rotbuche, Traubeneiche, Winterlinde, Hainbuche und Bergahorn. Denn es gibt viele mittlere bis gute Standorte, die das ermöglichen. Die Kiefer läuft weiter mit, sie verjüngt sich an verschiedenen Stellen gut, wo wir sie im Oberstand haben. Wir werden sie also auch in Zukunft haben, aber nicht besonders fördern. Nur einmal habe ich das gemacht, damit ich einmal in meinem Leben auch einen Kiefernbestand begründet habe. Das wollte ich mir nicht nehmen lassen.

Wir haben auch selbst Saatgut geerntet, das kann man auch vakuumieren und einfrieren, um regelmäßig welches verfügbar zu haben. Aber nicht alle Jahre sind Erntejahre für Saatgut. Wir kaufen deshalb Saatgut zu, Eicheln muss ich sogar immer kaufen. Und für bestimmte Phasen oder Flächen braucht man auch Pflanzen aus Baumschulen. Aber wenn man Saatgut hat, sollte man es nutzen, das ist jedenfalls meine Erfahrung. Wir haben etwa zwölf Hektar mit Buchensaat angelegt und sechs Hektar mit Eichen. Bis auf das letzte Jahr, in dem das Saatgut vielleicht zu alt war, sind alle gut aufgegangen. Zur Abwehr von Schwarzwild bei jungen Saaten nehmen wir Elektrozäune. Die funktionieren sehr gut, aber man muss sie täglich kontrollieren. Die Saat ist jedenfalls kostengünstiger als eine Pflanzung, die Fläche wird schneller in Kultur gebracht, und die Pflanzen sind wesentlich stabiler. Denn das Auflaufen des Saatgutes im Keimbett hat den großen Vorteil, dass der Keimling nur so viele Blätter ausbildet, wie er über die Wurzel auch mit Wasser versorgen kann. Die ein- oder zweijährigen Pflanzen haben dagegen schon viel mehr Blätter, und sie sind natürlich auch teurer. 2019 habe ich Eichen gesät, die

Pflanzen waren im Folgejahr so klein, dass ich sie freikratzen musste, um sie zu finden. Aber sie haben alle überlebt. Wie dem auch sei, wichtig ist, dass man überhaupt was macht.

Allerdings haben diese neu begründeten Bestände in den Trockenjahren 2019 und 2020 leider auch gelitten. Die Mischbestände, die wir schaffen wollen, puffern einiges ab, aber es wird sich zeigen, was sie aushalten. Deshalb halte ich auch die Provenienzforschung für wichtig. Mit dem Thünen-Institut haben wir einen Douglasienversuch angelegt und wollen auch das Verhalten von Bergahorn und Gemeiner Esche untersuchen.

Die erhoffte Strukturvielfalt ist allerdings nur mit einer intensiven Bejagung zu sichern. Ich hätte früher nicht gedacht, dass das so ein langer Kampf wird. Es ist wohl die schwerste Schlacht, die zu schlagen ist. Wenn man nicht nur jagdlich geprägt ist, sieht man das ganz klar: Die Jagd ist ein Mittel zum Zweck, eines der wichtigsten waldbaulichen Steuerungsinstrumente. Man sieht es ganz deutlich, wenn man ein paar Jahre intensiv gejagt hat, wie die Naturverjüngung einsetzt. Die alten Hegevorstellungen sind nicht am Arbeitsgegenstand Wald orientiert: Der Wald zeigt mir, ob der Wildbestand richtig ist oder nicht. Wenn man danach handelt, kann man viel erreichen, aber das setzt natürlich ein sehr rigides Vorgehen voraus. Und das wiederum verlangt ein sehr breites Kreuz, da kommen Schüsse aus Richtungen, mit denen man nicht gerechnet hat. Selbst die Kinder haben darunter zu leiden, aber da müssen wir jetzt durch. Die jährlichen Treibjagden machen wir mit der ganzen Stadtverwaltung und stimmen die Termine mit den anliegenden Landeswaldoberförstereien und auch mit privaten Waldrevieren ab, sodass wir großflächig auf etwa 2.000 Hektar jagen können.

Für unser Holz haben wir eine sehr breite Käuferstreuung. Das haben wir von Anfang an so gepflegt, und es ist sortimentsabhängig. Die hochwertige Kiefer geht an die Firma Bohm, die machen Dachstühle und Dielen draus. Die Massensortimente gehen ins Sägewerk Robeta, die machen in erster Linie Abschnitte in allen möglichen Formaten. Das Kiefernindustrieholz verwertet die Firma Kronotex, das Buchenindustrieholz ist bisher immer nach Schweden in die Papierindustrie gegangen. Inzwischen mussten wir einen neuen Partner suchen, die Heidegesellschaft. Und das Buchenwertholz nimmt die Holzindustrie Templin. Unser Holz setzen wir also in der Region ab, dazu haben wir auch einen politischen Beschluss gefasst, denn viele Lychener arbeiten in diesen Betrieben.

Die größte Gefahr für die Entwicklung eines kommunalen Forstamtes liegt in der Haushaltssituation. Da bedarf es einer sehr breiten politischen Arbeit, um immer ein Verständnis bei den Abgeordneten zu finden. Da diese aber oft wechseln, ist das eine ständige Herausforderung. Man muss immer wieder bei null anfangen. Aber wenn man es plausibel machen kann, hat man auch politischen Rückhalt, auch wenn der Wald mal Zuschuss braucht. Das hatten wir zwar seit 15 Jahren nicht, aber es wird auch solche Jahre geben, und ich bin überzeugt, dass die Stadtverordneten das verstehen werden. Wir haben auch in der Zeit, als die Holzpreise einbrachen, den Einschlag halbiert, das haben die Abgeordneten verstanden, obwohl es um 100.000 Euro ging.

Und schließlich liegt eine große Gefahr – zumindest für die uns umgebenden Landeswälder – in den anhaltenden Forstreformen und der Trennung von hoheitlichen und wirtschaftlichen Aufgaben. Die Kernstruktur der Forstverwaltungen ist über Hunderte von Jahren gewachsen. Dass in diese Strukturen immer wieder eingegriffen wird und sie zerstört werden, das kann meines Erachtens nicht gut gehen. Die Ortskenntnis, die man im Wald braucht, war in dem alten System angelegt – und die gibt man jetzt auf. Gerade in einer Zeit so starker Umweltveränderungen und des Waldumbaus braucht man doch eine flächendeckende Zuständigkeit. Mit den Forstrevieren gab es ein Monitoring über das ganze Land hinweg. Ob der Revierförster – oder wie er inzwischen auch immer genannt wird – Frösche kartiert, Gräser zählt oder den Holzeinschlag managt – ich kann ihn losschicken und Dinge ermitteln lassen. Stattdessen müssen sich die Forstleute nun in den neuen Strukturen mit oftmals unverständlichen gesetzlichen Forderungen auseinandersetzen, während die anderen den Holzeinschlag und die Jagd machen. Die ganzheitliche Betrachtung geht verloren, das ist in meinen Augen sehr, sehr schade. Wenn man sich die politische Diskussion anschaut, soll nun der Naturwächter den Vertragsnaturschutz neu erfinden, dabei sind die Zielkonflikte im Naturschutz so groß, dass das Gesamtbild verloren geht. Dagegen haben die Förster schon immer vom Klima bis zum Boden, von der Technik bis zur Kenntnis von Flora und Fauna ganz viele Dinge im Blick haben müssen. Ob man das nun Forstwirtschaft nennt oder anders, ist mir nicht wichtig – aber das Berufsbild ist gut. Der Forstsektor hat ja die ganzen Jahre sogar Geld abgeworfen, und doch wird er systematisch heruntergefahren. Warum man das aufgibt, ist mir unklar.

Zwischen Hörsaal und Holzacker?

Wie und warum wir Forstwissenschaften studieren

ANNE AUSTEN

Um in Deutschland eine Försterin oder ein Förster zu werden, muss man studieren. Insgesamt neun Hochschulen und Universitäten bieten zusammen mehr als ein gutes Dutzend forstlich geprägte Studiengänge an, viele davon mit so klangvollen Zusätzen wie Ressourcenmanagement, Waldökologie, Ökosystemmanagement und holzwirtschaftabstrakten Begriffen, die eine Ahnung von der Komplexität der oftmals interdisziplinären Studieninhalte aufkommen lassen. Die Anzahl der Prüfungsleistungen, viele davon aus mehreren Teilprüfungen zusammengesetzt, sowie die stark naturwissenschaftlich ausgerichteten Fächer bringen viele junge Leute Semester für Semester an ihre Belastungsgrenzen. Trotzdem zieht es jedes Jahr aufs Neue Hunderte naturverbundener und hoch motivierter Menschen in genau diese Studiengänge. Was begeistert diese Leute an dem anspruchsvollen Forststudium, was lässt sie am Ball bleiben, und was nehmen sie aus den unzähligen Lehrveranstaltungen, Seminaren und Exkursionen in ihre berufliche Zukunft mit?

Im Hinblick auf ihre Berufschancen haben die Forststudierenden heute insgesamt so rosige Aussichten wie schon lange nicht mehr. Während es in den späten 1990er-Jahren noch hieß, man studiere Forst vor allem, um die Straßenbäume vom Fahrersitz des Taxis aus bestimmen zu können, erweisen sich heute der Generationenwechsel und die Herausforderungen des Klimawandels zum Vorteil für forstliche Absolvent:innen. Der Bund Deutscher Forstleute schätzt, dass in den nächsten ein bis zwei Jahrzehnten mindestens ein Drittel der Beschäftigten im öffentlichen Forstdienst in Rente gehen wird.[1]

Ist es diese vielversprechende berufliche Absicherung, die jedes Jahr für Neuzugang an den forstlichen Hochschulen und Universitäten sorgt, oder gehört noch mehr dazu?

Meine Kommiliton:innen und ich sind seit 2017 an der Technischen Universität Dresden mit dem forstlichen Campus in Tharandt immatrikuliert und damit zu einer Zeit in die Forstwelt getreten, die von hoher Dynamik und Spannung geprägt ist. Die ungeahnte mediale Resonanz des waldpolitischen Engagements von Peter Wohlleben und das dadurch erweckte begrüßenswerte Interesse am Wald sorgten für ein Erwachen der bislang eher in sich gekehrten Forstbranche.

Das Waldthema kam in einen gesamtgesellschaftlichen Diskurs, zugleich brachte diese neue Waldaufmerksamkeit aber der Forstwirtschaft einen Imageverlust ein. Die Deutungshoheit wurde der Forstpartie entzogen, das neue Narrativ unterstellte Waldbesitzenden ein ausschließliches Profitinteresse. Zugleich erlebte der Wald in Deutschland in den Folgejahren eine Dürreperiode noch nie da gewesenen Ausmaßes. Wer nicht schon aus romantischen Gründen auf den Wald blickte, tat es jetzt aus Sorge und weil die Bilder vertrockneter Fichten, die von Borkenkäferkalamitäten in Windeseile abstarben, kaum zu übersehen waren. Die Forstwelt, ohnehin schon in die argumentative Defensive geraten, musste ihr Handeln zunehmend rechtfertigen. All diese Entwicklungen konnten Forststudierende aus einer etwas außerhalb gelagerten Stellung heraus beobachten. Die aktuelle Waldsituation und die Aussicht auf einen neu entstehenden Studiengang, der eine »Waldwende« und »die Wälder zum Wackeln«[2] bringen will, verschob jedoch auch die bisher recht bequeme Situation der Forststudiengänge, und es wird nun Zeit, die eigenen Inhalte und Zielstellungen neu zu reflektieren. Können die forstlichen Studiengänge von heute die Herausforderungen der Zukunft erkennen und der jungen Generation richtungsweisende Lösungen und Handlungsoptionen mitgeben?

Lockrufe aus dem Wald

Jeder kennt bestimmt diese Art von Gespräch am Kaffeetisch der Familie. Sitzt man in der Nähe eines jungen Familienmitglieds, und es gibt gerade nicht viel anderes zu erzählen, so fällt früher oder später die Frage: Und was machst du jetzt nach dem Abi? Knapp 1.000 junge Menschen haben im Jahr 2020 darauf mit »Ich werde Forstwissenschaften studieren« geantwortet.

Vielen war dieser Plan schon sehr früh klar, beispielsweise weil die Familie eine von rund zwei Millionen Waldeigentümern in Deutschland ist und sie diesen Waldbesitz einmal selbst umsorgen möchten. Andere treten in die Fußstapfen ihrer Eltern, die in Forst- oder Naturschutzbereichen arbeiten.

Den meisten jedoch mag es ähnlich wie mir gehen. Es zieht sie in den Wald, und das Versprechen, die Natur und das komplexe Waldsystem sehen und verstehen zu lernen weckt hohe Erwartungen an das grüne Studium.

Ich muss zugeben: Wohllebens Walderzählung hat zu einem nicht kleinen Teil dazu beigetragen, dass ich mich für das Studium der Forstwissenschaften entschied. Ich bin mir sicher, dass vielen Leuten seit der Erscheinung des Bestsellerbuches ähnliche Gedanken durch den Kopf gingen: das faszinierende Geheimnis des Waldes ein wenig zu lüften, weitere Einblicke in die erstaunliche Welt der Wurzeln, Kronendächer und Mikroorganismen zu erhaschen und vielleicht ein klein wenig mehr von der Natur und ihren Zusammenhängen zu verstehen, schließlich haben wir uns lange genug von ihr entfremdet.

Allerdings antwortete ich vor gut zehn Jahren auf die Frage »Und, was machst du jetzt nach dem Abi?« damit, dass ich mir naturwissenschaftliche Disziplinen nicht zutraute und entschied mich, Soziologie mit Nebenfach Psychologie an der TU Dresden zu studieren. 2018 schrieb ich meine Diplomarbeit über Wohllebens Wirkung auf den Walddiskurs in Deutschland.[3] Aus wissenssoziologischer Perspektive betrachtet, kommt man kaum umhin, die neuromantische Walderzählung und ihre Auswirkungen auf das Image der Forstwirtschaft kritisch zu beäugen. Wir sind Zeugen einer »battle of truth« zwischen den Narrativen der Wissenschaft und der Öffentlichkeit geworden. Und diese Schlacht läuft immer noch.

Angestochen von diesem Diskurs und der Frage, wer mal diese Schlacht um das Sagen im Wald gewinnt, habe ich mich also zusätzlich noch in die Forstwissenschaften in Tharandt eingeschrieben. Nicht wenige meiner Kommiliton:innen haben wie ich das Forststudium auf dem zweiten Bildungsweg aufgenommen. Mit mir im Hörsaal sitzen nicht nur ausgebildete Forstwirte und Berufsjäger, auch Einzelhandelskauffrauen, Offiziere, Juristinnen, Elektriker und Lehrkräfte haben sich für einen zusätzlichen Studienabschluss entschieden.

Viele ihrer Kerninteressen und Beweggründe, ein Studium der Forstwissenschaften aufzunehmen, werden die Leser:innen dieses Buches nur zu gut kennen. Es gehört zum Selbstverständnis des Forstberufs, eine gewisse Verbindung zur Natur und insbesondere zum Wald zu empfinden. Keiner der Studierenden lässt diese Affinität unerwähnt, wenn man nach der Ursache für die Studienwahl fragt. Viele betonen außerdem, dass sie sich einen Bürojob nicht vorstellen konnten, wiederum andere sehen darin eine sinnvolle Ergänzung zu ihren Naturschutzbestrebungen oder ihrer Passion zur Jagd. In den letzten Jahren wird jedoch eine kleine, aber wichtige Veränderung bemerkbar, wenn man die jungen Erstsemester nach ihrer Motivation für das grüne Studium befragt. Anstatt der simplen, subjektiven Liebe zum Wald und des Interesses an der Natur trat ein anderes Thema an die erste Stelle der Motivation: Ein nicht geringer Anteil der Studierenden hofft, mit dem erlernten Wissen später tatsächlich einen kleinen Beitrag zum Kampf gegen den Klimawandel leisten zu können. Es sind die großen Diskursthemen der Gegenwart – Klima, Nachhaltigkeit und biologische Vielfalt –, und die Studierenden wollen dafür hilfreiches Wissen und mögliche Handlungsoptionen finden. Wir haben es also mit einem hohen Grad an gesellschaftlicher Motivation zu tun, längst nicht nur mit dem privaten Wunsch, selbst einmal mit dem Abschluss in der Tasche ein gutes Leben führen zu können.

Den Wald vor lauter Bäumen nicht mehr sehen

Zugegeben, rückblickend hat fast jeder von uns romantisierte Vorstellungen davon, wie ein naturbezogenes Studium abläuft. Mit Klemmbrett und ausgeklügelten Messinstrumenten wissensdurstig durch die Wälder streifen, jeden Stock und Stein bei seinem wissenschaftlichen Namen nennen und mit geübtem Blick die komplexen Zusammenhänge erkennen und die verborgenen Geheimnisse endlich erklären können. Schön wäre es, aber so einfach ist das nicht. Erlauben Sie mir einen Ausflug in einige Lehrinhalte des ersten Semesters hier in Tharandt.

Aus eigener Erfahrung kann ich sagen, dass man sogleich zu Beginn erbarmungslos mit Fakten und Detailwissen erschlagen wird. Durch das Studium bekommt man zunächst einen sehr nüchternen Blick auf den Wald vermittelt.

Im ersten Semester durchquert man in einem Modul mit dem unscheinbaren Namen »Fauna« im Parforceritt das gesamte Bios unserer Erde. Angefangen bei Lophotrochozoa über die Nematoden hinweg bis zu den Deuterostomia. Ich weiß seitdem verdammt viel über den Gastrointestinaltrakt der Fadenwürmer, mit etwas Bedenkzeit könnte Ihnen ein Erstsemester die Bestandteile der Jugal- und Costalfelder eines Insektenflügels benennen oder die Merkmale von Plathelminthen herunterbeten. Ich könnte wohl auch die Epigastralfurche an einer Vogelspinne aufzeigen, aber nur, wenn man mich dazu zwingt. Wissen Sie, wie es aussieht, wenn der parasitär lebende Medinawurm in einer langwierigen Prozedur mithilfe einer kleinen Spindel entfernt wird? Wir bekamen es in einer Vorlesung, montagmorgens kurz nach dem Frühstück, sehr anschaulich vermittelt.

Deutlich weniger furchterregend ist die Bodenkunde, ein weiteres Modul im ersten Semester. In den Untiefen der vielen zu untersuchenden Bodengruben ist zwischen Schluff, Toncutanen und Verbraunung zugegebenermaßen manchem von uns die Frage aufgekommen, wofür das Ganze gut sein soll. Warum muss ich wissen, welche Farbe extrovertierte und introvertierte Konkretionen in einem Pseudogley haben können? Wer außerdem dachte, nach dem Abitur nichts mehr mit funktionellen Gruppen und Elektronenkonfigurationen zu tun haben zu müssen, wird in der Chemievorlesung eines Besseren belehrt. Noch abstrakter wird es mit dem Modul »Biometrie«, hier werden Quellcodes und Statistikprogramme vorgestellt, die uns durch das gesamte restliche Studium begleiten. Wald und Informatik haben heute erschreckend viel miteinander zu tun.

Ein wahrlicher Kopfsprung wird in die Materie des Holzes gemacht, aber nicht etwa, um zu lernen wie man es zersägt oder verkauft. Im ersten Semester nimmt man tatsächlich noch kein großes Stück Holz in die Hand. Stattdessen untersucht man nur hauchdünne Querschnitte verschiedener Holzarten unter dem Mikroskop und begibt sich im Feinbau des Holzes auf die Suche nach Tracheiden, Thyllen und dem meristematischen Gewebe.

Vielleicht noch etwas mehr Verwirrung gefällig? Das Modul »biologische Prozesse« ist die gefürchtete Königsdisziplin unter den Tharandter Studierenden. Ein Lernmarathon darüber, welche chemischen Bindungen in welchen Proteinen vorkommen, welche Faktoren die Fotosynthesebilanz beeinflussen, welche Organismengruppen zu den Eukaryoten gehören oder was das Tapetum lucidum ist, lässt auch den letzten Lernenden sprichwörtlich den Wald vor lauter Bäumen nicht mehr sehen.

Es lässt sich nicht leugnen, dass die Anfangszeit der Forstwissenschaften vielen hoch motivierten jungen Menschen den Wind aus den Segeln nimmt. In vielerlei Hinsicht kommt das erlernte Detailwissen einer Entzauberung gleich. Wenn ich an mein Lernen in den ersten zwei Semestern denke, dann fallen mir zuerst Zusammenfassungen ein, die ich schreibe und die mir anschließend nicht die Welt, sondern vielmehr die Lösungen der nächsten Klausur erklären sollen. Ich erinnere mich daran, dass man die Fragen in Prüfungen bis zu einem gewissen Grad antizipieren konnte, wenn man den Lehrenden nur lang genug in den Vorlesungen zuhörte, und nicht zuletzt sind Studierende irgendwann geübt darin, Analogien zwischen Altklausuren und anstehenden Prüfungen zu finden. Die Modularisierung der Studiengänge im Zuge der Bologna-Reform hat merklich ihren Anteil daran getan, dass das vermittelte Wissen jeweils sehr konzentriert und spezialisiert in den unterschiedlichen Modulen auftaucht, und macht es anfangs nicht leicht, das große Ganze im Blick zu behalten.

Allem Anspruch und aller Kritik zum Trotz muss man aber auch fragen: Woraus, wenn nicht aus seinen Details, soll sich das große Ganze sonst bilden?

So vollgestopft die Module klingen mögen, durch diese Ringe muss man nun mal springen, wenn man ein naturwissenschaftliches Studium absolvieren möchte und an sich selbst den Anspruch stellt, irgendwann die Komplexität des Waldes besser verstehen zu können. Wer die Zusammenhänge eines Ökosystems entdecken, schützen oder honorieren will, braucht dieses Detailwissen. Das waldbezogene Denken in komplexen ökosystemischen Zusammenhängen ist und bleibt keine Fähigkeit, die auf kurzem Wege und von heute auf morgen erworben werden kann. Auch wenn dieses Denken in ökologischen Zusammenhängen derzeit als etwas »Neues« verkauft werden möchte, letztlich ist es nicht wirklich neu, was diesen Beruf ausmacht – es muss nur von jeder Generation neu angeeignet werden. Die Betrachtung der Themenkomplexe aus verschiedenen Blickwinkeln wird hierbei das Fundament für gewisse Fähigkeiten, bei denen ich von Zukunftskompetenz sprechen würde: der Umgang mit multivariaten Systemen, lösungsorientiertes Handeln, wissenschaftsbasiertes Entscheiden.

Der Stundenplan ist also nicht grundlos derart vielfältig. Glücklicherweise findet nicht alles nur im Hörsaal statt, immer wieder werden uns Inhalte auf Exkursionen direkt im Wald vermittelt. Auf der mehrtägigen Reise eines jeden Jahrgangs durch die Wälder Deutschlands, die alle Bachelorstudierenden in Tharandt einmal ablegen müssen, öffnet sich dann auch wieder der Blick auf das große Ganze. Dort geht es in die Alpen, ins Mittelgebirge oder in die Wälder Norddeutschlands. Station für Station stellen die Professor:innen komplexe Fragen oder Problemstellungen zu einem Waldbild, und es ist unsere Aufgabe, sie mit unserem Wissen zu lösen. In diesen Wäldern erarbeiten wir Lösungsvorschläge für deren zukünftige Behandlung, diskutieren den richtigen Pflanzabstand oder versuchen, ein passendes Bejagungskonzept zu entwickeln, um die Verjüngung hochzubekommen. Wie kann man die Interessen eines Nationalparks und die der umliegenden Waldbesitzenden unter einen Hut bekommen? Wie gehe ich mit großflächigen Sturmschäden auf meiner Fläche um? Wann muss ich welche Baumarten anpflanzen, wo kann ich auf ausreichende Naturverjüngung setzen? Welches Ernteverfahren eignet sich in welchem Bestand am besten?

Forstwissenschaften wäre kein vollständiges Studium über Bäume und Wälder, ließe man dabei den Menschen außer Acht. Unsere Gesellschaft nimmt den Wald in so vielerlei Hinsicht für sich in Anspruch und hat dabei selbst diverse Ansichten darüber, welche Leistung des Waldes die wichtigste ist. Deshalb gehören Aspekte von Forstpolitik, Vermögensverwaltung, Energiewirtschaft und Tourismus zum Studium der Forstwissenschaften unweigerlich dazu. Welche Auswirkungen haben globale Trends wie Urbanisierung, Klimawandel und demografischer Wandel auf die Forstwirtschaft? Wie können die vielfältigen Ansprüche einer modernen Gesellschaft an den Wald realisiert werden? Das Studium gibt Denkanstöße dazu.

Wir profitieren zudem von direkten Einblicken in die angewandte Forschung und von den vielen Kontakten zu forstlichen Praxispartnern. Viele Studierende nehmen das erweiterte Angebot der forstlichen Hochschulen und Universitäten wahr: So hat man an vielen Standorten schon während des Studiums die Möglichkeit, das bundesweit anerkannte Waldpädagogik-Zertifikat zu erwerben und so auch die Umweltbildung zu einer Zukunftsperspektive zu machen. Vielerorts ist es auch möglich, den Jagdschein zu erwerben und seine ersten Erfahrungen in Wäldern kooperierender Praxispartner zu sammeln. Nicht zuletzt gibt es auch diverse Kurse, um seine Fähigkeiten mit der Motorsäge auszubauen.

Aber auch diese Aspekte füllen ein Studium längst nicht vollständig aus. Jede Absolventin und jeder Absolvent, egal welchen Fachs, werden der Aussage zustimmen, dass aus der Studienzeit in der Retrospektive vor allem die Erlebnisse und Erfahrungen fernab vom Schreibtisch deutlich in Erinnerung bleiben. Oder haben Ihnen die Fachbegriffe weiter oben im Text noch viel gesagt?

Speziell in Tharandt gibt es für die Angelegenheiten außerhalb der Hörsäle und Schreibtische ein breit gefächertes Feld an Hochschulgruppen, Vereinen und Verbänden, in denen Kompetenzen erworben werden können, die über das forstliche Fachwissen hinausgehen. Viele davon sind aus Tharandt nicht mehr wegzudenken, und ich bin mir sicher, dass jeder Hochschulstandort ähnliche Institutionen besitzt. Solche, in denen Netzwerke gebildet werden, die weit über die Studienzeit hinaus bestehen bleiben, und solche, die Quellen für zusätzliche Praxiserfahrungen sind. Hochschulgruppen, die sich selbst organisieren, sind die perfekten Anlaufstellen, um erste Erfahrungen im selbstständigen oder teamorientierten Arbeiten zu sammeln. Und natürlich, seien wir mal ehrlich, um sich selbst und seine (Schlafmangel- oder Alkohol-)Grenzen besser kennenzulernen.

Kaleidoskop

Man kommt zum Forststudium ganz oft aufgrund eines gewissen philosophischen Aspekts und der Liebe zu Flora und Fauna, man bleibt letztlich, weil nach und nach bemerkbar wird, wie sich der eigene Blick auf den Wald ändert. Die Vielfalt der Perspektiven, die auf den Wald eingenommen werden können, entfalten sich während derjenigen Module, die auf dem einmal erworbenen Grundlagenwissen aufbauen, und es zeigt sich, dass diese Grundlagen langsam zu Werkzeugen werden, mit denen Problem- oder Fragestellungen am Wald bearbeitet werden können. Es liegt an den Studierenden, die Verbindungen zwischen den Modulen herzustellen. Wer all die Prüfungszeiten also erst mal durchsteht, so verspricht es die Studienordnung, besitzt »fachliche und soziale Kompetenzen, um Probleme in der Forstwirtschaft und verwandten Bereichen [...] lösen zu können«.[4]

Der Plan geht auf. So wird das Prüfungswissen aus dem erwähnten Lernfach »Biologische Prozesse« rund um die Einflussfaktoren auf den Fotosyntheseprozess und den Citratzyklus von grundlegender Bedeutung, um den Klimaschutzbeitrag des nachhaltig bewirtschafteten Waldes aufrechtzuerhalten. Die etwa 58 Millionen Tonnen zusätzlich gebundenes CO_2 jährlich[5] können im Klimawandel vielleicht nur waldbaulich und trophiesensitiv aufrechterhalten werden. Wer weiß!

Das Erkennen und Benennen von Insekten und Merkmalen, wie wir es für die Prüfungen in »Fauna« erlernen mussten, wird bei der Kartierung oder Ausweisung von Naturschutzgebieten hinreichende Bedingung. Beispielsweise bei der Suche nach dem Eremiten *Osmoderma eremita*, als Schirmart ist er in Vertretung vieler anderer seltener Arten EU-weit durch FFH-Richtlinien geschützt – sein Fund weist entsprechende Waldbestände großflächig als zu schützenden Bestand aus.

Und auch die Lebensweise von Fadenwürmern wird wichtig, um das Verständnis für die Vielzahl trophischer Interaktionen und ökosystemrelevanter Prozesse aufzubauen. So kann ich vielleicht mal meinen Wald so gestalten, dass eine Massenausbreitung von Schadorganismen durch natürliche Fressfeinde schon in der Latenzphase aufgehalten werden kann. Zugleich muss ich auch das Universum unterhalb der Bodenoberfläche im Blick behalten, wichtig werden hier die Kenntnisse aus Bodenkunde und Chemie.

Die aktuelle Klimakrise hat viele Problemlagen auch im Wald zugespitzt. Insbesondere die Empfindlichkeit unserer Wälder gegenüber dem beginnenden Klimawandel hat viele in Politik, Gesellschaft und Praxis überrascht. Die Forstwirtschaft Europas hat den Klimawandel nicht verursacht, aber sie leidet darunter, und auch kommende Generationen werden die Dürreperioden der letzten Jahre im Waldbild sehen können. Ausgehend davon, dass die Forstbranche nach wie vor eine der wenigen ist, in der über mehrere Generationen hinweg geplant wird, werden ebenfalls Fähigkeiten im Umgang mit digitalen Modellierungsprogrammen notwendig. So helfen die Kenntnisse aus dem »Biometrie«-Modul, einen klimaresistenten Wald der Zukunft aufzubauen. Nicht zuletzt sind dabei auch ein vertieftes dendrologisches Wissen und Inventar unerlässlich, um in Anbetracht des Klimawandels Optionen für den Wald von morgen entwickeln zu können.

Die Aufzählung könnte noch lange so weitergehen, letztlich bleibt die Feststellung: Generell geht es im Forstwissenschaftsstudium nie um einen singulären Lösungsweg, sondern um das Aufzeigen von Möglichkeiten. Mit den verschiedenen Werkzeugen, die uns im Studium an die Hand gegeben werden, bilden sich nach und nach ein ganzer Werkzeugkoffer voller Perspektivenbrillen und ein Portfolio an Lösungsansätzen, mit denen wir schon sehr bald einer herausfordernden Zukunft im Wald begegnen müssen. Die populäre, waldromantische Brille vom Beginn des Studiums ist letztlich eine von vielen geworden, man entdeckt sie zu späterer Zeit im Studium wieder und versöhnt sich dank ihr vielleicht auch ein Stück weit mit den Strapazen der Prüfungszeiten. Insgesamt wird es einem Forstabsolventen aber wohl nie mehr gelingen, den Wald nicht mehr durch das Kaleidoskop der Forstwissenschaften betrachten zu können. Diese Art der Entzauberung hat aber meiner Meinung nach etwas Gutes und wird im aktuellen Walddiskurs durchaus gebraucht.

Die Aussicht auf trockenere Sommer, wärmere Winter, zahlreiche Stürme und einen weiter wachsenden gesellschaftlichen Hunger nach Holz braucht mehr als nur ein einziges Angebot, wie der Wald der Zukunft aussehen und behandelt werden soll. Wenn im Studium über forstpolitische Ereignisse gesprochen wird, wird schnell deutlich, dass Politik sich oft auf nur einen einzigen Vorschlag als Möglichkeit für die Waldzukunft beschränkt.

Die universitäre Lehre der Forstwissenschaften gibt uns zwar, ganz der Wortherkunft gemäß, eine universelle Gesamtschau der Wissensfelder und Möglichkeiten für unser berufliches Wirken im Wald mit auf den Weg. Die Fähigkeit, eine ganzheitliche Verantwortung für einen Teil der Landschaft zu tragen, ist das eine, das politische Mandat dafür zu erhalten und dauerhaft zu behalten, ist jedoch das andere. Ich bin überzeugt davon, dass in der Forstwissenschaft und in der nah an der Wissenschaft bauenden Forstpraxis schon längst aktiv daran gearbeitet wird, Lösungen für den Wald der Zukunft herzustellen. Der politische und gesellschaftliche Rückhalt dafür geht aber zusehends verloren, und ich frage mich, ob wir ausgebildeten Forstleute unser Wissen künftig noch einsetzen dürfen, wenn weiterhin viel erfolgreicher die anderen, einfacher zu erzählenden, aber nicht unbedingt richtigen Waldlösungen an die Gesellschaft herangetragen werden.

Dabei sind sich doch alle bei einer Sache absolut einig: Der Wald soll auch in Zukunft trotz Klimawandels erhalten und gemehrt werden. Dafür müssen wir der Aufgabe nachgehen, ihn vital und resilient gegen die Ungewissheiten der Klimawandelfolgen zu machen. Eine kampagnenorientierte Rhetorik der Vorwürfe und Schuldzuweisungen stehen dieser gemeinsamen Sache aber im Weg.

Wie man in den Wald hineinruft ...

Das Wissen aus mehreren Jahren Forststudium auf einen Punkt gebracht: Der Wald trifft auf die vielleicht größte globale Herausforderung, die Mensch und Natur seit der letzten Eiszeit bewältigen müssen: den Klimawandel. Wie schütze ich den Wald mit all seinen Funktionen und der Anpassungsfähigkeit, die es auf dem Weg in die kommende Heißzeit braucht, und wie viel kann ich ernten, ohne dieses Schutzziel zu beeinträchtigen? Oder kann die Waldbewirtschaftung umgekehrt sogar das Klima schützen? Wie können wir das mit unseren menschlichen Nutzungsbedürfnissen vereinbaren?

Die Ausbildung der Forstleute von morgen ist in vielerlei Hinsicht auf diese neuen Ansprüche und auf das Bewältigen der Herausforderungen angepasst. Die Werkzeuge dazu lassen sich zu einem Portfolio an Möglichkeiten vereinen, die letztlich jeder Studierende nach seinen Interessen und Stärken zusammenstellt. So unterschiedlich wie die Forststudierenden sind dann auch die Berufe, in denen sich Forstleute wiederfinden. Längst verschlägt es Absolventen der Forstwirtschaft oder Forstwissenschaften nicht mehr ausschließlich in den Wald, sondern auch ins städtische Großraumbüro von Naturschutzbehörden, in den Berliner Politikdschungel oder auf die Bühne internationaler Kongresse, in denen es um die Zukunft der Wälder dieser Erde geht.

Beim Gedanken an den Forstabsolventen von heute treten also inzwischen weniger die stereotypischen Bilder vom bärtigen Mann im grünen Loden und Filzhut, bepackt mit Gewehr und Dackel bei Fuß, in den Köpfen der Gesellschaft auf. Das Bild der grünen Berufe ist um einiges diverser und moderner geworden, und um das bewährte Leitbild des Generationendenkens herum konnten sich nicht nur die Optik, sondern auch die geschlechtliche Diversität und die Aufgabenfelder des forstlichen Berufes ändern. Die Stereotypisierung wird schwerer, das geschlossene Eintreten für die gemeinsame Sache aber auch.

Vielleicht ist die bröckelnde Legitimität des forstlichen Berufsbildes eine Auswirkung dessen, was uns im Werkzeugkoffer noch fehlt: die Fähigkeit, für diese

Verantwortung am Wald auch gelingend kommunikativ einzustehen. Das Wissen über den Wald raus aus den Hörsälen zu den Menschen zu bringen und sie für unsere Geschichte zu begeistern, das fehlt mir persönlich noch.

Wir möchten lernen, unser eigenes Narrativ, das wissenschaftliche und lösungsorientierte Handlungsvorschläge bereithält, gewinnbringend zu verbreiten. Wir wollen die Gesellschaft davon überzeugen, dass wir in Anbetracht der Dürreperioden der letzten Jahre nicht hilflos die Arme hochreißen, sondern Lösungen in petto haben, die über einen Rückzug der Menschheit aus dem Wald hinausgehen. Wir wollen Antworten auf die großen Fragen der Gesellschaft finden und forschen daran, was im Klimawandel zu tun ist und wie der Wald im Jahr 2100 aussehen könnte. Die eine Lösung wird es nicht geben, aber die Kommunikation über die eigenen Ideen ist unerlässlich, um seine Handlungslegitimität zu behalten. Das haben wir bereits gelernt.

Dazu gehört auch, die eigenen Prozesse kritisch zu hinterfragen, kreativ neue Lösungen interdisziplinär mit anderen Bereichen zu verhandeln und nicht davor zurückzuschrecken, mit Menschen anderer Meinung in Dialog zu treten und gemeinsam an neuen Wegen zu arbeiten. Wir müssen Kommunikation ermöglichen. Wenn Forstabsolventen und andere Menschen an diesem Punkt angekommen sind, würde ich dann auch von kommunikativer Zukunftskompetenz sprechen.

Natürlich entwickeln sich auch die forstlichen Studiengänge immer weiter. Es sind sowohl innerhalb der Forstfakultäten als auch anderswo viele Ideen entstanden, wie wir den Wald in Zukunft erhalten, schützen und nutzen können. In Tharandt werden seit 200 Jahren wesentliche Ideen entwickelt, mit denen die Vision der Nachhaltigkeit zur Realität wurde. Seither wird dieser Begriff weltweit gleichgesetzt mit nachhaltiger Ressourcennutzung, multifunktionaler Waldbewirtschaftung und Zukunftsvorsorge. Vielleicht klappt ein solcher Sprung ja noch einmal.

Anmerkungen

1 Bund Deutscher Forstleute (2021): Forstberufe. Überblick, sowie Links: https://www.bdf-online.de/service/forstberufe/; aufgerufen am 27.09.2021.

2 Schmitz, K. (2020): GEO initiiert neuen Studiengang »Ökologische Waldbewirtschaftung«. In: GEO Magazin [https://www.geo.de/natur/oekologie/24043-rtkl-waldwende-geo-entwickelt-neuen-studiengang-oekologische; aufgerufen am 20.09.2021].

3 Austen, A. (2018): Waldsterben. Wohlleben. Wie behandelt Deutschland seinen »Mythos Wald«? Eine wissenssoziologische Diskursanalyse. Diplomarbeit Technische Universität Dresden, Fachrichtung Soziologie. Nicht veröffentlicht.

4 Technische Universität Dresden, Fachrichtung Forstwissenschaften (2021): Studienordnung TU Dresden Forstwissenschaften [https://tu-dresden.de/bu/umwelt/forst/studium/studienordnungenforst; aufgerufen am 20.09.2021].

5 Umweltbundesamt (2021): Nationaler Inventarbericht zum Deutschen Treibhausgasinventar 1990–2019, EU-Submission, 90 S.

Eine Geschichte über Synergien

Anmerkungen zu Naturschutz und forstlicher Nachhaltigkeit

THOMAS OPPERMANN

Im öffentlichen Diskurs der Medien werden nicht selten mit erstaunlicher Hartnäckigkeit und Intensität Themen gesetzt, und ihnen wird dabei eine emotional einseitige Richtung verliehen, die sich bei abwägender Betrachtung unter einem gänzlich anderen Licht zeigen. Dazu mag einführend ein Beispiel dienen, das weder etwas mit dem Naturschutz noch mit der Forstwirtschaft zu tun hat, gleichwohl symptomatisch ist für die Gefahr, Zerrbilder als vermeintliche Fakten oder auch Mehrheitsmeinungen einzuordnen. Das Beispiel soll verdeutlichen, dass Medien Gefahr laufen, ihrem Auftrag nicht mehr gerecht zu werden, unabhängig von mutmaßlichen Meinungsströmen zu recherchieren und entsprechend zu informieren. Und auch die Politik, ja selbst unsere Gerichte sind diesbezüglich gefährdet, gilt es doch stets, sich um die notwendige Distanz zum kolportierten Zeitgeist zu bemühen.

Der Fall: Im Herbst des Jahres 2017 entschied das Bundesverfassungsgericht als höchste deutsche Instanz der Rechtsprechung, dass die Differenzierung der Bundesbürger in »männlich« und »weiblich« nicht mehr hinnehmbar sei und als drittes Geschlecht zukünftig »divers« im Geburtenregister eintragbar sein müsse. Die Entscheidung wurde gefällt, obschon es seit 2013 möglich war, bei nicht eindeutig feststellbarem Geschlecht des Säuglings den Geschlechtseintrag im Personenstandsregister unausgefüllt zu lassen. Als Begründung für die zusätzliche Schaffung des sogenannten dritten Geschlechts (divers) wurde 2017 die vermeintliche Unvereinbarkeit mit dem Diskriminierungsverbot aus Artikel 3, Absatz 3, Satz 1 des Grundgesetzes genannt: »Niemand darf wegen seines Geschlechtes … benachteiligt oder bevorzugt werden.«

Die Wochenzeitschrift *ZEIT* hat nun herausgearbeitet, dass lediglich ein verschwindend geringer Anteil der Bevölkerung von dem 2019 umgesetzten Recht Gebrauch gemacht hat, im Geburtenregister »divers« eintragen zu lassen. Interessenvertreter waren noch von 1,4 Millionen (!) Betroffenen ausgegangen, um der »Notwendigkeit« zur Verfassungsänderung Vorschub zu leisten. Tatsächlich sieht die Realität gemäß des *ZEIT*-Artikels so aus:

> »In den vergangenen zwei Jahren haben sich bei den Standesämtern knapp 300 Personen auf das dritte Geschlecht umschreiben lassen – in ganz Deutschland. [...] Die Zahl entspricht 0,00043 Prozent der volljährigen Bevölkerung. Ähnlich sieht es bei Neugeborenen aus, bei denen die Eltern schon vor 2019 für ihr Kind die dritte Option wählen konnten. 2019 gab es 11 Fälle bei bundesweit 780.000 Geburten. In den Jahren davor waren es 15 und 17 Kinder mit der dritten Option.«[1]

Der Artikel formuliert dazu die Frage, weshalb eine derart kleine Bevölkerungsgruppe in der Öffentlichkeit eine derart große Rolle spielen kann und sogar das Bundesverfassungsgericht zu einem derartigen Urteil gebracht hat.

Dies mag als markantes Beispiel dafür dienen, dass es Splittergruppen in allen Bereichen des täglichen Lebens immer wieder gelingt, Themen mit tendenziöser Zielrichtung in die Öffentlichkeit zu transportieren. Durch markige Skandalisierung wird so versucht, über die Medien eine Mainstreamwelle zu erzeugen, um Politik und Gerichte zu beeinflussen.

Seit einigen Jahren wird, diesem Muster entsprechend, durch konfrontative Polarisierung der Bereiche Naturschutz und Waldbewirtschaftung eine Dämonisierung der Forstwirtschaft betrieben. Ein Beispiel des Medienechos dazu liest sich dann so:

> »Was dieses Treiben der Förster in den vergangenen Jahrzehnten in unseren Wäldern angerichtet hat, sehen wir jetzt, da der Klimawandel die Rahmenbedingungen verschärft.«[2]

Wenn es um den Wald im Allgemeinen geht, bleibt zunächst festzuhalten, dass die unterschiedlichen Waldnutzergruppen wie Grundeigentümer, Erholungssuchende, Wasserverbände etc. jeweils ihren ganz eigenen Zugang zum Thema haben. Nachfolgend soll aus Sicht eines unabhängigen Sachverständigen das Verhältnis von Naturschutz und Forstwirtschaft exemplarisch beleuchtet werden. Aus dem Blickwinkel der letzten 200 Jahre bilden Waldbewirtschaftung und Naturschutz in der Entwicklung der Wälder in Deutschland ohnehin keinen Widerspruch. Sie ergänzen sich sogar, wie nachfolgend darzustellen sein wird, in einer Art und Weise, wie sie sonst bei Flächennutzungen in der Bundesrepublik Deutschland bis heute beispiellos ist. Insbesondere gilt dies für die Langfristigkeit des lebensraumprägenden Baumwachstums mit der gewünschten Holzproduktion als Folge des Dickenwachstums der Bäume sowie der zukünftig sich zusätzlich in den Vordergrund drängenden Bedeutung der CO_2-Bindung durch Fotosynthese. Zunächst soll aber auch die noch viel längerfristige Entwicklung des Waldes angesprochen werden, um eine hinreichend sachgerechte Einordnung zu ermöglichen.

Der Wald prägte bis in die Antike zunächst die weitaus meisten Flächen Europas und bekam erst mit der zunehmenden Sesshaftwerdung der Menschen immer mehr die Bedeutung einer Flächenkonkurrenz. Ackerbau und Viehzucht erforderten umfangreiche Rodungsmaßnahmen, sodass der Flächenanteil des Waldes kontinuierlich abnahm. Im gesamteuropäischen Kontext gewann dann immer mehr die Holznutzung an Bedeutung, nicht nur zum Hütten- und Hausbau, sondern auch zum Beispiel zum Bau von Schiffsflotten. Der Holzverbrauch führte schließlich zur dauerhaften Verknappung des wertvollen Baustoffs Holz, die fehlende Wiederaufforstung der geplünderten Wälder zum ersten dauerhaften Einbruch in der Holzversorgung, heute würden wir sagen: zur ersten Versündigung am Prinzip der (seinerzeit noch nicht begrifflich bekannten) Nachhaltigkeit:

> »Während vor etwa 8000 Jahren nur einige Millionen Individuen die Erde bevölkert hatten, welche einen weitgehend unberührten Charakter aufwies, war der allgemeine Aufschwung in der Expansionsphase des Römischen Reiches von einer großflächigen Entwaldung der Mittelmeerländer begleitet.«[3]

In Mitteleuropa ergab sich im Laufe der beiden großen Rodungsphasen zwischen 500 und 800 sowie 1100 bis 1300 ein Flächenrückgang des Waldes, der in etwa zu dem auch heute noch vorhandenen Verhältnis von Wald zu Nichtwald geführt hat. In der Folgezeit entwickelte sich daraufhin eine immer mehr ausufernde ungeregelte Nutzung des Holzes für unterschiedlichste Verwendungszwecke (Brennholz, Holzkohlegewinnung für Glashütten und Eisenherstellung, Salinen, Bergwerke zur Erzgewinnung und natürlich weiterhin Haus- und Schiffsbau). Für den Bau des Flaggschiffs des Schwedenkönigs Gustav Adolf zum Beispiel, der »Vasa«, eines der größten Schlachtschiffe des Dreißigjährigen Krieges, war die beträchtliche Menge von rund 1.000 starken Eichen erforderlich! Aber auch landwirtschaftliche Nutzungsformen wie die Waldweide, Waldfeldbau und die Streu- und Plaggennutzung für das Vieh förderten den fatalen Raubbau am Wald, sodass geschlossene Wälder eigentlich nur noch in den Schutzbereichen höfischer Jagdbezirke zu finden waren; für Nordrhein-Westfalen (NRW) zum Beispiel findet sich dazu:

> »Zu Beginn des 19. Jahrhunderts gab es auf dem Gebiet des heutigen NRW überwiegend Ödland und Heide. Nur wenige geschlossene Laubwälder kamen in größeren Privatforsten und landesherrlichen Waldungen vor.«[4]

Der traditionelle forstliche Begriff der Nachhaltigkeit fußt letztlich auf diesem »Grossen Holz-Mangel«[5] des 17. und 18. Jahrhunderts in Mitteleuropa, der durch großflächige Entwaldung gekennzeichnet war. Da der Bergbau kontinuierlich einen beträchtlichen Holzbedarf zur Abstützung der Flöze hatte, war folgerichtig ein Bergrat »Vater« und Sinnstifter einer nachhaltigen Waldbewirtschaftung. Der kurfürstlich-sächsische Oberberghauptmann des Erzgebirges, Hans Carl von Carlowitz (1645–1714), legte 1713 mit seinem Standardwerk *Sylvicultura Oeconomica oder haußwirthliche Nachricht und Naturmäßige Anweisung zur wilden Baum-Zucht* den Grundstein zum Wiederaufbau der Wälder und zu deren nachhaltiger Nutzung. Damit wurde die Basis für Waldbewirtschaftung und Forstwissenschaft gelegt, der Forstberuf ist demnach ein aus der blanken Not geborener Tätigkeitsbereich zur Rettung beziehungsweise Wiederherstellung der Wälder. Gleichsam wie die Gründung des Roten Kreuzes auf die Katastrophe Krieg, nämlich die furchtbaren Verhältnisse unter den verwundeten Soldaten nach der Schlacht bei Solferino und der darauf fußenden historischen Initiative des Schweizers Henry Dunant (1828–1910) zurückgeht, beziehen sich bis zum heutigen Tag alle Forstleute in ihrer Tätigkeit dem Grunde nach auf den katastrophalen Zustand der Wälder vor 300 Jahren und auf Hans Carl von Carlowitz als Initiator der Nachhaltigkeit.

Eine der ersten forstlichen Fakultäten wurde daher auch im sächsischen Erzgebirge in Tharandt gegründet von Heinrich Cotta (1763–1844), der zuvor als königlich-sächsischer Leiter der Forstvermessungsanstalt und Direktor der Forstvermessung und Taxation vereidigt worden war. Die Taxation (Inventur, Controlling und Planung, Fachterminus: »Forsteinrichtung«) bildet seitdem den zentralen Standard nachhaltiger Forstwirtschaft, durch den sichergestellt wird, dass auf der Basis von Inventur, Controlling des abgelaufenen Planungszeitraums und zehnjähriger Planung die Waldpflege und -nutzung ohne Raubbau und somit in Verantwortung für die nachfolgenden Generationen erfolgt. Nahezu alle Wälder Deutschlands verfügen über dieses Lenkungsinstrument, das in jeweils bundeslandspezifische Gesetze und Vorschriften gegossen wurde.

Forstwirtschaft ist daher zuvorderst stets Waldsicherung und, wo nötig, Wiederaufbau, etwa nach Kalamitäten. Erst darauf fußend folgen Waldpflege und Holznutzung zum Wohle der Gemeinschaft und im Rahmen der standörtlichen Möglichkeiten von Baumartenwahl und Holzzuwachs. Wo der Wald nicht durch Forstleute gepflegt wird, herrschen sehr schnell Raubbau und Waldflächenrückgang wie aktuell bei der das Weltklima massiv bedrohenden Brandrodung im brasilianischen Regenwald. Wie langfristig sich solche Waldverwüstungen auswirken können, zeigt noch einmal der Blick auf die Römer mit dem folgenden Zitat:

> »›Der Niedergang des Römischen Reiches ist zugleich eine Geschichte der Bodenerschöpfung, der Entwaldung und Erosion‹, schrieb G. V. Jacks in *The Rape of the Earth*. ›Von Spanien bis Palästina sind keine Waldgebiete an den Küsten des Mittelmeers übrig, die Region ist entschieden arid anstatt den milden Charakter humider Waldlandschaften aufzuweisen und der Großteil des einstmals ergiebigen Ackerbodens liegt nun am Grunde des Meeres.‹«[6]

Bezogen auf die Amazonaswälder, ist somit durchaus zu schlussfolgern: Nicht die Holznutzung tropischer Bäume bedroht das dortige Ökosystem, sondern der Verzicht auf das Prinzip der Nachhaltigkeit! Einen beeindruckenden Hinweis dafür, wie extrem aufwendig und kostenintensiv eine Wiederbewaldung von großflächig devastierten und verheideten ehemaligen Wäldern in Deutschland war, fand ich in den 1990er-Jahren im Rahmen meiner gutachterlichen Tätigkeit in dem südwestfälischen Forstamt der Fürst Wittgenstein'schen Waldbesitzergesellschaft zu Bad Laasphe. Dort stieß ich auf einen Gedenkstein, der dem Oberforstrat Louis Reuss (1812–1888) gewidmet war. Die Recherche in der Rentkammer ergab dann folgenden geschichtlichen Hintergrund: 1857 hatte Reuss die Leitung der fürstlichen Forstverwaltung übernommen und sah sich mit einer nahezu ein Drittel umfassenden baumlosen Verheidung des über 13.000 Hektar (130 Quadratkilometer) umfassenden Waldbesitzes konfrontiert. Auf diesen ausgedehnten Blößenflächen startete er ein umfassendes Wiederbewaldungsprogramm, vornehmlich mit der einfach zu pflanzenden und schnellwüchsigen Baumart Fichte, deren Samen eine eingeheiratete Prinzessin aus dem Thüringischen mitgebracht hatte.

Die beträchtlichen Kosten dieser viele Jahre dauernden, systematischen Wiederbewaldung sowie die Tatsache, dass über mehrere Jahrzehnte auf den Anpflanzungsflächen selbst bei der raschwüchsigen Fichte noch kein Holzertrag zu erzielen war, führten jedoch nach einigen Jahren dazu, dass Reuss beim Fürsten in Ungnade fiel und schließlich 1872 seinen Hut nehmen musste. In einer ausführlichen Rechtfertigungsschrift betonte Reuss noch einmal die langfristigen Vorteile seiner Wiederbewaldung und prognostizierte, dass die nachfolgenden Generationen des Fürsten ihm dankbar sein würden. Und tatsächlich wurde Reuss zu Ehren 1910, 38 Jahre nach seiner Entlassung, ein Gedenkstein errichtet, denn nun waren die Bestände in einem Alter, wo sie bereits beträchtlich Ertrag abwarfen. Dieses Beispiel verdeutlicht anschaulich, wie extrem langfristig die Forstwirtschaft planen und handeln muss und dass es eines gesunden Weitblicks sowie eines regelmäßigen Controllings durch die Forsteinrichtung bedarf, um die Folgen des forstlichen Handelns beurteilen und für die Zukunft steuern zu können.

Wenn heute zum Beispiel Furniereiche aus dem Spessart geerntet wird, handelt es sich nicht selten um Bäume, die zu Zeiten der Geburt von Ludwig van Beethoven (1770) gepflanzt wurden. 250 Jahre kontinuierliche Pflege, mehr als acht Generationen achtsamer und der Zukunft verpflichteter Forstleute sind dann notwendig gewesen, um diese wertvollen Eichen heute nutzen zu können. Und unsere nachfolgenden Generationen sind ebenso darauf angewiesen, dass forstlich heute das Notwendige getan und investiert wird, um diesem Generationenvertrag Wald Genüge zu tun. Angesichts der derzeitigen katastrophalen Massenvermehrung des Buchdrucker-Borkenkäfers ist darauf weiter unten noch einmal ausführlicher einzugehen.

Eine weitere Riesenaufgabe der Wiederbewaldung stand den Forstleuten nach dem Zweiten Weltkrieg bevor: Die unmittelbaren Folgen der Kampfhandlungen wie auch umfangreiche Reparationshiebe, die im Regelfall durch großflächigen Kahlschlag in Altholzbeständen realisiert wurden, warfen den Wald in seiner Entwicklung um Jahrzehnte zurück. Hinzu kamen die bis dato umfangreichsten Borkenkäferschäden, da in der Nachkriegszeit zunächst die Forstleute fehlten, um diesen bekannt gefährlichen Feind der Fichte rechtzeitig genug zu bekämpfen. Allein in NRW entstand somit inklusive des für den Wiederaufbau der zerstörten Städte benötigten Holzes eine Kahlfläche von mehr als einem Zehntel der Gesamtwaldfläche (insgesamt 100.000 Hektar)![7] Auch jetzt ging es wieder darum, die entstandenen gewaltigen Freiflächen mit den vorhandenen Mitteln zügig wieder aufzuforsten, sodass das reichlich vorhandene Fichtensaatgut erste Wahl war. Die entstandenen Reinbestände sind daher unmittelbarer Ausfluss der Notzeiten nach dem Zweiten Weltkrieg (durchaus vergleichbar mit so mancher architektonischen Nachkriegsbausünde).

Denn mit der Anpflanzung von Laubholz auf den großen Kahlflächen hatte man bereits Anfang des 19. Jahrhunderts schlechte Erfahrungen gemacht:

»Versuche mit Laubholzaufforstungen schlugen auf den ungeschützten, herabgewirtschafteten Kahlflächen fehl. Die preußische Forstverwaltung forstete große Flächen zunächst mit Kiefer und nach verheerenden Schneebruchschäden mit Fichte auf.«[8]

Die Bewirtschaftung im Kahlschlagverfahren hatte sich bereits vorher bei der Baumart Fichte eingebürgert, weil die Naturverjüngung, die in der Regel mit extrem hohen Keimlingszahlen einherging (»... wie die Haare auf dem Hund ...«), als nicht beherrschbar bei der anschließenden Bestandspflege galt. Bei der Buche und den Edellaubhölzern wie Ahorn, Esche und Kirsche hatte sich demgegenüber bereits zu Beginn des 20. Jahrhunderts die Naturverjüngung der Altholzbestände in Form von Schirmschlag- oder Femelschlagverfahren als Standard durchgesetzt. Insbesondere der Buche bekommt dieser extreme Dichtstand in den Jungwüchsen sehr gut, sodass sie dadurch bevorzugt gerad- und wipfelschäftig heranwächst zu gut nutzbaren Holzqualitäten. Die natürliche Verjüngung von Altbeständen ist also bereits seit über 100 Jahren auf mehr als einem Drittel des deutschen Waldes das forstliche Regelverfahren!

Ergänzend zu solchen Waldbauprinzipien, hatte sich bereits in den 1950er-Jahren die Arbeitsgemeinschaft Naturgemäße Waldwirtschaft (ANW) durch mehrere Großprivatwaldbetriebe – nicht etwa durch den Staat – gegründet, die eine generell kahlschlagfreie Waldverjüngung sowie das enge Verzahnen von mehreren Baumarten und Bestandsaltern im Bestand als Gegenmodell zum sogenannten Altersklassenwald zum Ziel hatte. In NRW postulierte seitens der Landesforstverwaltung erstmals der Leiter der Höheren Forstbehörde Rheinland, Dr. Gottfried Pöppinghaus, in seiner Denkschrift *Kahlschlagsfreie Forstwirtschaft im Staatswald des Rheinlandes* Anfang der 1980er-Jahre das ANW-Prinzip für den öffentlichen Wald. Anfang der 1990er-Jahre wurde es dann zum Wirtschaftsprinzip der gesamten Landesforstverwaltung in NRW erklärt, auch wenn zu den grundsätzlichen Bedenken hinsichtlich des unberechenbaren Pflegeaufwands aus Naturverjüngung entstandener Fichtenbestände keine neuen Erkenntnisse vorlagen. Nennenswerte Kahlflächen entstehen auch bundesweit seit Langem nur noch durch Kalamitäten, meist durch von Orkanen verursachte Windwürfe, zumal der Gesetzgeber in den einzelnen Bundesländern größere Kahlschläge ordnungsbehördlich untersagt hat.

Wie komplex die waldbaulichen Zusammenhänge letztlich sind, zeigt ein Blick auf die massiv gestörte Nachhaltigkeit der auch ökologisch sehr wertvollen Baumart Eiche, die auf die seit Jahrzehnten fehlenden Freiflächenkulturen für diese sehr lichtbedürftige Baumart zurückzuführen sind: Während der Rückgang der bundesweiten Eichenverjüngungsfläche in den Jahren 1951 bis 1970 mit –13 Prozent noch im Rahmen der seit 1830 nachvollziehbaren Schwankungen liegt, ging die Verjüngungsfläche der Eiche von 1971 bis 1990 noch erheblich stärker zurück, nämlich um über ein Drittel (–34 Prozent) gegenüber dem Langfristmittel. Von 1990 bis 2011 (Start der Bundeswaldinventur 3) beträgt der Rückgang gegenüber dem Durchschnitt der Verjüngungsflächen bis 1950 erschreckende 51 Prozent. Auf diese Weise ist es zu einem Gesamtflächenverlust der Eiche seit 1950 von knapp 140.000 Hektar gekommen.[9] Diese äußerst bedenkliche Entwicklung ist erstaunlicherweise weder forstpolitisch noch vonseiten des Naturschutzes bislang thematisiert worden. Die riesigen durch den Borkenkäfer entstandenen Kalamitätsflächen bieten als positiven Nebeneffekt nun die Chance, das Flächendefizit dieser auch für das sich wandelnde Klima hervorragend geeigneten Baumart wieder auszugleichen.

Zusammenfassend lässt sich demnach festhalten, dass die Schaffung des forstlichen Berufsstands mit begleitender Institutionalisierung der universitären Forstwissenschaften den deutschen Wald wieder aufgebaut und letztlich so geformt hat, wie er sich bei der letzten Bundeswaldinventur präsentierte. Durch das erfolgreiche Engagement und die damit verbundene kontinuierliche Aufbauleistung einer Vielzahl von Förstergenerationen stellt sich der heutige Wald als die mit großem Abstand naturnaheste Flächennutzungsform dar. Daher verbietet es sich grundsätzlich, die Bereiche Forstwirtschaft und Landwirtschaft im gleichen Atemzug zu nennen: Zwar gehören beide Sektoren der Urproduktion an, jedoch ist die Landwirtschaft durch eine hochintensive Landnutzung mit jährlich mehrfach gravierenden Eingriffen in den Boden beziehungsweise das Grünland und begleitendem massiven Input an Herbiziden und Dünger gekennzeichnet.

Demgegenüber greift die seit mehr als zwei Jahrhunderten auf bestmögliche Nachhaltigkeit ausgerichtete und durch eine alle zehn Jahre wiederkehrende Forsteinrichtung zertifizierte Forstwirtschaft nur extrem selten in den Wald ein. Bundesweit kann man davon ausgehen, dass im Mittel nur alle zehn Jahre im jeweiligen Bestand eine forstliche Maßnahme durchgeführt wird, bei der zudem eine Befahrung durch Schlepper und Harvester lediglich auf den Rückegassen und damit maximal bodenschonend erfolgt. Auch gibt es im Rahmen der Holzernte keine Eingriffe in den Bodenkörper, keine Stubbenrodungen, kein Umpflügen, keine Düngung und in der Regel auch keinen Pestizideinsatz. Wollte man eine aufsteigende Naturnäheskala der Bodennutzung in Deutschland zwischen eins und zehn erstellen, bekämen sicherlich alle versiegelten Flächen, ob betoniert, geteert oder bebaut, lediglich eine »1«. Aber schon ein Park oder ein Ziergarten wären oberhalb der Landwirtschaft einzuordnen, denn die Eingriffe und die Belastungen sind dort ungleich geringer. Wer jemals einen ganzen Sommer in einem Weinbaugebiet verbracht hat, mag erahnen, mit welchem beträchtlichen Gifteinsatz und welcher hohen Eingriffsintensität dort der so sehr mundende Wein produziert wird.

Denkt man sich diese Skala weiter fort, so steht der in den letzten Jahren verstärkt medial kritisierte Fichtenreinbestand (nicht aber »Plantage«, denn diese ist durch sehr kurze, meist nur 20-jährige Produktionszeiträume gekennzeichnet) bereits sehr weit über der Stufe von Parks und Gärten. Diese historisch begründete Form der Wiederbewaldung müsste aus gutachterlicher Sicht bereits sicherlich mit einer »8« klassifiziert werden, wenn man einen menschlich unbeeinflussten Urwald mit der Höchstnote »10« für Naturnähe einstuft. Denn Urwälder mit großflächig nur einer Baumart kommen durchaus häufiger vor, so zum Beispiel im nordischen Nadelwaldgürtel oder auch generell bei der extrem schattenertragenden Buche, die aufgrund dieser Eigenart und ihres Wuchsvermögens dazu neigt, großflächig dunkle Hallenwälder ohne Mischbaumarten zu bilden. Die somit beispiellos naturnahe Flächennutzungsform Wald nimmt immerhin 32 Prozent der Gesamtfläche Deutschlands ein und trägt selbst im ertragsorientierten Großprivatwald zum Beispiel des Sauerlandes im Regelfall noch auf gut einem Drittel der Waldflächen die in den höheren Mittelgebirgslagen eigentlich wirtschaftlich wenig interessante Buche. Über 200 Jahre Forstwirtschaft entwickelten somit Wälder, deren außerordentlich großer Wert an Naturnähe auch den Nichtforstleuten immer stärker zu Bewusstsein kam. Es gab aber durchaus auch gegenläufige Tendenzen.

Der 1866 geborene Hermann Löns, ein deutscher Journalist und Schriftsteller, darf als Naturforscher und Heidedichter sicher als ein Vater des romantisierenden Naturschutzes genannt werden. Als Intellektueller und Stadtmensch zog es ihn in die Einsamkeit der Lüneburger Heide, als Jäger typischer Ausprägung ging es ihm mehr um die Förderung des Wildes als um den Schutz des Waldes vor Verbiss. Er unterstützte maßgeblich die Initiative des »Heidepastors« Wilhelm Bode zur Erhaltung der Heideflächen nördlich von Soltau, was zu einem der ersten deutschen Naturparks, der Lüneburger Heide, führte, und darf als Wegbereiter des heutigen Natur- und Umweltschutzes gelten. Allerdings ist auch hier durchaus eine Grundirritation des Naturschutzgedankens verankert, denn die Erhaltung der Heideflächen und die damit verbundene Verhinderung der ursprünglich geplanten Wiederaufforstung waren ein Akt des *Kultur*schutzes, nämlich des

Erhaltens einer devastierten Landschaft mit geradezu exemplarischer Verhinderung von natürlich sich einfindender Waldsukzession.

Zurück zur Waldbilanz der bundesweit 3. Inventur (2011–2012),[10] die gleichzeitig als Langzeitzeugnis für die forstliche Tätigkeit gelten kann: Deutschland ist demzufolge das holzvorratsreichste Land der EU und hat gegenüber der 2. Inventur einen deutlichen Rückgang der noch vorhandenen Reinbestände aus Fichte und Kiefer insbesondere zugunsten des Laubholzes nachgewiesen (Zunahme in zehn Jahren um erstaunliche sieben Prozent!). Auch das Durchschnittsalter der Bestände hat um sechs Prozent zugenommen, ein Viertel des gesamten Waldes sind Althölzer über 100 Jahre mit einer Steigerung in den letzten zehn Jahren vor der Inventur um beträchtliche 15 Prozent!

Der Holzvorrat ist innerhalb von zehn Jahren um sieben Prozent auf nunmehr 358 Kubikmeter je Hektar angestiegen, da deutschlandweit 24 Millionen Kubikmeter weniger geerntet wurden, als nachgewachsen sind. Mit 3,9 Milliarden Kubikmetern Holzvorrat ist daher Deutschland EU-Spitze. Übrigens: Der höchste Holzvorrat je Hektar findet sich nicht etwa im Staats- oder Kommunalwald, sondern im Privatwald. Und der Vorratsanstieg fand fast ausnahmslos bei den alten und dicken Bäumen statt: Mittlerweile steckt fast ein Viertel des Holzvorrats in Bäumen mit einem Durchmesser in 1,3 Metern Höhe (Brusthöhendurchmesser [BHD]) von über 50 Zentimetern. Der Holzvorratsaufbau betrug dort in den letzten zehn Jahren zwischen 25 Prozent und, bei den stärksten Bäumen (BHD > 90 Zentimeter), sogar 52 Prozent. Auch wenn es nicht selten anders kolportiert wird: Keineswegs dominieren in Deutschland die Reinbestände. Im Gegenteil, der Strukturreichtum ist verblüffend, die Biodiversität damit aus gutachterlicher Sicht vorbildlich: 76 Prozent der Wälder bestehen aus Mischbeständen, was einer Zunahme von fünf Prozent in der letzten Dekade entspricht. Lediglich ein Drittel der Waldfläche besteht aus einschichtigem Altersklassenwald, der Rückgang dieser den Kriegsfolgen geschuldeten Bestandsform betrug allein in den letzten zehn Jahren gewaltige 32 Prozent! Das sind Veränderungen, wie sie in diesem Tempo aus fachlicher Sicht kaum für möglich gehalten wurden, verändert sich die Waldzusammensetzung doch im Regelfall nur sehr langsam.

Und es hat sich noch weit mehr verändert: 85 Prozent aller neuen Bestände beruhten auf Naturverjüngung, 36 Prozent wurden als standortstypisch-naturnahe Mischwälder klassifiziert (bei den Jungbeständen sind es sogar 51 Prozent), hinzu kommen 41 Prozent bedingt naturnahe Bestände. Auch die Totholzbilanz ist beeindruckend und weist eine Zehnjahressteigerung von 18 Prozent aus! 22 Kubikmeter Totholz hat jeder Hektar Wald im Mittel, davon fast ein Viertel stehend, was ökologisch besonders wertvoll ist. Ein gutes weiteres Viertel bezieht sich auf die Wurzelstöcke. Je zur Hälfte ist das Totholz sowohl bereits in einem fortgeschrittenen Verfallsstadium als auch als besonders starkes Holz mit über 30 Zentimetern Mittendurchmesser angesprochen worden, also ebenfalls von besonderer ökologischer Relevanz. Ausgewiesene und rechtlich gesicherte Schutzkategorien umfassen mittlerweile fünf Prozent besonders geschützte Biotope und beträchtliche 17 Prozent europäische Flora-Fauna-Habitate des Netzes Natura 2000. Insgesamt 5,6 Prozent der Waldfläche sind gänzlich ohne forstliche Bewirtschaftung.

Und ganz nebenbei bemerkt, aber von nicht geringer Relevanz: Nahezu die Hälfte des Waldes ist in Privatbesitz, davon wiederum ist die Hälfte mit Besitzgrößen bis 20 Hektar in der Regel bäuerlicher Kleinprivatwald. Zusammenfassend ist als forstliche Bilanz der Bundeswaldinventur 3 daher festzuhalten: Nie waren die deutschen Wälder vorratsreicher, nie waren sie bunter gemischt und strukturreicher, nie waren mehr Altholz und Starkholz in den Beständen, und nie war ein derart hoher Totholzanteil zu verzeichnen! Trotz aller Rückschläge insbesondere durch Orkane und nun die aktuell grassierende Borkenkäferkalamität sind demnach die Wälder durch die nachhaltsorientierte forstliche Pflege und Entwicklung, ausgehend von den katastrophal heruntergekommenen Verhältnissen des »Grossen Holz-Mangel[s]«, aus gutachterlicher Sicht vorbildlich entwickelt und gepflegt. Der Naturschutz im Walde baut daher stets auf dem Erfolg von über 200 Jahren Forstwirtschaft auf, wodurch sich jeglicher konfrontative Diskurs, jegliche Gegnerschaft zwischen Waldbesitz und an der Natur Interessierten per se verbieten sollte. Diese Einschätzung teilt die ganz überwiegende Mehrheit der Bevölkerung, wie unsere Tätigkeit in Großstadtwaldungen, zuletzt beim sehr intensiv geführten Bürgerbeteiligungsprozess im Rahmen der Forsteinrichtung für den städtischen Wald Essen, gezeigt hat.[11] Mag sein, dass die nicht selten zitierte Gegnerschaft beziehungsweise das Konfrontative unter anderem darauf zurückzuführen ist, dass der Naturschutz häufig die natürliche Dynamik der Vegetationsform Wald nicht ohne Weiteres realisiert. Dazu ein Beispiel: Wo heute Altholz steht, wächst bereits wieder Nachwuchs heran; damit dieser lebensfähig ist, kann, ja *muss* auf großer Fläche das Altholz darüber geerntet werden.

Also gilt es, sich gemeinsam für die Zukunft des Waldes einzusetzen, nicht dirigistisch, sondern kooperativ und mit dem notwendigen Sachverstand. Und berücksichtigt man die gewaltigen Herausforderungen, die der unkalkulierbar zu werden drohende Klimawandel mit sich bringt, sind die Klimaschutzleistungen des Waldes gar nicht hoch genug einzuschätzen. Nicht die Überalterung großflächiger Waldungen hilft, sondern die gezielte, nachhaltige Nutzung des ökologisch wertvollsten Baustoffes, den die Menschheit besitzt – des Holzes. Die Substitution CO_2-intensiver Produkte durch Holz gilt es konsequent zu fördern. Da darf es an dieser Stelle durchaus erlaubt sein, den Sinn von Waldnationalparks mit mehreren 1.000 Hektar großen Kernflächen ohne jegliche Holznutzung infrage zu stellen. Jetzt ist Zeit zum Handeln, nicht zum Experimentieren, die riesigen Borkenkäfer-Kahlflächen haben die Klimaschutzleistung des deutschen Waldes für Jahrzehnte aus der Nachhaltigkeit geworfen. Ersatz dafür könnte wenigstens teilweise geschaffen werden, wenn für mehrere Jahrzehnte der Totalschutz ausgesetzt würde.

»[Wir] sind nicht Eigentümer der Erde … nur ihre Besitzer, ihre Nutznießer und haben sie … den nachfolgenden Generationen verbessert zu hinterlassen.«[12]

Anmerkungen

1 Spiewack, M. (2021): Auf der Suche nach dem dritten Geschlecht, in: ZEIT, 15.04.2021.

2 Gless, F. (2019): Editorial in Stern Nr. 35, 22.08.2019.

3 Entwaldung in römischer Zeit (2021): Wikipedia-Artikel [https://de.wikipedia.org/wiki/Entwaldung_in_r%C3%B6mischer_Zeit; aufgerufen am 12.11.2021].

4 Hesmer, H. (1958): Wald und Forstwirtschaft in Nordrhein-Westfalen, M. & H. Schaper.

5 Carlowitz, H. C. v. (1713): Sylvicultura oeconomica. Leipzig, Braun (diverse Reprints).

6 Wrench, G. T. (2020): Reconstruction by Way of the Soil, A Distant Mirror, zitiert aus Wikipedia (s. o.).

7 Preller, J. (2019): Fichten, Förster und ein Blick in die Geschichte eines Waldes, Landesbetrieb Wald und Holz NRW, Waldinformationszentrum Hammerhof [https://www.wald-und-holz.nrw.de/waldblatt/rfa-12/1910-reparationshiebe; aufgerufen am 26.09.2021].

8 Heukamp, B. (2011): Geschichte der Arbeitsgemeinschaft Naturgemäße Waldwirtschaft in Nordrhein-Westfalen [https://www.anw-nrw.de/de/dokumentation/; aufgerufen am 15.09.2021].

9 Bundesministerium für Ernährung und Landwirtschaft (2014): Der Wald in Deutschland, ausgewählte Ergebnisse der dritten Bundeswaldinventur, 3. korrigierte Auflage, Juli 2018 [http://www.bmel.de; aufgerufen am 12.10.2021].

10 Bundesministerium für Ernährung und Landwirtschaft (2014): Der Wald in Deutschland, ausgewählte Ergebnisse der dritten Bundeswaldinventur, 3. korrigierte Auflage, Juli 2018 [http://www.bmel.de; aufgerufen am 12.10.2021].

11 Deutsche Forstberatung (2018): Forsteinrichtung und Forstbetriebswerk für den städtischen Wald Essen [https://www.essen.de/dasistessen/leben_im_gruenen_/wald/forsteinrichtung_und_forstbetriebswerk.de.html; aufgerufen am 12.10.2021].

12 Marx, K. (1894): Das Kapital, Buch III [https://www.deutschestextarchiv.de/book/view/marx_kapital0302_1894?p=318; aufgerufen am 22.08.2021].

Nachhaltige Forstwirtschaft für eine lebenswerte Zukunft

Die Sichtweise der jungen Förstergeneration

Elisabeth Pausch und Siegfried Waas

Das Interesse an unseren deutschen Wäldern ist groß. Die Nachfrage nach »grünen« Studiengängen, Weiterbildungen, vor allem aber die Nachfrage nach Jagdkursen steigt. Der Wald ist in aller Munde. Politik und Presse sprechen über unseren Zukunftswald als Retter im Klimawandel. Es ist eine Sehnsucht nach Natur, Rauheit und Flucht aus den Städten zu spüren.

Als wir unser Studium vor rund zehn Jahren an der Hochschule Weihenstephan-Triesdorf in Freising begannen, trieben uns ganz ähnliche Beweggründe an. Die romantische Vorstellung des Försters im Wald, der mit seinem Hund durch sein Revier streift. Ausschlaggebend für die Wahl dieses Studiengangs war jedoch nicht nur der Drang nach Natur und beruflicher Freiheit. Es war vielmehr der Wunsch, zu gestalten und an etwas Großem und Sinnstiftenden mitzuwirken.

In diesem kurzen Beitrag möchten wir unsere Sichtweise auf die derzeitige Waldsituation und die nachhaltige Waldbewirtschaftung erklären.

Siegfried wurde im Bayerischen Oberland bei Murnau geboren. Er stammt aus einer Försterfamilie und ist mit forstlichen Themen aufgewachsen. Sein Großvater hat bereits vor 40 Jahren mit dem Waldumbau begonnen. An seinem Beispiel hat Siegfried gesehen, dass es gelingen kann, in einer Förstergeneration standortgemäße Mischwälder zu schaffen und eine sichtbare waldbauliche Handschrift zu hinterlassen. Sein Vater und sein Bruder sind Schreiner.

Lisa stammt aus dem Landkreis Freising. Ihre Familie ist in der vierten Generation im Schreinerberuf. Auch sie hat das Handwerk erlernt. Die größte Wertschätzung für ihre Arbeit im Wald ist es, wenn das eingeschlagene Holz hochwertig verbaut wird. Wenn ein hundert Jahre gewachsener Baum in einem Möbelstück weiterleben kann. Lisa besitzt seit letztem Jahr einen kleinen Jagdhund, lebt in

Abbildung 1: Mischwälder im bayerischen Voralpenland
(Foto: Christian Bäck).

einem alten Forsthaus und verbringt so ziemlich den ganzen Tag in ihrem Forstrevier.

Seit der bayerischen Forstreform 2005 liegen die Bewirtschaftung des Staatswaldes, die Betreuung des Privatwaldes und die hoheitlichen Aufgaben in verschiedenen Händen.

Siegfried ist Förster bei der bayerischen Forstverwaltung. Deren Aufgabe ist vor allem die Beratung der privaten und kommunalen Waldbesitzer. Die Forstverwaltung ist auch für Angebote im Bereich Waldpädagogik, Umweltbildung und Öffentlichkeitsarbeit für den Wald zuständig. Außerdem obliegt der Bayerischen Forstverwaltung die forstliche Hoheit über den Wald. Das bedeutet, dass die Försterinnen und Förster über die Einhaltung des Waldgesetzes wachen. Die Beratung der Waldbesitzerinnen und Waldbesitzer beinhaltet insbesondere Themen wie Stabilisierung der Wälder, Waldumbau und natürliche Erneuerung der Wälder sowie Waldnaturschutz. Zur bayerischen Forstverwaltung gehört zudem die Bayerische Landesanstalt für Wald und Forstwirtschaft (LWF). Die Forschungseinrichtung beschäftigt sich unter anderem mit Fragestellungen rund um die Themen Waldnaturschutz, Wildtierbiologie, Forsttechnik und Waldbau. Siegfried begann seine Tätigkeit in der Forstverwaltung als Revierleiter mit der Kernaufgabe Beratung und Forstwegebau. Zwischenzeitlich arbeitete er an der LWF und beschäftigte sich mit den Themen Holzerntetechniken und Bodenschutz. Derzeit ist er im Staatsministerium für Ernährung, Landwirtschaft und Forsten beschäftigt.

Lisa arbeitet für die Bayerischen Staatsforsten. Deren Aufgabe ist die Bewirtschaftung der bayerischen Staatswälder. Hier füllt sie die klassische Rolle einer Revierleiterin aus. In ihrem Revier mit 1.700 Hektar Waldfläche ist sie von der Pflanzung bis zur Holzernte, Wegebau, naturschutzfachlichen Themen sowie Öffentlichkeitsarbeit für ein breites Aufgabenfeld zuständig. Sie betreut die Waldarbeiter und Unternehmer in ihrem Revier, mit denen die Staatsforsten zusammenarbeiten. Auch bei der Jagd hat sie den Hut auf. In ihrem Revier ist sie verantwortlich für das Jagdmanagement, das die Erfüllung des Abschussplanes beinhaltet.

Gemeinsam haben wir einen guten Einblick in die große Bandbreite der forstlichen Berufe in Bayern.

Engagement lohnt sich

Trotz gleicher Ausbildung ist unser beruflicher Alltag doch sehr unterschiedlich. Lisa kann weitgehend selbstständig entscheiden, wie sie ihr Staatswaldrevier im Rahmen der Vorgaben gestaltet und Waldumbau, Jagd und Waldnaturschutz sinnvoll auf derselben Fläche kombiniert. Bei Siegfried als Förster der Bayerischen Forstverwaltung ist das anders. Als Beratungsförster steht er in erster Linie privaten Waldbesitzerinnen und Waldbesitzern mit Rat und Tat bei der Pflege und Bewirtschaftung ihrer Wälder zur Seite. Der Waldbesitzer hat bei allen Maßnahmen, die seinen Wald betreffen, die Entscheidungshoheit. Er muss allerdings umfassend informiert und damit oft erst zu einer fundierten Entscheidung befähigt werden.

Gemeinsam verfolgen wir beide das gleiche Ziel. Wir wollen in den nächsten Jahrzehnten den stabilen Klimawald von morgen schaffen. Diese Mammutaufgabe für unsere heimischen Wälder können wir Försterinnen und Förster allerdings nur bei einer sofortigen Begrenzung der Erderwärmung und bei umfassender politischer Rückendeckung für unsere Arbeit schaffen.

Für unsere forst- und klimapolitischen Ziele setzen wir uns seit einigen Jahren im Bund Deutscher Forstleute (BDF) ein. Zusammen stehen wir an der Spitze des Bezirksverbands Oberbayern und vertreten hier die Interessen von mehr als 800 Mitgliedern. Der BDF ist eine Gewerkschaft für Försterinnen und Förster.

Wir stehen für die nachhaltige Nutzung und den Schutz des Waldes und für die Verbindung ökologischer, ökonomischer und sozialer Aspekte der Nachhaltigkeit. Unsere Mitglieder sind vor allem Angestellte, Beamte, Forstwirte, freiberuflich tätige Forstleute und Studierende. Unser Engagement im Berufsverband ist vielfältig. Wir suchen den Austausch mit politischen Entscheidungsträgern, organisieren Informationsveranstaltungen und Exkursionen für unsere Mitglieder und betreiben Öffentlichkeitsarbeit für das Berufsbild des Försters und die nachhaltige Waldbewirtschaftung. Das alles leisten wir mit viel Idealismus und Engagement in unserer Freizeit. Wir sind davon überzeugt, dass es jetzt mehr denn je wichtig ist, sich für den Erhalt unserer Wälder einzusetzen und Wege aus der Klimakrise aufzuzeigen.

Heute den Wald von morgen gestalten

Waldumbau ist für uns Förster eigentlich ein »alter Hut«. An dem Ziel Klimawald, also vor allem einem gesunden stabilen Mischwald, arbeiten wir Förster nicht erst seit dem Bekenntnis der Politik zum Klimawandel. Unsere Generation profitiert in der jetzigen Krise von den Vorarbeiten unserer Vorgänger. Hätte die Generation vor uns nicht bereits frühzeitig begonnen, Mischbaumarten einzubringen, würden wir heute auf großer Fläche mit Kahlflächen kämpfen.

Eine großräumige Kahlfläche ist für den Wald ein »Worst-Case-Szenario«. Naturschutzfachlich sind kleinere Blößen im Wald von großer Bedeutung. Wenn aber auf großen Flächen keine Altbäume mehr Schutz bieten, sprechen wir Förster vom sogenannten Freiflächenklima. Für junge Pflänzchen herrschen hier raue Bedingungen. Sie sind Sonne, Hitze, Frost, Wassermangel und -überschuss schutzlos ausgeliefert. Außerdem kämpfen sie mit der übermächtigen Konkurrenzvegetation wie Brombeere.

Unser Zukunftswald besteht aus einer Mischung aus verschiedenen Baumarten. In Südbayern sind das im Wesentlichen Tanne, Buche, Fichte, Eiche und Ahorn und eine Vielzahl an selteneren Baumarten. Erst die Mischung macht den Wald stabil. Wird eine Baumart von einer Kalamität getroffen, können die anderen dies auffangen. In einem gemischten Wald entstehen so keine großen Schadflächen. Kommt es dort zu einer Borkenkäfermassenvermehrung, sterben zwar die Fichten in einem Bestand ab, nicht jedoch der ganze Wald.

Die in Südbayern dominierenden Fichtenwälder in stabile Mischwälder zu verwandeln braucht Zeit. Ein Baumleben überdauert aber das eines Menschen. Im

Wald ist es nicht wie in der Landwirtschaft, wo im Frühjahr gesät und im Herbst geerntet wird. Unser langfristiges Ziel ist es, möglichst in allen Waldbeständen mindestens vier Hauptbaumarten zu etablieren. Was angepflanzt wird, hängt auch von den vorhandenen Samenbäumen ab, von denen Naturverjüngung ausgehen kann. In geschlossenen, noch dunklen Beständen arbeiten wir mit Voranbau von Schattbaumarten wie Tanne und Buche. In den lichteren Bereichen und auf den Störflächen, auf denen Kahlflächen entstanden sind, bringen wir Lichtbaumarten wie Eiche oder Ahorn ein, aber auch Trockenheit liebende Laubbaumarten wie Elsbeere und Esskastanie. Dabei ist es wichtig, das Risiko zu streuen. Die größte Schwierigkeit ist der viel zitierte »Blick in die Glaskugel«. Niemand kann heute exakt sagen, wie die Baumarten, die wir jetzt pflanzen, in hundert Jahren mit dem Klima zurechtkommen werden.

Beim Umbau der Bestände gehen wir planmäßig vor. Für jeden Bestand gibt es im Staatswald Vorgaben, wohin sich der Wald entwickeln soll. Es handelt sich um langfristige Ziele. Das Tempo, mit dem der Klimawandel voranschreitet, erschwert jedoch ein planmäßiges Vorgehen immer häufiger. Der Förster entwickelt sich zum Krisenmanager. Vielerorts geht es inzwischen nur mehr um Walderhalt, darum, dass überhaupt ein Wald stehen bleibt, mit dem man in die Zukunft gehen kann.

Die Jagdfrage

Neben Klimawandel und Waldumbau ist die Jagd ein Dauerthema im Wald. Der Wald ist ein Ökosystem, das aus einer schier unendlichen Vielzahl an Pflanzen und Tieren besteht. Viele der im Wald lebenden Tiere, wie zum Beispiel Rehe oder Rotwild, sind Pflanzenfresser. Sie ernähren sich neben Gräsern und Kräutern auch von Baumtrieben und Knospen. Für den Wald als Ökosystem ist das unter natürlichen Bedingungen kein Problem. Problematisch wird es dann, wenn sich die natürliche Balance zwischen der Dichte an Rehen und dem Nahrungsangebot nicht mehr im Gleichgewicht befindet. Durch die Ausrottung der großen Beutegreifer wie Wolf, Bär und Luchs fehlen in unseren Wäldern natürliche Regulationsmechanismen. Gleichzeitig schafft eine naturnahe Waldbewirtschaftung reichhaltig strukturierte Wälder und damit ideale Lebensbedingungen für Rehe. Diese sind dadurch sehr vital, vermehren sich stark und übernutzen ohne ausreichend Regulation zwangsläufig ihren Lebensraum. Das Ziel eines modernen Jagdmanagements ist es, einen Ausgleich zwischen der Tragfähigkeit des Lebensraumes und der Dichte an Wildtieren zu schaffen.

Rehe fressen nicht alle Pflanzen gleich gerne. Das ist insbesondere im Hinblick auf einen strukturierten Mischwald von großer Bedeutung. Auf einer Wiese grast ein Reh nicht wie eine Kuh einfach dahin, sondern sucht gezielt die schmackhaftesten Kräuter. Im Wald verbeißen Rehe am liebsten Tanne, Ahorn und Eiche, Fichte dagegen eher ungern. Hier entsteht das Problem: Während wir Förster versuchen, fichtenreiche Nadelwälder in klimastabile Mischwälder umzubauen, wirken die Rehe genau in die andere Richtung. Sie fressen die seltenen, oft aufwendig gepflanzten und damit besonders wertvollen Mischbaumarten, wie zum Beispiel Eiche und Elsbeere, am liebsten. Übrig bleibt dann wieder nur die »ungeliebte« Fichte. Im Zuge des Waldumbaus versuchen wir Förster, mit der Jagd die Dichte an Rehen an die Kapazität des Waldes anzupassen. Es müssen trotz Verbiss immer noch genügend Mischbaumarten wie Tanne, Buche und Eiche übrig bleiben. Die Jagd ist ein entscheidender Baustein für einen erfolgreichen Waldumbau.

Naturgemäß liegt den Förstern vorrangig das Wohlergehen der jungen Bäume am Herzen, bei den Jägern stehen die Wildtiere im Zentrum. Sowohl Förster als auch Jäger sind meistens mit viel Engagement und Herzblut bei der Sache. Diskussionen werden daher oft sehr intensiv und mitunter emotional geführt. Dabei ist es wichtig, das gesamte Ökosystem Wald im Blick zu behalten. Dazu gehören gesunde – aber nicht überhöhte – Wildbestände genauso wie eine gemischte und vielfältige Verjüngung des Waldes. Feindbildpflege, übertriebener Trophäenkult und Extrempositionen sind dabei wenig zielführend. Für ein modernes Wildtiermanagement, das den Lebensraum und das Wohl der Wildtiere in den Mittelpunkt stellt, braucht es politische Unterstützung, die nur gemeinsam erreicht werden kann.

Herausforderung Klimawandel

Mit Blick auf den Klimawandel sind wir Försterinnen und Förster zunehmend Getriebene. Allen Anstrengungen von Forstleuten und Waldbesitzenden zum Trotz stirbt der Wald auf großer Fläche. Das zehrt an den Kräften des gesamten Forstpersonals. Dieser Entwicklung wollen und können wir nicht tatenlos zusehen. Wir brauchen deutlich mehr qualifiziertes Personal auf der Fläche. Wir müssen unsere Ausbildungskapazitäten bei den forstlichen Berufen steigern und deutlich mehr Arbeitsplätze für den Wald schaffen. Nur so können wir die vielen Aufgaben und Herausforderungen bewältigen, die der Klimawandel mit sich bringt.

Elisabeth Pausch und Siegfried Waas

Waldpflege, Waldumbau und Bäume zu pflanzen alleine wird aber nicht ausreichen. Der menschengemachte globale Temperaturanstieg muss zwingend auf 1,5 Grad begrenzt werden. Sonst ist der Wald, wie wir ihn kennen und brauchen, nicht zu retten. Die massiven Waldschäden im Frankenwald sind bereits ein erster Vorgeschmack für ganz Bayern. Noch wirkt der Wald als eine große CO_2-Senke und ist damit ein mächtiger Helfer im Klimaschutz. Kommt es aber in den Sektoren Energieerzeugung, Industrie, Verkehr und Gebäudewirtschaft nicht schnell zu einem grundsätzlichen Umdenken und deutlichen Einsparungen, so werden auch die gesunden Waldökosysteme ihre Helferrolle verlieren und zunehmend zum Opfer des Klimawandels.

Um die Pariser Klimaziele zu erreichen, ist jeder Einzelne von uns gefragt. Wir alle müssen unseren Beitrag leisten, um unsere Wälder zu erhalten. Die Politik muss mit gutem Vorbild voranschreiten und der Forstbranche die notwendige finanzielle Unterstützung zur Verfügung stellen und insbesondere mehr Forstpersonal einstellen.

Bauen mit Holz

Ein entscheidender Sektor zur Erreichung der Klimaziele ist der Gebäudebereich. Circa 40 Prozent der weltweiten CO_2-Emissionen gehen auf den Gebäudesektor zurück. Der weit überwiegende Teil der Gebäude wird noch immer mit endlichen Ressourcen wie Beton und Stahl gebaut. Holz ist der klimafreundlichste Bau- und Rohstoff, den wir in Deutschland haben. Ein Kubikmeter bindet rund eine Tonne CO_2. Bei der Herstellung von einer Tonne Zement werden dagegen rund 600 Kilogramm CO_2 freigesetzt. Dieses Potenzial für den Klimaschutz durch die nachhaltige Holznutzung müssen wir stärker nutzen. Deutschland ist zu 30 Prozent bewaldet. Hier stehen die größten Holzvorräte in der Europäischen Union, und es ist das Holz der »kurzen Wege«. In den nächsten Jahrzehnten werden durch den Klimawandel und den Waldumbau große Mengen an Fichtenholz auf den Markt kommen. Diese Fichten finanzieren den Waldumbau. Es wäre fatal, wenn wir die Mengen nicht einer sinnvollen regionalen Verwendung zuführen könnten. Das klimaschonende Bauen mit Holz bietet uns hier eine riesige Chance. Bildhaft gesprochen: »einen Elfmeter ohne Torwart«.

Wir sind beide Schreinerkinder und in den Werkstätten unserer Väter aufgewachsen. Daher haben wir einen engen Bezug zum Handwerk und zur hochwertigen Verarbeitung von Holz. Nicht umsonst hat Lisa nach dem Abitur erst mal eine

Ausbildung zur Schreinerin gemacht. Wir wünschen uns, dass die Wertschätzung für den nachwachsenden Rohstoff Holz wieder größer wird. Das eingeschlagene Holz muss vor Ort verarbeitet und langfristig verbaut werden. Das fördert die regionale Wertschöpfung der Handwerksbetriebe und schont das Klima. Die Speicherleistung eines Baumes geht weit über seine Lebensdauer hinaus. Mit einem Kubikmeter verbautem Holz in einem Schrank oder Bücherregal bindet man das CO_2 langfristig. Man holt sich sozusagen einen zweiten Wald ins Wohnzimmer.

Ausbau von Forschung und Lehre

Unsere Studienzeit haben wir an der Hochschule Weihenstephan-Triesdorf und an der Technischen Universität München absolviert. Wir waren von Anfang an begeistert vom praxisnahen Lehrangebot am Grünen Zentrum in Weihenstephan und wussten, wir haben die richtige Entscheidung für unsere berufliche Zukunft getroffen. Bei den zahlreichen Studienfahrten lernten wir die vielfältigen Waldstandorte Bayerns kennen.

Zum Teil führten uns die Exkursionen und Praktika auch ins benachbarte Ausland, in die Ukraine, nach Russland, Skandinavien und Südamerika. Wir lernten, wie der Wald als Ökosystem funktioniert und wie wir standortgemäße, naturnahe Mischwälder von morgen schaffen, die auch langfristig die verschiedenen Bedürfnisse der Menschen erfüllen können. Die Ausbildung an den Universitäten und Hochschulen bildet die fachliche Basis für das spätere Berufsleben. Im staatlichen Vorbereitungsdienst an der Forstschule Lohr bekamen wir den »forstlichen Feinschliff« und lernten, wie wir unser Wissen gezielt im Revierdienst einsetzen können.

Wir sind überzeugt, dass Waldforschung, Lehre und Berufsqualifizierung in den nächsten Jahren noch stärker in den Fokus von Gesellschaft und Politik rücken müssen. Die gesellschaftlichen Anforderungen an den Wald steigen, und die Digitalisierung der Arbeitswelt nimmt rasch Fahrt auf. Das Waldbild hat sich vielerorts bereits verändert, Schäden werden weiter zunehmen, und Patentrezepte für die Wiederbewaldung und die Aufräumarbeiten gibt es häufig noch nicht. Forstliches Wissen und Erfahrung sind auf der gesamten Waldfläche gefordert. In den letzten Jahren haben wir immer wieder beobachtet, dass Lehrstühle und Professuren in forstlichen Kernfächern gestrichen wurden oder viele Jahre unbesetzt blieben. Für uns ist diese Entwicklung unverzeihlich. Wir brauchen jetzt mehr qualifizierte Wissenschaftler und nicht weniger. Gerade in Zeiten großer Veränderungen sind wir auf die Arbeit unserer forstlichen Versuchsanstalten, Universitäten und Hochschulen angewiesen. Wissenschaft und Lehre schaffen Fortschritt, und genau den brauchen wir jetzt für den Umbau unserer Wälder.

Mehr Förster braucht das Land

Unser Beruf ist sehr sinngebend und stimmt uns zufrieden. Wir erleben jeden Tag, wie erfüllend die Arbeit für den Klimawald von morgen sein kann. Die Arbeit als Förster ist praktisch und unmittelbar. Wir können kreativ gestalten und sind vom Anfang bis zum Ende, von der waldbaulichen Idee bis zu ihrer Umsetzung beteiligt. Es ist ein gutes Gefühl, einen Prozess bis zum Ende zu begleiten. Wir hoffen, dass das Berufsbild des Försters als Generalist auf der Fläche erhalten bleibt und dass wir auch zukünftig weiter als Flächenmanager für alle Belange des Waldes zuständig sein können. Dafür setzen wir uns ein. Die Herausforderung Klimawandel werden wir nur gesamtgesellschaftlich bewältigen können. Die Politik muss jetzt handeln und die finanziellen und personellen Ressourcen für den Klimawald und den Waldumbau tatsächlich zur Verfügung stellen.

Wir werden uns auch zukünftig für den Erhalt der Wälder und die nachhaltige Holzproduktion einsetzen. Der Personalabbau in den Forstverwaltungen und Forstbetrieben in Deutschland muss dafür schleunigst beendet werden. Investitionen in Ausbildung, Forschung und Personal sind in erster Linie Investitionen in eine lebenswerte und fortschrittliche Zukunft. Das sind wir dem Ökosystem Wald und allen nachfolgenden Generationen schuldig.

Jeder an seinem Platz

Warum Försterin für mich der schönste Beruf ist

HELLA STEIN

Warum ich mich für den Forstberuf entschieden habe? Das ist eine Frage, die ich mir nie selbst gestellt habe. Ich habe nie darüber nachgedacht. Es war für mich selbstverständlich. Eine logische Folge. Die Umstände meines Aufwachsens entsprachen wohl derart meinem Naturell, dass ich nie in Erwägung gezogen habe, etwas anderes werden zu wollen als ein Mensch, der sich mit dem Wald und der Forstwirtschaft befasst. Offenbar passte alles zueinander. Aus heutiger Sicht mag es seltsam klingen, dass eine Berufswahl so gar nicht stattfindet, weil man eben nicht auswählt, sondern einfach annimmt. Heute weiß ich, dass ich damit nicht alleine bin. Es gibt andere Forstleute, denen es ähnlich ergangen ist. Die einfach gespürt haben: Das ist es!

Warum ist der Forstberuf für mich der schönste Beruf? Weil es für mich alles bedeutet: Kindheit, Familie, Freunde, Naturerlebnis, Bodenständigkeit und Weitblick, das Erkennen von Gefahr und Verlust, das Begreifen von Naturprozessen und Verantwortung, die Hingabe von Menschen für eine gemeinsame Sache und immer wieder harte Arbeit bei Wind und Wetter. Arbeit, die mit der Natur verbindet, die Demut erzeugt und Dankbarkeit für das, was die Natur uns schenkt, um leben zu können. Der Forstberuf verbindet Menschen in einer Art und Weise, die über die reine Betrachtung des Waldes hinausgeht. Es ist der unbedingte Wille, einen Beitrag zu leisten zum Wohle des Waldes und zum Wohle unserer Gesellschaft. Zu dieser Erkenntnis bin ich sehr früh in meinem Leben gekommen. Die Forstleute, die ich seit frühester Kindheit kennengelernt habe, führten mich dahin. Und es wachsen junge Forstleute nach, die ähnlich denken. Ich bin dankbar, in diesem Umfeld arbeiten zu dürfen, mit diesen Menschen, für den Wald. Ja, es ist für mich der schönste Beruf und wird es immer sein.

Die Prägung

Geboren wurde ich als viertes Kind unserer Familie 1971 in Mecklenburg. Mein Vater war zu dieser Zeit Oberförster der Oberförsterei Bützow des Staatlichen Forstwirtschaftsbetriebes Güstrow, meine Mutter zunächst Erzieherin in der Kinderkrippe der Gemeinde, dann Betriebskrankenschwester des Kreisbetriebes für Landtechnik Steinhagen. Wir bewohnten die betriebseigene Oberförsterei, die sich unsere Familie mit einer weiteren Familie teilte, zwischenzeitlich auch mit Waldarbeiterlehrlingen. Das Haus lag an einem kleinen Wäldchen, umgeben von landwirtschaftlich genutzten Flächen. Als Kinder waren wir somit mitten im forst- und landwirtschaftlichen Alltag. Revierförster, Waldarbeiter und Jäger gehörten in unsere Welt, genauso wie die Frauen und Männer der Landwirtschaftlichen Produktionsgenossenschaft, der Gärtnerei und der Milchviehanlage. Haus und Hof mussten versorgt werden, sodass sich unser Leben zu einem wesentlichen Teil draußen abspielte: Hofarbeit, Holz machen, Gartenarbeit, bei der Jagd helfen, Tiere versorgen. Zu dieser Zeit ein normales Landleben. Ohne Gewese. Ohne Gedöns. Es wurde gemacht, was gemacht werden musste. Und irgendwie waren alle in den Prozess der Produktion land- und forstwirtschaftlicher Erzeugnisse zur Sicherung des täglichen Grundbedarfs integriert. Diese Formulierung klingt aus heutiger Sicht fast wie aus einer anderen Welt. Vielleicht war es das auch: eine andere Welt. Wir waren nicht entfremdet von dem, was wir aßen oder verbrauchten. Und alle, die halfen, diesen Grundbedarf abzusichern, genossen Respekt.

Als Kinder und Jugendliche wurden wir herangeführt an die Arbeit, die notwendig war, um die Grundbedürfnisse des Lebens abzusichern. Wärme, Nahrung, Baustoffe – nichts kommt von alleine, es muss sich immer einer bücken. Als Schüler verdienten wir uns Taschengeld als Erntehelfer, wir sammelten Kartoffeln und Steine auf den Feldern, wir sammelten Kastanien, Bucheckern und Eicheln für die Pflanzennachzucht und die Wildfütterung, wir pflanzten Bäume in Pflanzbrigaden, sammelten Altpapier und Leergut. Nachhaltigkeit war kein gesprochenes Wort, es war Respekt vor den natürlichen Ressourcen und Bestandteil unseres Lebensalltags. Früh lernten wir, dass man anpacken muss, um im nächsten Jahr ernten zu können, und dass Wälder, Felder und Tiere gepflegt werden müssen, um zukünftig über die Runden zu kommen. Mit diesem Selbstverständnis im Umgang mit der Natur, sie zu nutzen und zu pflegen, bin ich in die Forstwirtschaft hineingewachsen. Eine Forstwirtschaft, die ihre feste Verwurzelung in der Notwendigkeit hat, die Grundbedürfnisse einer Bevölkerung abzusichern. Das

Bedürfnis nach Baumaterial, nach Holz für Möbel, Papier, Zellstoff und Gegenstände des täglichen Bedarfs sowie das Bedürfnis nach Wärme. Und weil die Forstleute genau das leisteten, waren sie anerkannt in der Bevölkerung. Im Jahr 1969 widmete die DDR dem Wald und der Forstwirtschaft einen Sonderbriefmarkensatz, der die Funktionenvielfalt des Waldes hervorhob. Vier Marken, vier Botschaften: Rohstofflieferant Wald – Schützt ihn, Klimaregler Wald – Schützt ihn, Erholungsstätte Wald – Schützt ihn, Schützt unsere Wälder. Auch das prägt. Ich besitze diesen Satz bis heute.

Durch den Beruf meines Vaters gehörte die Forstwirtschaft zum Alltag meiner Familie. Alles, was damit zu tun hatte, war in meiner Kindheit und Jugend immer präsent. Und ich nahm alles auf und vieles an. Hartig, Cotta, Pfeil an den Wänden im Dienstzimmer, uralte und neue Forstliteratur in überfüllten Bücherschränken, gut gelaunte Revierförster in lauten Gesprächen, Treffen mit Forstleuten aus anderen Regionen, der Zusammenhalt, das Entdecken seltener Baumarten, die Suche nach der Kuhschelle, die gemeinsame Arbeit mit dem Naturschutzbund und den Ornithologen, die harte Arbeit der Waldarbeiterinnen und Waldarbeiter, der Geruch des frisch geschlagenen Holzes, das Frieren auf den Jagden, die Suche nach den Hunden, das Auszählen der Buchennaturverjüngung, die Suche nach dem einen Pilz und immer wieder das Staunen über unseren Wald.

Ich fand's gut. Ich mochte alles daran, und daran hat sich bis heute nichts geändert. Heute weiß ich, es war niemals nur die Waldnähe, die mich geprägt hat, sondern die Summe der Menschen, die für ihn und in ihm arbeiteten und arbeiten.

Ganz selbstverständlich

Unzählige Spaziergänge im Wald. Lange Wanderungen. Stundenlanges Sitzen im Grünen. Eine Mutter, die im Wald Gedichte rezitiert über alte Linden und Bäume, die im Mai ausschlagen. Geschichten über die Weltenesche Yggdrasil. Ein Vater, der über Licht und Schatten im Wald spricht, über Dichtstand und Auflockerung, über das Verjüngen, über das Ernten. Ein Großvater, der scheinbar endlos einen Bachlauf beobachtet, eine Großmutter, die mit uns Leseholz sammelt für den Küchenherd. Die Liebe zur Natur, zum Wald und die Rolle des genutzten Holzes waren selbstverständliche Bestandteile meiner Kindheit. Ich wollte Förster werden. Da war ich acht.

Buschwindröschen, auch die gelben, an versteckten Plätzen. Moschuskraut, Lerchensporn, Leberblümchen, Salomonsiegel, üppige Buchennaturverjüngung.

Alles da auf reichen Böden der eiszeitlichen Hügelmoränenlandschaft. Wirtschaftswald und Erholungsort. Wenn man in seiner Kindheit genau dies erfährt, wird man später nicht glauben können, was so alles über die Forstwirtschaft erzählt wird. Über Förster, denen die Schönheit und der Reichtum ihres Waldes angeblich nicht bewusst sein sollen. In meiner Erfahrungswelt entspricht es nicht dem Wesen eines Försters, sich nicht für den Erhalt der Artenvielfalt seines Waldes zu interessieren oder einzusetzen. Ganz im Gegenteil. Die Selbstverständlichkeit, mit der die Förster meiner Kindheit und Jugend sich für Naturschutzbelange eingesetzt und aktiv mit den Verantwortlichen zusammengearbeitet haben, hat mein Bild auf unsere Forstwirtschaft geprägt. Es ging immer um den Wald als Ganzes, niemals filetiert in einzelne Komponenten. Ich habe mich wohlgefühlt in diesem Kreis von Menschen, die ganz selbstverständlich die Multifunktionalität des Waldes gelebt und unterstützt haben. Es war ein selbstverständliches Grundrauschen. Natur- und Artenschutz und Rohholzproduktion gingen zusammen, weil es gehen musste. Ohne Holz aus den eigenen Wäldern – undenkbar. Ohne Adlerhorste im Wald – undenkbar. Keine herbeigeredeten Konflikte zwischen Naturschutz und Forstwirtschaft. Ich wollte so werden wie sie. Wie diese Menschen, die sich kümmern um den Wald, die ihn nutzen und pflegen. Ich wollte Förster werden. Da war ich vierzehn.

Die bewusste Unterstützung. Wissen

Mit sechzehn Jahren begann ich eine Lehre zum Forstfacharbeiter/Mechanisator mit Abitur. Von 1987 bis 1990 besuchte ich die Betriebsberufsschule des Staatlichen Forstwirtschaftsbetriebes Wismar in Bad Doberan. Eine tolle, erlebnisreiche, prägende Zeit. Wir wollten in den Forstberuf. Wir teilten das gleiche Selbstverständnis von der Multifunktionalität des Waldes. Wir lernten, hart im Wald zu arbeiten. Und wir pflanzten und pflanzten und pflanzten. An dieser Schule wurden fachliche Grundlagen gelegt, von denen ich bis heute zehren kann. Die Freundschaften, die in dieser Zeit entstanden sind, bildeten eine weitere Grundlage, um in dem Beruf weiterzugehen, um dranzubleiben am Thema, am Wald. Wir nahmen uns mit auf eine Reise für den Wald.

Beim Studium an der Technischen Universität Dresden, Sektion Forstwirtschaft (heute Fachrichtung Forstwissenschaften) in Tharandt, ging es um das große Ganze der Forstwissenschaft. Es war der ganzheitliche Ansatz, der mich prägte. Auch hier kein Filetieren des Waldes. Auch hier ging es um den ganzen Blick: Wasser, Klima, Boden, Artenvielfalt, Naturschutz im Wald, Waldwachstum, Wild, Holz, Arbeit im Wald, Erholung im Wald. Der gesamte Blick auf das Ökosystem Wald, auf alle Funktionen, auf das Nebeneinander und Miteinander, auf die Abhängigkeiten und auf die Notwendigkeiten. Wir vermaßen die Bäume, erkundeten den Waldboden, bestimmten Tier- und Pflanzenarten, hockten an Mooren und suchten nach Moosen; wir durchleuchteten Holzfasern, besuchten und befragten Forstbetriebe und Waldbesitzer, bestaunten Wälder in anderen Ecken der Welt, arbeiteten im Wald und lernten gefühlt jedes Detail, das mit dem Wald zu tun hat.

Es reichte noch nicht. Es fehlte das Wichtigste: die geschichtliche und gesellschaftliche Einordnung der Entwicklung der Forstwirtschaft. All das Gelernte musste eine historische Einordnung erfahren, um nicht verzerrt zu werden. Die Sichtweisen auf den Wald und die gesellschaftlichen Ansprüche an den Wald folgen der jeweiligen Zeit. Jede Zeit hat andere Nöte, andere Notwendigkeiten, andere Entwicklungen. Es war wichtig, das zu verinnerlichen, um Prozesse zu verstehen und Verurteilungen zu vermeiden. Wir mussten es verinnerlichen, denn plötzlich waren wir Teil dieser historischen Einordnung. Wir studierten in Zeiten des gesellschaftlichen Umbruchs. Nach Auflösung der DDR änderte sich auch in Tharandt so vieles: Ansichten, Köpfe, Lehrmeinungen. Die forstliche Lehrstätte von 1811 kämpfte um ihr Überleben. Wir sammelten Unterschriften. Wir erlebten neue Professoren. Und dann ein Satz, der hängen blieb: »Vergessen Sie alles, was Sie bisher über Forstwirtschaft gelernt haben.« Ich war entsetzt. Wir diskutierten viel. Wir lernten das Debattieren, das Abwägen, das Differenzieren. Man hörte uns, und wir wurden unterstützt, von alten und neuen Professoren, die uns Weitblick und den Umgang mit historischen Fakten lehrten, mit Respekt vor den Leistungen anderer Forstleute in anderen Zeiten, unter anderen Umständen.

Die fachlichen und historischen Teile fügten sich zusammen. Wir lernten, ganzheitlich zu denken, alle Bausteine im Blick zu haben. Und wir wurden Generalisten, weil es bei der Vielfalt des Wissens um den Wald wohl nicht anders sein kann, weil der Wald eben mehr als die Summe seiner Bäume ist. Später sollten wir begreifen, dass genau das – das ganzheitliche Denken – eine Stärke der Forstleute ist. In der heutigen Zeit, in der man sich im Detailwissen verlieren kann, in der unendlich viele Informationen ständig, aber ungeordnet verfügbar sind und man leicht den Blick auf das Gesamte verlieren kann, ist dies eine wichtige Fähigkeit.

Die Begegnungen in der Lehrzeit und beim Studium, die entstandenen Freundschaften und die Gewissheit, dass es eine Gemeinschaft gibt, die sich für die Belange des Waldökosystems und der nachhaltigen Waldbewirtschaftung einsetzt, sind Teil der Antwort auf die Frage, warum der Forstberuf für mich der schönste Beruf ist.

Verantwortung

Nach 1990 veränderten sich die Strukturen meiner Kindheit. Die drei Nordbezirke der DDR bildeten nun das Bundesland Mecklenburg-Vorpommern. Aus der Oberförsterei Bützow, in der ich aufwuchs, entstand das Forstamt Schlemmin (wieder). Die Staatlichen Forstwirtschaftsbetriebe waren aufgelöst. Andere Strukturen waren entstanden, die mittlerweile mehrfach geändert wurden. Es waren Zeiten, in denen sich die Forstleute neu sortieren mussten.

Als ich 1997 das Forstreferendariat in Mecklenburg-Vorpommern antrat, hatten sich die neuen Strukturen bereits etwas gefestigt. Die inhaltliche Ausrichtung, die Gleichrangigkeit der Nutz-, Schutz- und Erholungsfunktion, hatte Bestand. Für die öffentliche Forstverwaltung wurden 1995 die Ziele und Grundsätze einer naturnahen Forstwirtschaft entwickelt. Eine forstliche Wirtschaftsweise, die Stabilität und Vitalität der Waldbestände, die biologische Vielfalt, das wirtschaftliche Ertragsvermögen, die Bereicherung des Landschaftsbildes und die Förderung der Erholungsleistung im Fokus hat. Damit konnte und kann ich mich sehr gut identifizieren, da es einer ganzheitlichen Sichtweise auf den Wald entspricht. Ich wollte in diesen Forstberuf und Verantwortung übernehmen für den Wald meiner Kindheit. Und ich wollte meiner Familie und meinen Lehrmeistern sagen: Ihr habt mich nicht umsonst geschickt. Wie Alexander von Humboldt es ausdrückte: Alles ist Wechselwirkung. Über die Naturprozesse hinaus gilt das wohl auch für menschliche Beziehungen. Vorbilder waren und sind für mich eine starke Motivationskraft. In der forstlichen und naturwissenschaftlichen Geschichte und Gegenwart gibt es einige Persönlichkeiten, die mich stark beeindruckt haben, die mich antreiben und voranbringen. Ihnen gemeinsam sind vor allem der respektvolle Umgang mit der Natur und das Bewusstsein, dass der Mensch von ihr abhängt. Den Wald zu nutzen und ihn gleichsam zu schützen, das ist eine Herausforderung, die die Forstleute angenommen haben. Wälder in Deutschland zeugen davon, dass es gelingt.

Bei einer Waldführung staunte ein Mädchen einer vierten Klasse ganz besonders über einen Ameisenhaufen und fragte mich, woher die allererste Ameise stammte. Ich beantwortete die Frage nicht und ließ ihr das Staunen. Aus eigener Erfahrung wusste ich, dass genau das eine Antriebskraft sein kann, um einen Wunsch zu entwickeln.

Alexander von Humboldt war überzeugt davon, »dass zum Verständnis der Natur die Fantasie ebenso notwendig sei wie das rationale Denken«.[1] Dem möchte ich mich gerne anschließen. Die Fantasie und das Staunen über die kleinen Details der Natur brachten mir den Wald nah. Die Forstwissenschaften ermöglichten mir, den Gesamtzusammenhang zu verstehen.

Die Herausforderungen des Forstberufes

Seit Beginn meiner Lehre zum Forstfacharbeiter sind nunmehr 35 Jahre vergangen. Mein Berufswunsch hat sich lange erfüllt. Es war nicht schwer zu begreifen, dass es zum Gelingen der Forstwirtschaft vieler Menschen in unterschiedlichen Ebenen und Facetten des Forstberufes bedarf: von den Forstwirtinnen und Forstwirten in der Fläche bis zu den politischen Akteuren, die die Inhalte der Waldgesetze verantworten. Ich habe meinen Platz gefunden als Referentin für Holzvermarktung in der Obersten Forstbehörde der Landesforstverwaltung Mecklenburg-Vorpommerns. Die Nutzung des nachwachsenden Rohstoffes Holz und die Bedeutsamkeit seiner Verwendung sind zentrale Themen meiner Arbeit. Diese Themen verbinden mich mit »Forst- und Holzleuten« aus unserem und anderen Bundesländern, mit Menschen, die in öffentlichen oder privaten Forstbetrieben arbeiten, in der Holzindustrie, im Handwerk, an Hochschulen, Universitäten und in der Politik. Die Zusammenarbeit basiert auf einem gemeinsamen Anliegen, den Rohstoff Holz so effizient wie möglich zu nutzen, zur Absicherung des Holzbedarfs und als Chance für einen ambitionierten Klimaschutz. Die Herausforderung besteht darin, der Öffentlichkeit deutlich zu machen, dass wir als Gesellschaft in Summe verantwortlich sind für Rohstoffverbrauch und -produktion, dass dieses Paar nicht zu trennen ist. Dabei ist jede Hilfe willkommen. Jeder junge Mensch, der sich für den Forstberuf begeistern kann, ist ein Gewinn.

Bei allen aktuellen Themen ist der Forstberuf für mich auch eine Reise in die Geschichte. Und ja, es ist für mich der schönste Beruf. Immer noch und immer wieder. Er vereint so viel.

Anmerkung

1 Wulf, A. (2016): Alexander von Humboldt und die Erfindung der Natur. Bertelsmann Verlag.

Teil III

Plädoyers für die Nutzung von Wald und Holz

Unverzichtbar

Holz in der Industriegesellschaft Deutschlands vom 19. bis ins 21. Jahrhundert

Albrecht Bemmann und Martin Bemmann

Im März 2021 kehrte ein altbekanntes Gespenst nach Deutschland zurück, das als Phänomen der vorindustriellen Zeit gegolten hatte: die Holznot. Der Bundesverband Holzpackmittel, Paletten, Exportverpackung e.V. warnte angesichts mangelnden Rohmaterials vor »spürbare[n] Beeinträchtigungen für den gesamten Warenverkehr«. Es ginge nicht nur um Mangel an Toilettenpapier, wie ihn Deutschland coronabedingt ein Jahr zuvor erlebt hatte. Die gesamte Logistik im Lebensmittelbereich, der Chemieindustrie und des Maschinen- und Anlagenbaus sei in Gefahr.[1] Tatsächlich war der reale Holzmangel in jedem Baumarkt des Landes zu spüren. Heimwerkern fehlte es an Brettern, Latten und Sperrhölzern, Handwerker konnten Aufträge wegen explodierender Holzpreise nicht mehr ihren Verträgen entsprechend ausführen, und angehende Häuslebauer überlegten, lang gehegte Baupläne aufzugeben. Wie so oft legte eine Krise offen, wie hochgradig selbst stark industrialisierte bzw. Dienstleistungsgesellschaften von natürlichen Rohstoffen abhängig sind.

Anknüpfend an diese Beobachtung, skizzieren wir im Folgenden die Relevanz, die Holz für die deutsche Industriegesellschaft seit dem 19. Jahrhundert besitzt, wie sich die Holzverwendung zukünftig entwickeln könnte und wie Wald und Forstwirtschaft damit verbunden sind. Holz ist heute kein unersetzlicher Rohstoff mehr. Seine nachhaltige Nutzung in Deutschlands Wäldern aber zu verringern hätte ökonomische, ökologische, klimapolitische und soziale Folgekosten, die im Rahmen verantwortungsvoller Politik vermeidbar sind.

Wirtschaftshistorikern ist seit mehr als 100 Jahren das Diktum des Ökonomen Werner Sombart geläufig, die vormoderne Wirtschaft habe ein »hölzernes Gepräge« besessen.[2] Holz war ein Universalrohstoff, der jeden Menschen im Wortsinn von der Wiege bis zur Bahre begleitete, ohne den Landwirtschaft, Handwerk und Bergbau nicht möglich waren und mit dessen Hilfe die Europäer die Weltmeere beherrschten sowie andere Länder eroberten.[3] Ab dem 19. Jahrhundert verlor Holz in allen sich industrialisierenden Gesellschaften diese Schlüsselstellung (je nach Verfügbarkeit von Holz gab es dabei allerdings große zeitliche Unterschiede). Kohle, Erdöl und Erdgas ersetzten es als zentrale Quelle thermischer Energie. Metalle und erdölbasiertes Plastik verdrängten Holz als Werkstoff für Maschinen, Werkzeuge und Fertigprodukte, Beton und Stahl machten großdimensionierte Bauhölzer obsolet. Und Chemikalien wurden zunehmend anstelle von Gerbrinden, Baumharz, Holzteer und Holzasche verwendet. Das hölzerne Zeitalter schien vorbei.

Doch dieser Schein trog. In allen sich industrialisierenden Gesellschaften stieg der Holzbedarf, sowohl absolut als auch pro Kopf einer ebenfalls wachsenden Bevölkerung. Hatte der Holzbedarf jedes Deutschen in den 1860er-Jahren bei knapp 0,6 Kubikmetern im Jahr gelegen, so stieg er bis zum Ersten Weltkrieg auf fast einen Kubikmeter an.[4] Dies war vor allem Folge der Ausweitung einiger alter und des Aufkommens neuer Verwendungsmöglichkeiten für Holz. Das Baugewerbe benötigte (und das bis heute!) selbst dort, wo keine Holzhäuser (mehr) errichtet wurden, für Tiefbauarbeiten, Stein- und Betonbauten viel Holz für Schalungen, Dachkonstruktionen und den Innenausbau. Für den Bergbau war Grubenholz bis in die Mitte des 20. Jahrhunderts unabdingbar. Eisenbahnen, die selbst zu großen Teilen aus Holz bestanden, fuhren auf Schienen, die ebenfalls bis weit ins 20. Jahrhundert (zum Teil bis heute) auf Holzschwellen lagen. Und diese Schwellen mussten – je nach verwendeter Holzart, Imprägnierung und klimatischen Bedingungen – nach wenigen Jahren bis Jahrzehnten erneuert werden. Für den Auf- und Ausbau von Telegrafen- und später Telefonnetzen waren lange Zeit hölzerne Masten notwendig. Ein seit Mitte des 19. Jahrhunderts stark wachsender Zeitungs-, Zeitschriften- und Buchmarkt verschlang ebenso steigende Mengen an aus Holz hergestelltem Papier wie die expandierenden Staats- und Wirtschaftsverwaltungen.[5] In den 1920er und 1930er Jahren traten mit den Span- und Faserplatten- sowie der Kunstfaserproduktion weitere rasch expandierende Holzverbraucher hinzu. Mit einigem Recht lässt sich daher behaupten, dass grundlegende gesellschaftliche Wandlungsprozesse, die die Industrialisierung begleiteten, ohne Holz nicht möglich gewesen wären, insbesondere nicht die Transport-, Kommunikations- und Leserevolutionen, der Auf- und Ausbau staatlicher Bürokratien oder die erste Welle der wirtschaftlichen Globalisierung in den fünf Jahrzehnten vor dem Ersten Weltkrieg.[6]

Seit dem 19. Jahrhundert wurde die sukzessive Marginalisierung von Holz als Energiequelle also durch den deutlich wachsenden Verbrauch von Bau- und Industrieholz wettgemacht. Große und bis heute zunehmende Bedeutung kam dabei Produkten zu, in denen der Rohstoff kaum oder gar nicht in seiner Naturform zu erkennen war (Papier, Fasern, Filme). Insbesondere die chemische Verarbeitung eröffnete immer wieder neue Verwendungsmöglichkeiten. Angesichts dessen prognostizierte ein Fachmann Ende der 1940er-Jahre ein anbrechendes neues Holzzeitalter.[7] Der gleichzeitig beginnende Erdölboom, der neben der Massenmotorisierung vor allem eine deutlich preisgünstigere Herstellung von Kunststoffen ermöglichte, verhinderte dies zwar. Der Holzverbrauch aber blieb hoch und stieg in den vergangenen Jahren weiter an.

In Deutschland verdoppelte sich der Holzverbrauch zwischen 1990 und 2016 von knapp 65 auf rund 127 Millionen Kubikmeter. Der jährliche Pro-Kopf-Verbrauch beträgt derzeit etwa 1,3 bis 1,6 Kubikmeter.[8] Bis in die 1990er-Jahre ging dieser Anstieg fast ausschließlich auf den wachsenden Nutzholzbedarf für Schnittholz, Holzwerkstoffe und Papierprodukte zurück. Ende der 1990er-, Anfang der 2000er-Jahre nahm – aufgrund steigender Preise für fossile Energieträger und dank staatlicher Förderung – die energetische Holznutzung ebenfalls wieder deutlich zu. Etwa die Hälfte der derzeit in Deutschland verwendeten Holzrohstoffe wird in Form von Scheiten, Pellets oder Hackschnitzeln energetisch, die andere Hälfte stofflich genutzt.[9] Eine Aufschlüsselung der derzeitigen Verwendungsformen zeigt Abbildung 1.

Es ist davon auszugehen, dass der Holzbedarf auch in Zukunft mindestens gleich hoch bleiben oder steigen wird. Zum einen nimmt die Nachfrage weltweit zu, insbesondere nach Schnittholz, Holzwerkstoffen, Zellstoff und Papier.[10] Zum anderen werden im Zuge der klimapolitisch anvisierten Dekarbonisierung des Wirtschaftslebens und der Förderung einer »Bioökonomie«[11] innovative Produkte mit hohem Wertschöpfungspotenzial marktreif und konkurrenzfähig, die die Palette an holzbasierten Gütern erweitern.[12]

Im Haus- und Innenausbau sowie der Möbelherstellung wird beispielsweise die Bedeutung von Vollholzprodukten (Furnierschichtholz, Thermoholz) und Holzwerkstoffen (Formholz, Brettsperrholz, Leichtbauplatten, Scrimber, Holzschaum) wachsen. Deren Eigenschaften lassen sich durch die Kombination mit Kunststoffen und anderen Materialen noch besser an die Bauanforderungen anpassen. Ein Beispiel dafür sind langlebige Holz-Plastik-Produkte, die wegen ihrer hohen Witterungsbeständigkeit im Außenbereich verwendet werden können.[13]

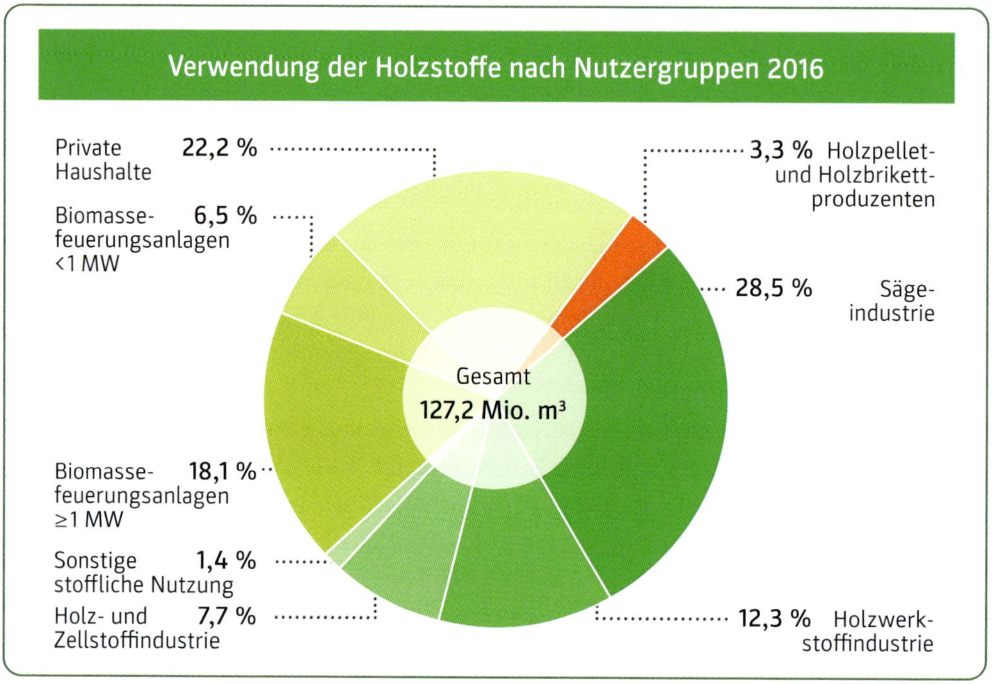

Abbildung 1:
Verwendung der Holzrohstoffe nach Nutzergruppen 2016
(Quelle: INFRO e.K. 2018, © FNR 2018).

Großes Potenzial bieten weiterhin der chemische Aufschluss des Holzes und die Weiterverarbeitung seiner Bestandteile. Eine jüngere Studie prognostiziert, dass sich die Grenze zwischen Teilen der Holzwirtschaft und der chemischen Industrie tendenziell auflösen wird.[14] Die wichtigsten Bestandteile von Holz sind – mit je nach Holzart unterschiedlichen Anteilen – Cellulose, Hemicellulose und Lignin. Bereits seit dem 19. Jahrhundert spielt Cellulose als Hauptbestandteil von Zellstoff eine zentrale Rolle in der Papierherstellung. Anfang des 20. Jahrhunderts begann mit Viskose die Produktion von Cellulose-Regeneratfasern aus Holz, die in den vergangenen Jahren technisch weiterentwickelt wurden (z. B. Lyocell-, Modalfaser). Cellulose kann durch chemische Bearbeitung aber auch in zahlreiche andere Stoffe umgewandelt werden, die als Werkmaterialien oder in der Medizintechnik Verwendung finden.[15] Aus Hemicellulosen lassen sich Flammschutzmittel herstellen,[16] während die großen Nutzungspotenziale des Lignins bisher nur ansatzweise ausgeschöpft sind. Beispielsweise können daraus Kohlenstofffasern ebenso gefertigt werden wie Aromate oder Hydrogele, die in den Boden eingebracht werden und dort Wasser speichern, Metalle anreichern und Öl binden, sowie Binde- und Lösungsmittel, Biokunststoffe und Lignosulfonate.[17] Darüber hinaus lassen sich aus Holz – nach dessen chemischem Aufschluss – mittels enzymatischer Hydrolyse und Pyrolyse (Vergasung) Fermentationsrohstoffe, Treibstoffe und Materialien für die chemische Industrie gewinnen. Die Möglichkeiten, Holz industriell zu verwerten, sind also sehr groß, und es ist zu erwarten, dass viele derzeit nur labortechnisch mögliche Verfahren zukünftig marktreif werden.

Angesichts dessen stellt sich in zunehmendem Maße die Frage nach der Verfügbarkeit des Rohstoffs Holz. Die globalen Klimaveränderungen, deren Folgen in jüngster Zeit nicht zuletzt den Wald in Deutschland betroffen haben, machen diese Frage noch drängender. Denn so, wie der Klimawandel Wälder in ihrer derzeitigen Existenz bedroht, besitzt deren Nutzung klimapolitische Relevanz.

Deutschland ist auf 11,4 Millionen Hektar bewaldet und besitzt einen europaweit einzigartig hohen Holzvorrat von mehr als 350 Kubikmetern je Hektar.[18] Die Struktur dieser Wälder wurde und wird neben klimatischen und naturräumlichen Bedingungen stark von ökologischen Ansprüchen sowie ökonomischen und anderen gesellschaftlichen Bedürfnissen geprägt. Der jährliche Verbrauch an Holzrohstoffen in Deutschland beträgt etwa 120 bis 130 Millionen Kubikmeter pro Jahr. 2010 bis 2019 wurden davon (rechnerisch) etwa 73 Millionen Kubikmeter im Jahr durch den Holzeinschlag in den eigenen Wäldern gedeckt. Altholz, Säge-, Industrie- und Waldrestholz, Landschaftspflegeholz sowie Schwarzlauge machen bis zu 40 Prozent des Aufkommens aus (Darstellung des Aufkommens 2016 in Abbildung 2).[19] Ein Teil dieses Bedarfs wird importiert. Von wenigen Unterbrechungen abgesehen, ist Deutschland seit den 1860er-Jahren Nettoimporteur von Holzrohstoffen.[20]

Die Veränderung der Holznutzungsstruktur im Zuge der Industrialisierung – weniger energetische, deutlich zunehmende stoffliche Nutzung – ist ein zentraler Grund dafür, weshalb seit dem 19. Jahrhundert in Deutschland vielerorts Fichten und Kiefern die Misch- und Laubwälder verdrängten. Die biologischen, physikalischen und chemischen Holzeigenschaften sowie das Wuchsverhalten dieser Nadelbäume prädestinierten sie ebenso für die industrielle Nutzung in der Säge-, Holzwerkstoff- und Papierindustrie wie der jeweilige Stand der Technik.[21] Die Konzentration der industriellen Holzgroßverbraucher auf Nadelhölzer hatte gleichzeitig zur Folge, dass der weltweit wachsende Holzbedarf bis in die Mitte des 20. Jahrhunderts zu einem großen Teil aus Nadelwäldern der nördlichen Hemi-

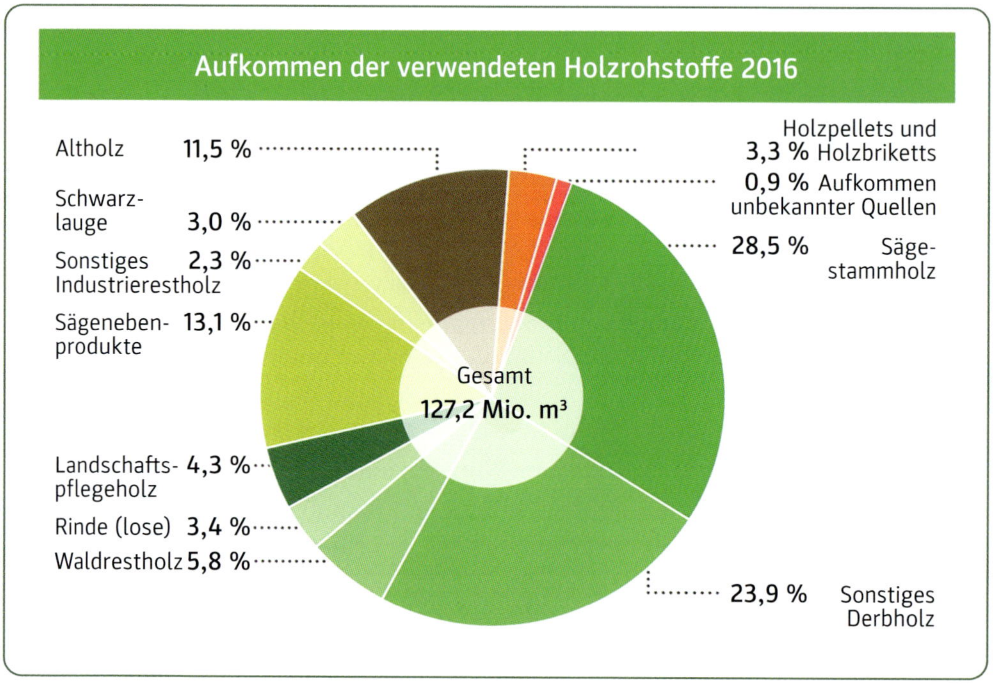

Abbildung 2:
Aufkommen der verwendeten Holzrohstoffe 2016
(Quelle: INFRO e.K. 2018, © FNR 2018).

sphäre (Kanada, USA, Skandinavien, Russland) gedeckt werden musste. Holz aus anderen Weltregionen – insbesondere aus den Tropen und Subtropen – war mit wenigen Ausnahmen (etwa Teak) für die industrielle Verwertung kaum geeignet, und deren Wälder waren vielfach nicht für eine Nutzung erschlossen. Erst technische Innovationen, deutlich sinkende Transportkosten und die Anlage von Baumplantagen (etwa mit Eukalyptus und Brasilkiefer) in Asien und Südamerika änderten das ab den 1960er-Jahren.[22]

Bereits im 19. Jahrhundert mangelte es nicht an Kritik an den aufgrund der industriellen Nachfrage entstandenen Nadelholzwäldern, die – oft in Reinbeständen angelegt – anfällig gegen Sturm- und Schneeschäden sowie Insektenkalamitäten waren. Mit dem Hinweis auf die größere ökologische Stabilität artenreicher und altersdiverser Wälder nahm solche Kritik zahlreiche Argumente aktueller Auseinandersetzungen um den »richtigen Wald« vorweg. Alternative Bewirtschaftungskonzepte, die anstrebten, auf Reinbestände, Altersklassenwälder und Kahlschläge zu verzichten, wurden in den Folgejahrzehnten von vielen Fachleuten und Waldbesitzern diskutiert und teilweise umgesetzt. Seit den 1980er-Jahren ist in Deutschland die sukzessive Umwandlung von Nadelwäldern in Misch- und Laubwälder verstärkt im Gange.[23] Allein zwischen 2002 und 2017 stieg der Anteil von Laubbäumen um mehr als sieben Prozent.[24]

Allerdings setzten und setzen die große gegenseitige Abhängigkeit und Beeinflussung von Forst- und Holzwirtschaft sowie die langen Produktionszeiträume von bis zu 200 Jahren, die die Waldwirtschaft prägen, diesem Ansinnen Grenzen. Anders als die meisten anderen Branchen der Volkswirtschaft lassen sich Wälder nur langfristig an neue Herausforderungen anpassen. Die Bäume in den heutigen Wäldern Deutschlands sind laut der dritten Bundeswaldinventur von 2012 im Durchschnitt fast 80 Jahre alt, ein Viertel von ihnen ist sogar älter als 100 Jahre.[25] Damit spiegeln sie Erwartungen und Entscheidungen von Waldbesitzern wider, die teils noch im 19. Jahrhundert geboren worden waren und die sich an den technischen und ökonomischen Gegebenheiten der Weltwirtschaftskrise der 1930er-Jahre, den Folgen des Zweiten Weltkriegs und den Jahren des »Wirtschaftswunders« orientierten. Als sich ab den 1970er-Jahren in Deutschland eine Umweltbewegung zu formieren begann, die in den 1980er-Jahren im Zuge der Debatte über das Waldsterben unter anderem die Abkehr von reinen Nadelwäldern und Altersklassenwirtschaft einforderte,[26] waren diese Bestände noch so jung, dass eine rasche Umwandlung in Misch- oder Laubwälder für Waldbesitzer nur unter großen finanziellen Verlusten möglich gewesen wäre. Der ›Umbau‹ der Wälder wurde seitdem gleichwohl vielerorts in Gang gesetzt und hat danach zu einer langsamen, aber kontinuierlichen Zunahme von baumarten- und strukturdiversen und damit ökologisch stabileren Wäldern geführt. 2017 waren mehr als drei Viertel aller Wälder in Deutschland Mischwälder mit mindestens zwei verschiedenen Baumarten.[27]

Ungeachtet dessen bleibt der Anteil von Nadelwäldern – auch in Reinbeständen – hoch. Allein die Fichte und die Kiefer stellten 2017 rund 47 Prozent aller Bäume.[28] Für holzverarbeitende Unternehmen ist das angesichts ihrer jahrzehntealten Ausrichtung auf die Verwertung von Nadelholz vorteilhaft. Für die ökologische Stabilität der Wälder hingegen – das zeigten nicht zuletzt die Dürresommer 2018 bis 2020 – ist dieser Zustand vielerorts verhängnisvoll. Auf einer Fläche von mehr als 270.000 Hektar wurden alle Hauptbaumarten geschädigt. Insbesondere aber waren es trocken- und hitzegeschwächte Fichten, die einer massiven Borkenkäferkalamität zum Opfer fielen.[29] Eine aktuelle Studie sieht rund ein Viertel der Waldfläche Deutschlands aufgrund ihrer Baumartenzusammensetzung durch kommende Dürren in ihrer Existenz bedroht und fordert deren beschleunigte Umwandlung in resilientere Wälder.[30] Es bestehen zwar durchaus Chancen, fremdländische Nadelbaumarten (etwa die nichtinvasiven Arten Douglasie, Küstentanne, Schwarzkiefer oder Hybrid-Lärche[31]) in die Wälder Deutschlands einzubringen, mit denen Hoffnungen auf eine größere Widerstandsfähigkeit gegen Klimaveränderungen und eine Diversifizierung des Nadelholzangebotes verbunden sind. Abzusehen ist gleichwohl, dass das Angebot von Nadelholz aus Wäldern Deutschlands mittel- bis langfristig abnehmen wird. Zudem wird tendenziell die Einfuhr von Nadelholz schwieriger werden, da die globale Nachfrage danach steigt und politische Entscheidungen das Angebot zusätzlich verknappen können.[32]

Das wird die Holzversorgung Deutschlands vor Probleme stellen. Im Zuge des Waldumbaus und der klimabedingten Veränderungen der Baumartenzusammensetzung wird der Anteil von Laubbäumen zunehmen. Diese aber können die Verringerung des Nadelholzangebotes auf dem Holzmarkt nicht kompensieren. Laubbaumarten (vor allem Eiche und Buche) bedeckten 2017 rund 45 Prozent der Waldfläche Deutschlands. Ihr Anteil am Holzvorrat betrug weniger als 40 Prozent.[33] Ihre Nutzung aber liegt seit Jahrzehnten unter 30 Prozent des Gesamtholzeinschlags. Zwar hat sich der Einschlag an Laubholz seit den 1990er-Jahren verdoppelt, doch überwiegend wird es für energetische Zwecke genutzt; sein Anteil an der stofflichen Nutzung liegt unter 15 Prozent.[34] So wie sich Nadelhölzer aufgrund ihrer biologischen, physikalischen und chemischen Eigenschaften sowie ihres Wuchsverhaltens als Bauholz und für die industrielle Verwertung gut eignen, so verhindern diese Charakteristika von Laubhölzern in vielen Fällen, sie anstelle von Nadelhölzern zu verwenden – zumindest beim derzeitigen Stand der Technik.[35]

Nicht zuletzt infolge der drei Dürrejahre 2018 bis 2020 wird in Deutschland derzeit kontrovers über den zukünftigen Umgang mit den Wäldern des Landes gestritten. Der dabei von einigen geforderte zeit- und teilweise Verzicht auf deren forstwirtschaftliche Nutzung ist politisch legitim. Er lässt jedoch weitgehend außer Acht, dass Wald nicht nur ein wertvolles Ökosystem ist, sondern auch ein vielfältig genutzter Sozial- und Wirtschaftsraum. Keine andere Bodenfläche im Land wird so verschiedenartig beansprucht.

Die forstwirtschaftliche Holznutzung ist *eine* Form der Waldnutzung und in Deutschland in den vergangenen 150 Jahren die ökonomisch wichtigste gewesen. Ob dies langfristig so bleiben wird, muss unter Berücksichtigung der zukünftigen klimatischen Veränderungen, der wirtschaftlichen Bedürfnisse und der technischen Entwicklung politisch ausgehandelt und entschieden werden. Deutschland verfügt über eine große Waldfläche mit – im europäischen Maßstab – außergewöhnlich hohen Holzvorräten, die tendenziell weiter zunehmen. Diese dauerhaft zu nutzen und mittels nachhaltiger Forstwirtschaft permanent zu erneuern bietet aus ökonomischer, ökologischer, klimapolitischer und sozialer Sicht Vorteile.

Ökonomisch profitieren von der Holznutzung zum (geringeren) Teil Waldbesitzer sowie (in höherem Maße) die hoch entwickelten holzverarbeitenden Unternehmen des Landes. Zusammen beschäftigen Forst- und Holzwirtschaft in Deutschland derzeit etwa eine Million Menschen und erwirtschaften mit 57 Milliarden Euro fast zwei Prozent des Bruttoinlandsprodukts.[36] Der absehbare Rückgang des Nadelholzangebots wird diese Branchen unter hohen Anpassungsdruck setzen, sodass eine zusätzliche Verknappung durch Nutzungsverzicht wenig empfehlenswert scheint. Außerdem sind Holzprodukte für das Baugewerbe und die Logistikbranche, aber auch für zahlreiche andere Wirtschaftszweige weiterhin unabdingbar. Versorgungsengpässe wie jener 2021 können gravierende Folgewirkungen nach sich ziehen,[37] die bedacht werden müssen.

Ökologisch können Wälder von der Holznutzung profitieren, weil dies den notwendigen Waldumbau beschleunigt und Bestände regelmäßig verjüngt. Letzteres ist vorteilhaft, weil jüngere Bestände vitaler und widerstandsfähiger gegen natürliche Bedrohungen wie Insekten, Trockenheit oder Stürme sind. Klimapolitisch wiederum ist eine Holznutzung geradezu geboten, sofern sie den Holzzuwachs nicht überschreitet. Bäume entziehen der Atmosphäre permanent Kohlendioxid und speichern durch die Fotosynthese Kohlenstoff im Holz. Mit der im fortgeschrittenen Alter von Bäumen abnehmenden Wuchsleistung verringert sich allerdings deren Fähigkeit, Kohlenstoff zu binden. Sterben Bäume ab, bleibt der Kohlenstoff zwar für eine gewisse Zeit im Totholz sowie im Humus des Waldbodens gespeichert. Nach und nach aber wird der gespeicherte Kohlenstoff wieder freigesetzt. Die Nutzung von Holz aus einer nachhaltigen Forstwirtschaft in möglichst langlebigen Produkten, deren wiederholte Weiterverwendung (Kaskadennutzung) sowie ihre abschließende energetische Verwertung tragen daher direkt und indirekt zur Substitution energieintensiver Materialien sowie fossiler Energieträger bei. Weniger Holz aus den Wäldern Deutschlands zu nutzen, als die (sich verschiebenden) ökologischen Grenzen das erlauben, hätte angesichts der weiterhin hohen Nachfrage nach Holzprodukten steigende Preise und voraussichtlich zunehmende Einfuhren zur Folge. Da eine Nachhaltigkeit der Waldwirtschaft außerhalb Deutschlands viel weniger gut kontrolliert werden kann als im Land, käme dies der Wiederholung einer Strategie gleich, die bereits im 19. Jahrhundert verfolgt wurde und die die ökologischen und sozialen Kosten der Holznutzung zugunsten des Walderhalts in Deutschland in andere Länder auslagerte.[38] Weder aus klimapolitischer noch aus ethischer Sicht ist solch eine Entwicklung empfehlenswert.

Nicht zuletzt in sozialer Hinsicht ist es ratsam, an einer zertifizierten, Holz nutzenden Waldwirtschaft festzuhalten. Das betrifft jene Arbeitnehmer, Waldbesitzer und Unternehmer, die ihren Lebensunterhalt mit der Produktion und Verarbeitung von Holz bestreiten. Den meisten Menschen in Deutschland aber ist Wald vor allem kostenfreies Erholungsgebiet. In einer so stark urbanisierten Gesellschaft wie der deutschen ist es notwendig, diese Funktion aufrechtzuerhalten. Dafür müssen die Infrastruktur (vor allem Wege, Straßen) erhalten sowie Unfallgefahren beseitigt werden. Die dabei anfallenden Kosten lassen sich auf verschiedene Art decken. Einnahmen aus der kommerziellen Forstwirtschaft sind eine Möglichkeit, öffentliche Mittel, die alle Steuerzahler aufbringen müssten, oder die unmittelbare Erhebung von Nutzungsentgelten am Waldeingang sind andere. Welche forthin gewählt und miteinander kombiniert werden, lässt sich nur politisch klären.

Einseitige Lösungsvorschläge für den zukünftigen Umgang mit dem Wald in Deutschland jedenfalls werden der Komplexität der Lage nicht gerecht. Das gilt für ökologisch begründete Forderungen nach einem teilweisen Holznutzungsverzicht in Deutschland ebenso wie für Vorschläge, die Holznutzung aus klimapolitischen Erwägungen massiv auszuweiten, etwa im Holzbau.[39] Allein interdisziplinäre wissenschaftliche Debatten und politische Diskussionen, die alle Betroffenen, Interessierten und Verantwortlichen einschließen, werden gesellschaftlich befriedigende Lösungen finden. Eine nachhaltige Holznutzung in den Wäldern Deutschlands muss Teil dieser Lösung sein.

Anmerkungen

1 Holzpackmittelindustrie warnt: Rohstoffknappheit bedroht den Wirtschaftskreislauf in Deutschland, Pressemitteilung, 22.03.2021 [https://www.hpe.de/presse.html#!/blog/posts/Holzpackmittelindustrie-warnt-Rohstoffknappheit-bedroht-den-Wirtschaftskreislauf-in-Deutschland/116; aufgerufen am 19.07.2021].

2 Sombart, W. (1919): Der moderne Kapitalismus. Historisch-systematische Darstellung des gesamteuropäischen Wirtschaftslebens von seinen Anfängen bis zur Gegenwart, 3. Auflage, Bd. 2/2, München/Leipzig, S. 1138.

3 Einführende Übersichten in die vielfältigen Holzverwendungsformen der Vormoderne sowie die damit verbundenen ökonomischen, sozialen und politischen Probleme bieten Radkau, J. (2007): Holz. Wie ein Naturstoff Geschichte schreibt, München; Gleitsmann, R.-J. (1980): Rohstoffmangel und Lösungsstrategien. Das Problem vorindustrieller Holzknappheit, Reinbek; Küster, H. (1998): Geschichte des Waldes. Von der Urzeit bis zur Gegenwart, München; Sieferle, R. P. (1982): Der unterirdische Wald. Energiekrise und industrielle Revolution, München; Williams, M. (2003): Deforesting the Earth. From Prehistory to Global Crisis, Chicago/London.

4 Mantel, K. (1973): Holzmarktlehre. Ein Lehr- und Handbuch der Holzmarktökonomie und Holzwirtschaftspolitik, Melsungen et al., S. 70.

5 Vgl. Radkau, J. (2007): Holz. Wie ein Naturstoff Geschichte schreibt, München, S. 222–226, 243–260; Grewe, B.-S. (2003): Das Ende der Nachhaltigkeit? Wald und Industrialisierung im 19. Jahrhundert, in: Archiv für Sozialgeschichte 43, S. 61–79.

6 Zu diesen fundamentalen Veränderungen des 19. Jahrhunderts: Osterhammel, J. (2009): Die Verwandlung der Welt. Eine Geschichte des 19. Jahrhunderts, München.

7 Glesinger, E. (1949): The Coming Age of Wood, New York.

8 Weimar, H. (2018): Holzbilanzen 2015 bis 2017 für die Bundesrepublik Deutschland und Neuberechnung der Zeitreihe der Gesamtholzbilanz ab 1995, Braunschweig, S. 7; Mantau, U.; et al. (2018): Rohstoffmonitoring Holz. Erwartungen und Möglichkeiten, Gülzow, S. 12.

9 Mantau, U.; et al. (2018): Rohstoffmonitoring Holz. Erwartungen und Möglichkeiten, Gülzow, S. 12.

10 Food and Agriculture Organization (2019): Global Forest Products. Facts and Figures 2018, Rom.

11 Vgl. Bundesministerium für Ernährung und Landwirtschaft [BMEL] (2016): Fortschrittsbericht zur Nationalen Politikstrategie Bioökonomie, Berlin; Thrän, D.; Moesenfechtel, U. (Hrsg.) (2020): Das System Bioökonomie, Berlin.

12 Vgl. Miletzky, F.; Wagenführ, A.; Zscheile, M. (2020): Holzbasierte Bioökonomie, in: Thrän, D.; Moesenfechtel, U. (Hrsg.): Das System Bioökonomie, S. 51–68; Bolte, A.; et al. (2016): Perspektiven der Forst- und Holzwirtschaft in Deutschland, o. O., S. 11 [https://www.biooekonomierat.de/fileadmin/Publikationen/berichte/ Hintergrundpapier_Forstwirtschaft_270416__final.pdf; aufgerufen am 14.09.2021].

13 Vgl. Wagenführ, A.; Scholz, F. (Hrsg.) (2012): Taschenbuch der Holztechnik, 2., aktualisierte Auflage, München.

14 Bolte, A.; et al. (2016): Perspektiven der Forst- und Holzwirtschaft in Deutschland, o. O., S. 11; vgl. Miletzky, F.; Wagenführ, A.; Zscheile, M. (2020): Holzbasierte Bioökonomie, in: Thrän, D.; Moesenfechtel, U. (Hrsg.): Das System Bioökonomie.

15 Miletzky, F.; Wagenführ, A.; Zscheile, M. (2020): Holzbasierte Bioökonomie, in: Thrän, D.; Moesenfechtel, U. (Hrsg.): Das System Bioökonomie, S. 63 f.; beispielhaft Willems, C.; et al.: Hydrogels based on Oxidized Cellulose Sulfates and Carboxymethyl Chitosan. Studies on Intrinsic Gel Properties, Stability and Biocompatibility, in: Macromolecular Bioscience 21 (2021), Artikel 2100098 [https://doi.org/10.1002/mabi.202100098; aufgerufen am 27.09.2021].

16 Gebke, S.; et al. (2020): Suitability and Modification of Different Renewable Materials as Feedstock for Sustainable Flame Retardants, in: Molecules 25 (2020), Artikel 5122 [https://doi:10.3390/molecules 25215122; aufgerufen am 14.09.2021].

17 Einblicke in die breiten Nutzungsmöglichkeiten geben beispielsweise: Fachagentur Nachwachsende Rohstoff (Hrsg.) (2009): Stoffliche Nutzung von Lignin, Gülzow; Beckham, G. T. (Hrsg.) (2018): Lignin Valorization. Emerging Approaches, London.

18 BMEL (2021): Waldbericht der Bundesregierung, Berlin/Bonn, S. 15 f.

19 Weimar, H. (2018): Holzbilanzen 2015 bis 2017 für die Bundesrepublik Deutschland und Neuberechnung der Zeitreihe der Gesamtholzbilanz ab 1995, Braunschweig, S. 12; Thünen-Institut (2019): Holzeinschlag und Rohholzverwendung der Bundesrepublik Deutschland in der Zeitreihe der Jahre 1995 bis 2018 in Mio. m^3, Hamburg [https://www.thuenen.de/media/institute/wf/HM_div._Statistik_Dateien/Dateien_-_Bilanzen_-_Tabellen/Wald/Einschlagrueckrechnung/de_tab_Einschlagrueckrechnung_Einschlag_und_Verwendung.pdf; aufgerufen am 15.09.2021].
Durch die amtliche Einschlagsstatistik werden seit den 1990er-Jahren im Durchschnitt nur etwa 78 Prozent des tatsächlichen Einschlages erfasst. Das bedeutet, dass jährlich circa 15 Millionen Kubikmeter vom Holzeinschlag (besonders von Eigentümern mit kleinen Waldflächen) nicht berücksichtigt werden. Die hier angegebenen Zahlen ergeben sich aus einer Rückrechnung des Einschlages aus den Holzprodukten, und sie entsprechen den Werten der dritten Bundeswaldinventur von 2012; vgl. Dominik, J.; et al. (2015): Estimation of Wood Removals and Fellings in Germany. A Calculation Approach Based on the Amount of Used Roundwood, in: European Journal of Forest Research 134, S. 869–888.

20 Mantel: Holzmarktlehre, S. 73; Thünen-Institut (2019): Holzeinschlag und Rohholzverwendung der Bundesrepublik Deutschland in der Zeitreihe der Jahre 1995 bis 2018 in Mio. m^3, Hamburg.

21 Radkau, J. (2007): Holz. Wie ein Naturstoff Geschichte schreibt, München.

22 Vgl. Bemmann, M.; Mann, M.: Koloniale Ressource Holz, erscheint in: Brugger, E.; Engel, A. (Hrsg.) (2022): Kolonialismus und Ökonomie, Berlin/Boston; Bennett, B. (2015): Plantations and Protected Areas. A Global History of Forestry Management, Cambridge/London; Williams, M. (2003): Deforesting the Earth. From Prehistory to Global Crisis, Chicago/London.

23 Vgl. Heyder, J. C. (1986): Waldbau im Wandel. Zur Geschichte des Waldbaus von 1870 bis 1950, dargestellt unter besonderer Berücksichtigung der Bestandsbegründungen und der forstlichen Verhältnisse Norddeutschlands, Frankfurt/Main, sowie den Beitrag von Sven Wagner.

24 BMEL (2018): Der Wald in Deutschland. Ausgewählte Ergebnisse der dritten Bundeswaldinventur, 3., korrigierte Auflage, Berlin, S. 17; BMEL (2021): Waldbericht der Bundesregierung, Berlin/Bonn, S. 15.

25 BMEL (2018): Der Wald in Deutschland. Ausgewählte Ergebnisse der dritten Bundeswaldinventur, 3., korrigierte Auflage, Berlin, S. 17; BMEL (2021): Waldbericht der Bundesregierung, Berlin/Bonn, S. 16.

26 Radkau, J. (2007): Holz. Wie ein Naturstoff Geschichte schreibt, München, S. 264–270; Detten, R. v. (Hrsg.) (2013): Das Waldsterben. Rückblick auf einen Ausnahmezustand, München.

27 BMEL (2021): Waldbericht der Bundesregierung, Berlin/Bonn, S. 15.

28 BMEL (2021): Waldbericht der Bundesregierung, Berlin/Bonn, S. 15.

29 BMEL (2021): Waldbericht der Bundesregierung, Berlin/Bonn, S. 27.

30 Bolte, A.; et al.: Zukunftsaufgabe Waldanpassung, in: AFZ-Der Wald 76 (2021), Nr. 2, S. 12–16.

31 Vor, T.; et al.: Potenziale und Risiken eingeführter Baumarten. Baumartenportraits mit naturschutzfachlicher Bewertung, Göttingen 2015; Wolf, H.; Steinke, C.: Gattung Larix — unterschätzte Potentiale, in: Nordwestdeutsche Forstliche Versuchsanstalt (Hrsg.) (2017): Hochwertiges Forstvermehrungsgut im Klimawandel. Symposium des Verbundprojektes FitForClim vom 14. bis 15. Juni 2016 in Chorin (Beiträge aus der Nordwestdeutschen Forstlichen Versuchsanstalt, Bd. 16), Göttingen, S. 65–79.

32 So wird Russland als das waldreichste Land der Erde ab Januar 2022 die Ausfuhr von Rundholz stoppen (Bemmann, A.; Petrov, V. (2020): Russland verhängt Exportverbot für Rundholz. in: Holz-Zentralblatt, 13.10.2020; dies. (2021): Veränderungen in der Holzexport-Politik Russlands, in: Holz-Zentralblatt, 21.05.2021).

33 BMEL (2021): Waldbericht der Bundesregierung, Berlin/Bonn, S. 15; BMEL (2018): Der Wald in Deutschland. Ausgewählte Ergebnisse der dritten Bundeswaldinventur, 3., korrigierte Auflage, Berlin, S. 30.

34 Thünen-Institut (2019): Holzeinschlag und Rohholzverwendung der Bundesrepublik Deutschland in der Zeitreihe der Jahre 1995 bis 2018 in Mio. m^3, Hamburg [https://www.thuenen.de/media/institute/wf/HM_div._Statistik_Dateien/Dateien_-_Bilanzen_-_Tabellen/Wald/Einschlagrueckrechnung/de_tab_Einschlagrueckrechnung_Einschlag_und_Verwendung.pdf; aufgerufen am 15.09.2021]

35 Markus, K.; Frühwald, A. (2020): Laubholz-Produktmärkte aus technisch-wirtschaftlicher und marktstruktureller Sicht. Zukunftsstudie, Gülzow.

36 Becher, G.; Weimar, H. (2020): Branchen des Clusters entwickeln sich meist positiv, in: Holz-Zentralblatt, 07.02.2020.

37 Beispielhaft: Müller, L. (2021): Bei Suhrkamp gehen die Pappen aus. Holzknappheit, Corona: Verlagen fällt es schwer, ausreichend Farben und Papier zu organisieren, in: Süddeutsche Zeitung, 23.08.2021.

38 Daheur, J. (2016): Le Parc à bois de l'Allemagne. Course aux ressources et hégémonie commerciale dans les bassins de la Vistule et de la Warta (1840–1914), Dissertation Univ. Strasbourg; Lotz, C. (2018): Nachhaltigkeit skalieren. Internationale forstwissenschaftliche Kongresse und Debatten über die Ressourcenversorgung der Zukunft im Nord- und Ostseeraum (1870–1914), Wien/Köln/Weimar.

39 Vgl. etwa Knapp, H. D.; Klaus, S.; Fähser, L. (Hrsg.) (2021): Der Holzweg. Wald im Widerstreit der Interessen, München; Schellnhuber, H. J. (2021): Bauhaus der Erde. Ein bescheidener Vorschlag zur Rettung der Welt. Wenn wir unsere Städte aus Holz statt aus Beton bauen, bleibt uns das Schlimmste erspart, in: Frankfurter Allgemeine Zeitung, 22.04.2021.

Mit Holzbau aus der Klimakrise

Die Rückkehr des Holzbaus in die Städte

Josef Huber

Jahrhundertelang war das Bauen mit Holz – vor allem auf dem Land, aber auch in den Städten – der Normalfall. Noch heute zeugen beispielsweise überdachte Holzbrücken aus dem 19. Jahrhundert im gesamten Alpenraum oder die Gründerzeithäuser in Wien mit ihren Holzdecken von dieser Zeit. Mit der Architektur der Moderne dominieren ab dem 20. Jahrhundert jedoch die Baustoffe Beton, Stahl und Glas – Hightechbaustoffe mit vielfältigen Einsatzmöglichkeiten, aber auch einem hohen Ressourcenverbrauch. Holz als konstruktiver Baustoff kommt dagegen, mit Ausnahme des Daches, kaum mehr vor. Im dekorativen Bereich schätzt man jedoch die Natürlichkeit dieses Werkstoffes.

Im ausgehenden 20. Jahrhundert setzt eine neue Entwicklung ein. Es entstehen Passivhäuser in Holztafelbauweise, die neue Maßstäbe beim Energieverbrauch setzen. CNC-(Computerized-Numerical-Control-)gestützte Produktionsanlagen in der Stab- wie in der Elementbearbeitung sowie die Entstehung von CAD/CAM-(Computer-Aided-Design-/Computer-Aided-Manufactoring-)Programmen geben dem Holzbau seit Beginn dieses Jahrtausends eine neue Leistungsfähigkeit. Holz wird als konstruktiver Baustoff wieder salonfähig, und die Themen Brand-, Feuchte- und Schallschutz werden angegangen. Die Rückkehr des Holzbaus in die Städte wird dadurch wieder möglich.

Holzbau – nur für Einfamilienhäuser, oder ist da mehr möglich?

Noch findet sich eine Vielzahl an Vorbehalten, wenn es darum geht, mehrgeschossige Gebäude in Teilen oder ganz aus Holz zu bauen. In Gesprächen mit Bauherren begegnen mir immer wieder die Themen Brandschutz (»Holz brennt doch!«), Schallschutz (»Ist das nicht hellhörig? Knarzt das nicht?«) und Feuchteschutz (»Holz kann doch verfaulen!«). Und bei höheren Gebäuden kommt die Frage dazu, ob das Holz dafür ausreichend tragfähig ist. Die Ursachen dieser weitverbreiteten Skepsis sind vielschichtig – Feuersbrünste im Mittelalter gehören ebenso dazu wie negative Erfahrungen mit Holzbaracken, die nach dem Zweiten Weltkrieg vielen als Notunterkunft dienten.

Beginnen wir mit dem Thema Feuchteschutz: Jahrhundertealte Holzgebäude – von Stabkirchen in Norwegen über Fachwerkhäuser in Deutschland bis zu Bergbauernhöfen in den Alpen – belegen, dass Holzgebäude Regen und Schnee dauerhaft trotzen können. Zu Beginn der zweiten Hälfte des 20. Jahrhunderts glaubte man, den Witterungseinflüssen mit Chemie begegnen zu können. Heute wissen wir, dass wir ohne Chemie langlebige Gebäude aus Holz bauen können, indem wir die Grundsätze des konstruktiven Holzschutzes anwenden. Diese sind im Wesentlichen, dass man tragende Holzbauteile vor dauerhafter Durchfeuchtung schützt.

Es gilt der Grundsatz, dass das Holz trocken eingebaut wird und, wenn es nass wird, zum Beispiel in der Bauphase, auch wieder austrocknen kann. Die konsequente Anwendung des konstruktiven Holzschutzes sorgt für dauerhafte Gebäude – beim Einfamilienhaus genauso wie bei einem Hochhaus aus Holz. So machen wir uns heute daher Gedanken, wie wir beim Bau großer Wohnanlagen aus Holz diese in der Bauphase mit einem schlüssigen Konzept vor sogenanntem Tagwasser schützen können.

Beschäftigen wir uns jetzt mit der Thematik des Schallschutzes: Schallschutz ist im Bauwesen elementar. Er dient zum Schutz unserer Gesundheit vor unzumutbaren Lärmbelästigungen und zur Schaffung einer gewissen Privatsphäre. Jedoch gehen die Erwartungshaltungen an den Schallschutz über dieses Niveau meist deutlich hinaus. Wir erwarten von einer bestimmten Bauweise, einem Ausstattungsniveau oder unserer eigenen Vorstellung von Komfort einen gewissen Standard. Bereits hier wird klar: Das Spektrum der Erwartungen ist sehr breit. Im Regelfall wollen wir von unseren Nachbarn möglichst wenig mitbekommen, seien es Gehgeräusche oder Gespräche. »Möglichst wenig« ist jedoch von Mensch zu Mensch unterschiedlich. Was für den einen ein kaum wahrnehmbares Grundrauschen darstellt, kann für den anderen höchst störend sein. Hinzu kommt, dass unsere Erwartungen durch Erfahrungen geprägt werden. Wer zum Beispiel in einem historischen Gebäude mit Holzbalkendecken lebt, wird diese nicht zwangsläufig mit hohem Schallschutz verbinden.

Doch hier ist die schalltechnische Leistung ebenso historisch wie die Bauteile selbst. Wir verwenden heute mehrschichtige Bauteilaufbauten, welche kommerziellen Bauweisen in nichts nachstehen. Somit können im modernen Holzbau auch hohe Anforderungen an den Schallschutz sichergestellt werden. Ein Beispiel: 2010 wurde in Bad Aibling im »Holz 4« – einem viergeschossigen Wohngebäude in Holzmassivbauweise – der Trittschallschutz messtechnisch überprüft. Gefordert war, es mit einem erhöhten Trittschallschutz (bewerteter Norm-Trittschallpegel $L'_{n,w} \leq 46$ dB) zu realisieren. Mit der verbauten, sichtbaren Massivholzdecke und einer zusätzlichen Beschwerung in Verbindung mit einen herkömmlichen schwimmenden Nassestrich konnte ein bewerteter Normtrittschallpegel $L'_{n,w}$ von 43 Dezibel (dB) gemessen werden – also drei Dezibel besser als gefordert.

Zum Vergleich: Eine Reduzierung des Schalldrucks in einem Raum um drei Dezibel halbiert bereits die Schallenergie. Dies ist deutlich wahrnehmbar. Eine Reduzierung um zehn Dezibel würde sogar eine Halbierung der wahrgenommenen Lautstärke bedeuten. Der gemessene Wert unterschreitet somit wahrnehmbar die an das Bauteil gestellte bereits hohe Anforderung und mehr als deutlich die zum Zeitpunkt der Baumaßnahme geltende gesetzliche Mindestanforderung von $L'_{n,w} \leq 53$ Dezibel an Mehrfamilienhäuser. Dies belegt, dass der Schallschutz bei fachgerechter Planung kein Hemmnis für den Bau eines Mehrfamilienhauses in Holzbauweise sein kann.

Ein Thema von elementarer Bedeutung ist der Brandschutz: Holz brennt – ja, das ist richtig, und das macht (Rest)Holz auch zu einer bedeutenden Energiequelle. Beim Bauen mit Holz sind daher die Vorbehalte, ob dieser Baustoff den Anforderungen des Brandschutzes genügen kann, oft weit verbreitet. Dabei hat Holz hervorragende Brandschutzeigenschaften – es bildet im Brandfall eine Kohleschicht, die dafür sorgt, dass zum Beispiel eine Stütze aus Holz im Kern tragfähig bleibt. Jeder kennt das vom Lagerfeuer – wirft man hier ein großes Stück Holz rein, brennt es zunächst außen, aber nachdem die Oberfläche verkohlt ist, bleibt der Kern dieses Holzes unversehrt. Diese Eigenschaft macht man sich bei mehrgeschossigen Holzbauten zunutze, indem das Holz ausreichend stark dimensioniert und/oder mit nicht brennbaren Gipsplatten bekleidet wird, sodass im Brandfall die Tragstruktur immer ausreichend tragfähig bleibt.

Daher können wir heute die Anforderungen des Brandschutzes bei mehrgeschossigen Wohnanlagen bis zur Hochhausgrenze (in der Regel Gebäude mit bis zu sieben oder acht Geschossen) ohne technische Anlagen wie Sprinkler gewährleisten. Und im Gegensatz zu Stahlkonstruktionen, die aufgrund von Hitzeeinwirkungen plötzlich im Brandfall versagen können, bleibt Holz im Brandfall ausreichend stabil.

Nicht minder wichtig ist das Thema der Tragfähigkeit: Wir Menschen möchten uns in unseren Häusern sicher und geborgen fühlen, und dazu gehört, dass wir darauf vertrauen können, dass unsere Gebäude ausreichend standfest sind. Holz ist leicht und weist im Verhältnis zu seinem Gewicht eine hohe Tragfähigkeit aus. Dazu kann es auch Verformungen mitmachen. Dies wird deutlich, indem man sich einen 50 bis 60 Meter hohen Tannenbaum bei Wind und Wetter vorstellt. Die Tragfähigkeit ist insbesondere in Wuchsrichtung des Baumes hoch – indem man sich das zunutze macht, können auch hohe Gebäude in Holzbauweise errichtet werden. Holzhäuser bis zur Hochhausgrenze (z. B. das »Holz 8« in Bad Aibling mit einer Gebäudehöhe von 25 Metern) sind heute Standard, und einige Holzhochhäuser wie das HoHo in Wien (84 Meter Gebäudehöhe), das HAUT in Amsterdam (73 Meter) und das Mjøstårnet in Norwegen (85 Meter) zeigen auf, dass Holzgebäude auch im Hochhausbereich umsetzbar sind.

Holzbau und Klimaschutz

Bei der Herstellung von Baustoffen gibt es große Unterschiede im Energiebedarf. Mineralische und metallische Baustoffe benötigen im Herstellungsprozess hohe Temperaturen und verbrauchen damit viel Energie. Die Herstellung von Zement verursacht etwa acht Prozent der weltweiten Treibhausgasemissionen – so viel wie kein anderes Einzelprodukt.[1] Holz dagegen bedient sich beim Wachsen der vorhandenen Energie des Sonnenlichts, durch die Fotosynthese wird dabei CO_2 umgewandelt, der Kohlenstoff in den Baum eingelagert und Sauerstoff freigesetzt. Ein Kubikmeter Holz bindet dabei fast eine Tonne CO_2.[2] Der Energieverbrauch bei der Ernte des Holzes und bei der Verarbeitung ist vergleichsweise gering. Der Anteil an sogenannter grauer Energie ist bei einem Holzgebäude deutlich niedriger als bei einem Gebäude aus mineralischen Baustoffen.

Die gesetzlichen Vorgaben und Förderprogramme berücksichtigen in Bezug auf den Energieverbrauch meist nur die Nutzungsphase des Gebäudes. In Bezug auf den Klimaschutz ist jedoch eine ganzheitliche Betrachtung notwendig. Die entscheidende Messgröße für den Klimaschutz sind die CO_2-Emissionen von der Entstehung des Gebäudes über die Nutzung bis zum Rückbau. Die Holzbauweise weist nicht nur sehr geringe CO_2-Emissionen bei der Errichtung eines Gebäudes auf, sondern lagert während seiner gesamten Nutzungsdauer Kohlenstoff sicher ein. Das Gebäude dient während seiner Nutzungszeit somit als Kohlenstoffsenke. Selbst wenn am Ende des Lebenszyklus eines Gebäudes das Holz in einer Kaskadennutzung einer thermischen Verwertung zugeführt wird – und damit das CO_2 wieder freigesetzt werden würde –, ist der CO_2-Verbrauch für ein Holzgebäude, bezogen auf seine gesamte Lebenszeit, immer noch deutlich geringer als für herkömmliche Bauten. Dies belegen Vergleichsberechnungen, die aufzeigen, dass Holzgebäude, bezogen auf den gesamten Lebenszyklus, unabhängig vom verwendeten Heizsystem zwischen 31 und 74 Prozent weniger Treibhausgase emittieren als die gleichen Gebäude in herkömmlicher, mineralischer Bauweise.[3]

Baut man also in Holz anstatt herkömmlich, benötigt man weniger Energie in der Erzeugung, produziert weniger Treibhausgase, und durch die Bindung des Kohlenstoffs im Holz für den Lebenszyklus des Gebäudes entsteht eine Kohlenstoffsenke. Dies ist ein entscheidendes Argument für mehr Holzbau sofort. Wir brauchen die CO_2-Reduzierung jetzt – nicht erst in 20 oder 30 Jahren.

An dieser Stelle ein kleines Rechenbeispiel: In Deutschland werden im mehrgeschossigen Wohnungsbau etwa 200.000 Einheiten jährlich erstellt. Geht man von einer Durchschnittsgröße der Wohnungen von 75 Quadratmetern aus, sind das etwa 15 Millionen Quadratmeter, die jährlich gebaut werden. Würde die Hälfte davon – also 100.000 Wohnungen – in Holzbauweise errichtet, benötigte man dafür circa zwei Millionen Kubikmeter Holz. Damit würde sofort CO_2 in einer Größenordnung von zwei Millionen Tonnen im verbauten Holz gebunden bleiben, das entspricht der durchschnittlichen jährlichen Treibhausgasbilanz in CO_2-Äquivalenten von etwa 170.000 Bundesbürgern – so viel Einwohner, wie zum Beispiel in Städten wie Ludwigshafen, Mülheim oder Oldenburg leben! (Ein Bundesbürger emittiert in Durchschnitt pro Jahr 11,61 Tonnen an Treibhausgasen in CO_2-Äquivalenten.)[4]

Aktuelle Zahlen, wie viele Wohnungen in mehrgeschossigen Gebäuden deutschlandweit aus Holz gebaut werden, gibt es leider nicht, schätzungsweise liegt die Zahl jedoch deutlich unter 10.000 Einheiten pro Jahr. Bei einem sofortigen Mehr an Holzbau würde die notwendige Erneuerung des Gebäudebestandes in Deutschland zu einer Kohlenstoffsenke.

In seinem Beitrag »Bauhaus für die Erde« in der *Frankfurter Allgemeinen Zeitung* fordert der renommierte Klimaforscher Professor Hans Joachim Schellnhuber die Ablösung der mineralischen durch die organische Architektur. Er bezeichnet es als Königsweg, dem Klimawandel durch die Verwendung von nachwachsenden Baustoffen wie Holz, die Kohlenstoff speichern, entgegenzuwirken. Unsere Städte der Zukunft verwandeln sich damit in Kohlenstoffsenken, und der CO_2-Gehalt der Atmosphäre würde sich gleichzeitig absenken lassen.[5]

Holzbau und der schonende Umgang mit Ressourcen

Der Baustoff wächst in unseren Wäldern ausreichend nach – andere Baustoffe sind endlich. Ersetzt man mit dem nachwachsenden Baustoff Holz andere, endliche und mittlerweile knappe Rohstoffe, trägt das auch zu einer Verringerung des ökologischen Fußabdrucks unserer Gesellschaft bei und führt uns in eine nachhaltige Bauwende.

Ein schonender Umgang mit Ressourcen bedeutet aber auch, dass wir Holzbauten effektiv planen und dabei nicht nur auf einen maximalen Kohlenstoff-Speichereffekt abzielen. In höheren Holzgebäuden führen wir daher die tragenden Wände in hochbelastbaren Holzmassivwänden aus, nicht tragende Wände werden dagegen in Holzrahmen- oder Holztafelbauweise mit deutlich geringerem Holzanteil ausgeführt.

Darüber hinaus ist es heute schon möglich, Holz aus älteren Bauten wiederzuverwenden. Balken mit Patina werden als »Altholz« immer häufiger wiederauf-

Abbildung 1:
Öffentliches Parken unter einem Holzbau – ein erstes Projekt aus München aus dem Jahr 2016 *(Foto: © Roland Weegen/GEWOFAG)*.

bereitet und in der modernen Architektur als hochwertiges Gestaltungselement verwendet. Dazu sind gerade die stabförmigen Holzbauteile auch gut recycelbar, die Weiterverarbeitung zu span- oder faserbasierten Werkstoffen ist möglich. Im Sinne der Kaskadennutzung steht erst am Ende des Lebenszyklus eine thermische Verwertung des Holzes – immerhin ist das eine nahezu CO_2-neutrale Energiegewinnung, und bis dahin dient das Baumaterial Holz jahrzehntelang, ja jahrhundertelang als Kohlenstoffspeicher.

Ein weiterer Punkt, der zu beachten ist: Die zunehmende Versiegelung des Grunds und Bodens ist gerade in dicht besiedelten Regionen ein Problem. Da Holz ein leichter Baustoff mit hoher Tragfähigkeit ist, ist das Bauen mit Holz ideal für die Aufstockung von Bestandsgebäuden und die Überbauung vorhandener versiegelter Flächen wie zum Beispiel öffentlicher Parkplätze. Gerade in Ballungsräumen können hier neue, notwendige Wohn- und Gewerbeflächen entstehen – ohne dass weiteres Grünland versiegelt wird. Die Nachverdichtung mit möglichst wenig zusätzlicher Versiegelung ist ein elementares Puzzlestück für eine nachhaltige Entwicklung unserer Städte der Zukunft.

Der schonende Umgang mit Ressourcen ist vielschichtig – und das Bauen mit Holz kann hier einen großen Beitrag leisten.

Holzbau und Qualität

Das Bauen wird aufgrund der hohen Anforderungen insbesondere auch an die thermische Gebäudehülle immer komplexer. Gleichzeitig werden gerade die Fachkräfte auf den Baustellen immer weniger. Die Holzbauweise verlagert durch die Vorfertigung einen Großteil der Arbeiten in die Werkstatt – und dort findet man ganzjährig gleiche Arbeitsbedingungen vor. In der Regel stehen für schwere Arbeiten Hilfsmittel zur Verfügung, und der Produktionsprozess hat eine organisierte Qualitätsüberwachung. In einem modernen Holzbaubetrieb werden Wände mit der kompletten Fassade, den Fenstern und den elektrischen Leitungen in den Werkshallen vorgefertigt, ebenso Decken und Dächer in Großtafelelementen. Damit dieser Fertigungsprozess erfolgen kann, ist es unabdingbar, bis dahin die Planung des Gebäudes abgeschlossen zu haben.

Neben den statischen und bauphysikalischen Berechnungen sind das auch die Planungen für die Technikgewerke (Heizung, Lüftung, Sanitär und Elektro). Mit modernen Methoden wie 3-D-Planung und BIM (Building Information Modelling) werden dabei Fehler und etwaige Kollisionen vor dem Baubeginn entdeckt und korrigiert. Die in herkömmlichen Bauprojekten oftmals baubegleitende Planung wird durch die aufgrund der Vorfertigung notwendige Prozessänderung ausgeschlossen. Durch die Planungsfertigstellung vor Baubeginn steigen auch die Terminzuverlässigkeit und die Kostensicherheit.

Holzbau ist schnell

Durch den hohen Vorfertigungsgrad im Holzbau reduzieren sich die Bauzeiten vor Ort deutlich, wiederum mit einem positiven Effekt für die Umwelt. Beeinträchtigungen für Anwohner wie Lärm, Staub und Baustellenverkehr vermindern sich durch die Vorfertigung erheblich. Die Akzeptanz von Baumaßnahmen gerade innerorts steigt dadurch, da die betroffenen Nachbarn meist nur in einem überschaubaren Zeitraum mit den Belastungen einer Baustelle zu leben haben. Dazu steigt durch die Vorproduktion im Werk die Planbarkeit von Bauabläufen und damit wiederum die Terminsicherheit – das ist auch für die Wirtschaftlichkeit von Bauinvestitionen von großer Bedeutung.

Beispiel: Wohnanlage über einem Parkplatz mit 144 Wohnungen in München

Am Beispiel eines aktuellen Projektes sollen die vorgenannten Aspekte verdeutlicht werden. In München sind 2020/21 am Reinmarplatz im Stadtteil Nymphenburg im Auftrag der städtischen Wohnungsbaugesellschaft Gewofag 144 Wohnungen in Holzbauweise entstanden. Das Besondere dabei ist, dass diese über einem öffentlichen Parkplatz des nahe gelegenen Dantebades und Dantestadions errichtet wurden – und dieser Parkplatz weiter für die Öffentlichkeit nutzbar bleibt.

Über dem vorhandenen Parkplatz wird auf Stützen eine Betonplatte erstellt, welche die darüberliegenden vier Geschosse in Holzbauweise trägt. Lediglich die Laubengänge, die zu den Wohnungen führen, und die Treppenläufe sind aus Beton. Alle anderen tragenden Bauteile wie Wände, Decken und Dach, ja selbst das Treppenhaus und die Aufzugschächte sind aus Holz errichtet. Und unter dem Gebäude kann weiter ebenerdig geparkt werden.

Nach Abschluss der Planungsarbeiten im Juli 2020 starteten vor Ort die Arbeiten für die Fundamente, die Stützen und die Betonplatte. Gleichzeitig begann die Vorfertigung der Holzwände und Holzdecken im Werk. Die Montage des Holzbaus für die 144 Wohnungen erfolgte von November 2020 bis März 2021. Die

Übergabe der schlüsselfertig erstellten Wohnanlage fand im Oktober 2021 statt – gerade mal 15 Monate nach dem Baustart. Der hohe Vorfertigungsgrad der Holzbauweise sparte nach Aussage des Bauherrn mindestens ein Jahr Bauzeit – Holzbau ist eben schnell, die Übergabe des Bauwerks an die Bauherren erfolgte drei Monate vor dem vertraglich vereinbarten Zeitpunkt!

Bei diesem Projekt wurden für die Außen- und Innenwände und Decken, für das Dach und die Fassade rund 2.500 Kubikmeter heimisches Holz verbaut. Damit sind in den Wohnungen mit insgesamt 8.200 Quadratmeter Wohnfläche etwa 2.500 Tonnen CO_2 dauerhaft gebunden. Das in dem Gebäude gebundene CO_2 entspricht also dem Durchschnittsverbrauch[4] an CO_2 von circa 215 Bundesbürgern! Das für dieses Projekt benötigte Holz wächst im Übrigen alleine in Bayern in 70 Minuten nach.[6]

Für diese neue Wohnanlage wurden keine neuen Flächen versiegelt, und dafür ist eine ehemals trostlose asphaltierte Parkfläche mitten in der Stadt attraktiv neu und nachhaltig gestaltet worden. Und es entsteht der in München dringend benötigte kostengünstige Wohnraum, ohne dass weitere Flächen versiegelt werden, das

Abbildung 2:
Im Jahr 2021 entstanden am Reinmarplatz in München 144 neue Wohnungen über einem öffentlichen Parkplatz *(Foto: © DRONEXT-Maximilian Galler/Huber & Sohn GmbH & Co. KG)*.

dazu überwiegend verwendete Baumaterial wächst nach, und das Gebäude ist für einen langen Zeitraum eine Kohlenstoffsenke. Holzbau bedeutet ressourcen- und klimaschonendes Bauen.

Das Bauen mit Raummodulen – natürlich aus Holz

Die Evolution im Bauen schreitet weiter voran. Mit der Vorfertigung von 3-D-Raummodulen, welche mit der gesamten Haustechnik und sogar mit der kompletten Innenausstattung im Werk vorgefertigt werden, entwickelt sich gerade eine neue Art des Bauens in höchster Qualität. Aufgrund seines geringen Gewichtes in Verbindung mit der hohen Tragfähigkeit sowie seiner Behaglichkeit ist Holz hierfür hervorragend geeignet. In letzter Zeit sind überzeugende Projekte wie »das Woodie«, ein Studentenwohnhaus in Hamburg, oder »die Timber Town Straubing«, mehrere drei- bis viergeschossige Wohnanlagen, mit Raummodulen aus Holz errichtet worden. Dadurch, dass man bei der Herstellung von Raummodulen nahezu sämtliche Ausbaugewerke anstatt auf der Baustelle in den Werkshallen ausführt, erzielt man noch kürzere Bauzeiten mit enormen Qualitätsvorteilen, bedingt durch die stationäre Produktion. Dies kann auch ein Instrument gegen den zunehmenden Facharbeitermangel auf den Baustellen sein. Neben einer besseren Qualitätssicherung im Werk sind diese Arbeitsplätze auch attraktiver und angenehmer als entsprechende Baustellentätigkeiten.

Die Zukunft des Bauens

Die Zukunft des Bauens ist klimaneutral und ressourcenschonend, mit hoher Qualität und schnell – und ist mit dem modernen Holzbau bereits heute realisierbar. Haben noch vor zehn Jahren Holzgebäude mit vier, fünf oder sechs Geschossen in der Fachpresse für eine große Aufmerksamkeit gesorgt, ist dies heute schon Normalität. Nicht nur einzelne Leuchtturmprojekte, sondern der Bau ganzer Stadtteile aus Holz, wie der Prinz-Eugen-Park in München mit mehr als 500 Wohnungen, zeigen das Potenzial dieser Bauweise auf.

Eine Rückkehr des Holzbaus in die Städte ist nicht nur möglich, sondern auch dringend geboten.

Anmerkungen

1 Luginbühl, U. (2021): Graue Energie & CO_2. Vorteile nachwachsender Rohstoffe. Vortrag auf dem 2. Deutschen Holzbau Kongress (DHK) »Bauen mit Holz im urbanen Raum«. Berlin 24.-25.08.2021

2 Wegener, G.; Pahler, A.; Tratzmiller, M. (2010): Bauen mit Holz = aktiver Klimaschutz. Holzforschung München, Technische Universität München.

3 König, H. (2014): Lebenszyklusbetrachtung von Baukonstruktionen. Acht Neubauprojekte, in: Praxis-Check Architektur, Ausgabe 03+04, S. 11–16, 20–25, Kissing: WEKA Media.

4 Bundesministerium für Umwelt, Naturschutz und nukleare Sicherheit (2020): Klimaschutz in Zahlen. Fakten, Trends und Impulse deutscher Klimapolitik, Ausgabe 2020, S. 54.

5 Schellnhuber, H. J. (2021): Bauhaus für die Erde, in: Frankfurter Allgemeine Zeitung, 21. 04. 2021.

6 Eigene Berechnung auf Basis Wegener, G.; Pahler, A.; Tratzmiller, M. (2010): Bauen mit Holz = aktiver Klimaschutz, Holzforschung München- Technische Universität München

Die Kahlflächen wären eine Chance für den Waldumbau

Der schwere gesellschaftliche Stand der Kleinwaldeigentümer und deren Situation bei der Bewältigung der Waldschäden

Gordon Preetz

In Deutschland gibt es rund zwei Millionen private Waldeigentümer, denen knapp die Hälfte aller Waldflächen gehört.[1] Die durchschnittliche Waldbesitzgröße beträgt allerdings nur 2,4 Hektar.[2] Grundsätzlich werden Besitzgrößen unter fünf Hektar als Kleinstprivatwald und Waldbesitz von mehr als fünf bis 200 Hektar als Kleinprivatwald bezeichnet. Die Eigentümer solch kleiner Waldflächen sind selten in der Lage, ihre Flächen selbst zu bewirtschaften. Um die erforderlichen professionellen Standards zu erreichen, gibt es sogenannte Forstbetriebsgemeinschaften.

Die Probleme und Schwierigkeiten, die mit den Besitzgrößen von 0,1 bis 200 Hektar einhergehen, möchte ich am Beispiel von Sachsen-Anhalt aufzeigen, da ich hier selbst im Kleinprivatwald und deren Organisationen aktiv bin.

Mein persönlicher Bezug zum Wald

Den Weg zum Waldeigentum und zur nachhaltigen Waldbewirtschaftung habe ich über das »Brennholzmachen« meines Großvaters und durch die Familienhistorie gefunden. Mein Großvater war durch die Bodenreform 1946 in der sowjetisch besetzten Zone im Nachkriegsdeutschland zu Acker- und Waldflächen gekommen. In der Regel waren das zehn Hektar Landwirtschaftsfläche und zwei bis drei Hektar Wald. Der Acker ging bald in einer Landwirtschaftlichen Produktionsgenossenschaft (LPG) auf, der Wald wurde später zwangsweise staatlichen Forstwirtschaftsbetrieben unterstellt. Der Eigentümer einer Waldfläche wurde somit faktisch enteignet. Nach der Wiedervereinigung konnten sich in den 1990er-Jahren die Erben nicht einigen, sodass auch diese knapp drei Hektar Waldfläche nicht zur Familie zurückfanden. Ich war enttäuscht darüber, weshalb ich den Jahren

2007 bis 2010 die Initiative ergriff und mit einzelnen interessierten Familienmitgliedern einen Forstbetrieb gründete. Dies gelang durch den gemeinsamen Kauf von Waldflächen, die wir seither in Form einer Gesellschaft bürgerlichen Rechts (GbR) bewirtschaften. Unser Forstbetrieb umfasst rund 30 Hektar Waldfläche.

Mit unseren Waldflächen sind wir im Jahr 2009 in die Forstbetriebsgemeinschaft (FBG) Altmark-Fleetmark eingetreten. Diese gehört in Sachsen-Anhalt mit rund 2.200 Hektar Waldmitgliedsfläche und circa 300 Waldbesitzern zu den größeren Forstbetriebsgemeinschaften. Als interessierter junger Waldeigentümer nahm ich an regelmäßig angebotenen Exkursionen teil und bekam schnell den schwierigen Stand und die vielschichtigen Probleme der kleinen Waldeigentümer mit. 2011 wurde ich in den ehrenamtlichen Vorstand der FBG gewählt. Seit 2012 engagiere ich mich zudem für den Waldbesitzerverband. Kernprobleme waren die in den vorangegangenen Jahren extrem gestiegenen öffentlichen Abgaben und Nutzungseinschränkungen. Zwar sind die Holzpreise im Zeitraum 2004 bis 2011 gestiegen, aber keineswegs im kostendeckenden Verhältnis zu den Abgaben und Einschränkungen. Es besteht bei vielen Mitgliedern der Eindruck, dass staatliche oder im gesetzlichen Auftrag agierende Institutionen dort »zugreifen«, wo aufgrund der zersplitterten und kleinteiligen Strukturen der Widerstand gegen hohe Abgaben gering ausfallen dürfte, unabhängig davon, ob diese Kosten auch tatsächlich gerechtfertigt sind. Im Folgenden möchte ich einige Beispiele aufzeigen.

Die Landwirtschaftliche Berufsgenossenschaft – gesetzliche Unfallversicherung nach Bundesrecht

Waldbesitz ist im steuerrechtlichen Sinne ab einer Größe von fünf Hektar Waldfläche zwingend ein Forstbetrieb.[3] Die Finanzverwaltung verpflichtet ab fünf Hektar jeden Waldbesitzer dazu, eine steuerliche Gewinnermittlung abzugeben, unabhängig davon, ob der Wald bewirtschaftet wird oder nicht. Hinzu kommen weitere gesetzliche Verpflichtungen, zum Beispiel die Landwirtschaftliche Berufsgenossenschaft mit der betrieblichen land- und forstwirtschaftlichen Unfallversicherung. Die Landwirtschaftliche Berufsgenossenschaft sieht grundsätzlich jede Baumgruppe ab 0,25 Hektar, die im Grundbuch als Wald klassifiziert ist, als einen zu versichernden Forstbetrieb an. Bei noch kleineren Flächen kann immerhin eine Befreiung beantragt werden.[4] Bei einer Pauschale von rund 91 Euro je »Forstbetrieb« ab 0,25 Hektar pro Jahr (Stand 2020, Tendenz steigend) ergibt das bei deutschlandweit insgesamt 1,17 Millionen versicherten Betrieben[5] hervorragende

Einnahmen. Die vereinnahmten Gelder dienen angeblich nur dazu, die Verwaltungskosten der Berufsgenossenschaft abzudecken. Die Kosten der Unfallversicherung werden natürlich gesondert erhoben und belaufen sich für Kleinstwaldbesitzer auf rund 27 Euro je Hektar und Jahr (Stand 2020, Tendenz steigend). Das mag für den Außenstehenden erst einmal nach wenig Geld klingen. Darum vergleichen wir einmal eine Forstbetriebsgemeinschaft mit einem Einzelbetrieb.

Tabelle 1: Kosten für Forstbetriebe im Jahr 2020.[6]

	Forstbetriebsgemeinschaft mit 2.000 Hektar und 300 Mitgliedern	Einzelner Forstbetrieb mit 2.000 Hektar
Anzahl der Betriebe aus Sicht der SVLFG	300	1
Grundbeitrag 2020	300 × 91 EUR = 27.300 EUR	1 × 250 EUR = 250 EUR
Flächenbeitrag 2020	2.000 Hektar × 27 EUR = 54.000 EUR	2.000 Hektar × 5,70 EUR = 11.400 EUR
Kosten insgesamt 2020	**= 81.300 EUR**	**= 11.650 EUR**

Auf den Flächen des Kleinprivatwaldes der Forstbetriebsgemeinschaft lasten jährlich knapp 70.000 Euro mehr an Kosten für die Berufsgenossenschaft – unabhängig davon, ob überhaupt Arbeiten im Wald stattfinden. Während die Sozialversicherung für Landwirtschaft, Forsten und Gartenbau (SVLFG) den Beitrag für den kleinen Waldbesitzer so kalkuliert, als ob der Waldbesitzer alle Tätigkeiten selber durchführt, wird der eingesetzte Forstdienstleister nach Arbeitsstunden seiner Mitarbeiter veranlagt. Somit wird beim Einsatz eines Forstdienstleisters seitens der SVLFG doppelt »zugegriffen«. Der Dienstleister muss seine eigenen SVLFG-Beiträge in seine Kostensätze einpreisen, die er dann dem Waldbesitzer entsprechend in Rechnung stellt.

Für die Bewirtschaftung von einem Hektar Wald wird also pro Jahr ein durchschnittlicher Zeitaufwand kalkuliert und dem Waldbesitzer pauschal in Rechnung gestellt. Setzt der Waldbesitzer für die Forstarbeiten einen gewerblichen Forstdienstleister ein, muss er trotzdem Beiträge an die Berufsgenossenschaft entrichten, so als ob er die Arbeiten selber durchgeführt hätte. Diese dominierende und durchaus gefährliche Tätigkeit des Brennholzwerbens zählt aber aus Sicht der SVLFG als Privatvergnügen und ist nicht Bestandteil der Versicherung.[7] Dies gilt auch für private Brennholzselbstwerber.

Die Unterhaltung von Gewässern

In Deutschland müssen die meisten Oberflächengewässer regelmäßig gepflegt werden. Diese Arbeiten werden in den Wassergesetzen der Länder geregelt, welche dazu Wasser- und Bodenverbände gebildet haben. In vielen Ländern kommen alle Grundbesitzer im Einzugsgebiet eines Flusses für deren Finanzierung auf. Nun haben jedoch Waldflächen für den Wasserhaushalt eine besondere positive Bedeutung. Wald hält den Abfluss des Niederschlagswassers durch Speicherung im Boden auf und hemmt auf natürliche Weise die Entstehung von Hochwasserwellen. Er reinigt zudem das Wasser im Boden, nicht umsonst liegen viele Trinkwasserschutzgebiete in bewaldeten Gebieten. Diese Unterschiede schlagen sich jedoch kaum in den Gebühren nieder. Während in einigen Bundesländern bei der Beitragsbelastung noch zwischen Nutzungsarten unterschieden wird (versiegelte Flächen zahlen viel, landwirtschaftliche Flächen einen durchschnittlichen Beitrag und Waldflächen wenig), sind die Nutzungsarten in Sachsen-Anhalt »vor dem Gesetz alle gleich«.

Die Reinigung der Gewässer in Sachsen-Anhalt wird von sogenannten Unterhaltungsverbänden organisiert. Mitglieder dieser Verbände sind jedoch nicht die Beitragszahler, sondern die im Verbandsgebiet liegenden Kommunen,[8] lediglich in einem Verbandsausschuss werden die Vertreter aller Nutzungsarten und Beitragszahler als sogenannte Berufene beteiligt. Dieses Gremium beschließt auch den Haushaltsplan und legt die Höhe des Flächenbeitrages fest. Die Abstimmungsmehrheiten sind gesetzlich vorgegeben, die Stimmen der Berufenen müssen weniger als 50 von 100 der Stimmen ausmachen.[9] Dem Landnutzer und Beitragszahlenden wird also per Gesetz eine Mehrheit verboten. Nutzungseinschränkungen für Waldflächen in einem Wasserschutzgebiet werden übrigens gegenüber dem Waldbesitzer nicht entschädigt. Er hat diese zu dulden.

Zunehmende Nutzungseinschränkung bei der Bewirtschaftung von Waldflächen durch Einschränkungen seitens des Naturschutzes

Der Begriff »Naturschutzgebiet« (NSG) ist allseits bekannt, und jeder weiß, dass hier strengere Regeln für die Landnutzung gelten. Weniger bekannt ist, dass es zudem auch Biosphärenreservate, Vogelschutzgebiete, Flora-Fauna-Habitate (FFH) und Flächennaturdenkmale gibt, die ebenfalls Einschränkungen mit sich bringen und die sich überschneiden können. Zur Umsetzung des EU-Naturschutzrechtes wurde 2018 in Sachsen-Anhalt eine Landesverordnung erlassen,[10] welche Auflagen für die betroffenen Waldgebiete festlegt, ohne den betroffenen Waldbesitzer zu entschädigen. So ist es in FFH- und Vogelschutzgebieten pauschal verboten, zwischen dem 15. März und dem 15. August Holz einzuschlagen und zu rücken.[11] Individuelle Auflagen kommen hinzu, ein Beispiel aus der Altmark ist das FFH-Gebiet Kalbscher Werder bei Vienau, welches 137 Hektar mit überwiegend Kiefernwald umfasst. Der Lebensraumtyp »Flechten-Kiefernwälder« (LRT 91T0) sieht ein Betretungsverbot vor.[12] Entschädigungen sind nicht geregelt. Öffentliche Abgaben werden bei Naturschutzauflagen in den damit einhergehenden Nutzungseinschränkungen jedoch nicht gemindert; diese fallen in gleicher Höhe an.

Wetter und Klimawandel als zusätzliche Belastung der Kleinwaldbesitzer

Am 23. Dezember 2010 gab es in großen Teilen der Altmark bis hin zum Fläming an der östlichen Landesgrenze zu Brandenburg ein besonderes Phänomen. Der 22. Dezember war von eisigen Temperaturen mit Tageshöchstwerten von -10 Grad Celsius geprägt. Am 23. Dezember fing es in den frühen Morgenstunden an zu schneien, der Schneefall ging rasch in Dauerregen bei immer noch -5 Grad Celsius über. Zum Abend hin ging der Regen wieder in nassen Schneefall über, die Temperaturen sanken wieder in den mäßigen Frostbereich. Kiefern sowie Weichlaubhölzer wie Birke, Pappel und Weide konnten der Eislast in den Kronen nicht standhalten. Bei älteren Baumexemplaren brachen die Baumkronen ab oder auseinander, jüngere Bäume knickten um. Am 24. Dezember herrschte Chaos, Stromkabel von Überlandleitungen waren vielfach durchgerissen, Straßen blockiert. Einige Orte in der Altmark waren in den folgenden sieben Tagen ohne Strom.

Für die Waldbesitzer wurde das Ausmaß erst in den folgenden Wochen sichtbar. Während die Förster in den Wäldern die Schäden aufnahmen, bemühten sich die Forstbetriebsgemeinschaften, geeignete Forstdienstleister zu finden, um die Schäden gerade bei den jungen Kiefernbeständen aufzuarbeiten. Dies gestaltete sich schwierig, regional hatten fast alle Forstbetriebsgemeinschaften die gleichen Probleme, Zahl und Leistungsfähigkeit der Forstdienstleister waren nicht ausreichend. Da in vielen Waldbeständen die Bäume wie Mikadostäbchen ineinanderlagen, musste überwiegend motormanuell gearbeitet werden. Mein Familienforstbetrieb fand auf circa zwei Hektar komplett zusammengebrochene Waldbestände vor. Während des Sommerurlaubs 2011 arbeiteten wir circa 60 Raummeter Schadholz in Eigenleistung auf, die Masse erledigte 2012 ein Forstdienstleister mit einer motormanuellen Truppe. Die Kosten waren sehr hoch. Blieben bei normaler Durchforstung mit dem Harvester rund 20 Euro je Raummeter Industrieholz über, waren es nur noch knapp neun Euro. Glück im Unglück war, dass es sich um ein lokales Ereignis handelte und der Holzmarkt die zusätzlichen Mengen problemlos aufnehmen konnte. Nach der Finanzkrise 2009/10 war die Wirtschaft im Aufschwung, und auch die Baubranche boomte wieder, sodass eine große Nachfrage nach Holz bestand. Es dauerte drei Jahre, bis alle Schäden aufgearbeitet waren. Die Wiederaufforstungen fanden von 2013 bis 2015 statt.

Im Oktober 2017 folgten dann mit den Orkantiefs Xaver (4. Oktober) und Heward (29. Oktober) zwei Stürme, die nochmals erhebliche Schäden mit sich brachten. Waldbestände, die gerade mühevoll aufgearbeitet worden waren, sahen im Anschluss erneut verwüstet aus. Gerade dem 4. Oktober fielen wieder besonders viele Laubbäume, insbesondere noch voll belaubte Eichen, zum Opfer. Auch das Waldwegenetz hat gelitten.

Im Januar 2018 wütete das Orkantief Friederike über Deutschland. In den deutschen Mittelgebirgen gab es große Waldschäden, das nördliche Sachsen-Anhalt ab einer Linie der Bundesautobahn 2 blieb weitgehend verschont. Doch zu spüren bekamen alle diesen Sturm. Trotz guter Konjunktur konnte der Holzmarkt die enormen Holzmengen durch diesen Sturm und der bereits vorangegangenen Stürme in 2017 nicht mehr aufnehmen. Ein erster starker Preisverfall setzte ein.

Nach dieser Serie von Stürmen und Starkregenereignissen schlug die Wetterlage im April 2018 plötzlich um. Während zuvor ein Sturmtief dem anderen gefolgt war, etablierte sich nun für die nächsten Monate eine stabile Hochdruckwetterlage. Dies war der Beginn einer mehrjährigen Phase von Dürre und Trockenheit, die im Spätsommer zu einer Massenvermehrung von Borkenkäfern führte. Zuerst traf es die Fichtenbestände. Während die Bestände im Bereich der FBG Altmark-Fleetmark Anfang August noch intakt aussahen, waren die meisten Fichten Ende Oktober bereits braun. Die Altmark ist kein natürlicher Fichtenstandort. Die abgestorbenen Fichtenbestände waren zwischen 40 und 80 Jahre alt, und deren Pflanzung zu DDR-Zeiten ist den aktuellen Waldbesitzern nicht anzulasten. Zudem waren die in manchen Teilen der Altmark heimischen Buchen und die fast überall heimischen Birken von der Dürre ebenso betroffen. Die Sommer des Jahres 2019 und 2020 waren in Sachsen-Anhalt wiederum zu warm und zu trocken. Nachdem in der Altmark Ende 2018 und im Frühjahr 2019 sämtliche Fichtenbestände abgestorben waren, kam 2019 auch die Lärche hinzu.

Bereits durch das Überangebot an Holz durch die Stürme in 2017 und 2018 geriet der Holzpreis Ende 2018 weiter unter Druck. Die Preise für Schadholz purzelten 2020 von rund 19 Euro je Raummeter Industrieholz (2016) auf einen bis drei Euro je Raummeter Industrieholz, und das Stammholz der abgestorbenen Bäume fiel von 35 bis 45 Euro auf ebendiesen Tiefstwert.[13]

Im Sommer 2020 fingen die heimischen Eichen an zu vertrocknen, sogar Mischwälder aus Eiche, Birke und Kiefer. Im eigenen Wald hatten wir einen 0,5 Hektar großen Buchen-Eichen-Kiefern-Mischwald mit etwa 100 Jahre alten Bäumen. Ende 2018 war die Hälfte der Buchen vertrocknet, 2019 vertrockneten weitere Buchen und erste Kiefern, 2020 kamen viele vertrocknete Eichen dazu. Es sind leider nicht nur die Nadelreinbestände, die den Wetterextremen zum Opfer fallen, sondern auch Mischwälder mit heimischen Baumarten.

Im Sommer 2021 verbreitete sich in der Altmark der Eichenkernkäfer massiv. Sämtliche noch intakten Eichen, die der Trockenheit bisher getrotzt hatten, waren geschwächt und wurden ein leichtes Opfer für den Eichenkernkäfer. Nach einem Befall stirbt die Eiche ab. Da sich der Käfer bis in das Innere des Stammes frisst, ist das Holz aufgrund der Durchlöcherung für eine stoffliche Nutzung in der Regel nicht mehr zu verwenden. Die einzige wirtschaftliche Option besteht darin, intakte Eichen rechtzeitig zu fällen, wenn in der Umgebung in Bäumen der Käfer bereits festgestellt wurde.

Die Trockenheit bringt noch eine andere, bisher wenig beachtete Herausforderung mit sich, die Verkehrssicherungspflicht an öffentlichen Straßen, Wegen, Bahnlinien oder bebauten Bereichen. Wirft ein Sturm grüne intakte Bäume um, so ist dies »höhere Gewalt«, dem Eigentümer können Schäden, die dadurch entstanden sind, nicht angelastet werden. Bei abgestorbenen Bäumen sieht es anders aus. Hier ist der Waldbesitzer in der Pflicht, die Bäume zu fällen, bevor sie von allein umkippen. Dies betrifft einen Streifen von 20 Meter parallel zur Straße. Häufig sind Waldbäume entsprechend der Hauptwetterrichtung geneigt oder haben in eine bestimmte Richtung einen Kronenüberhang. Läuft hier eine Straße entlang, kann der Baum nicht einfach gefällt werden. Selbst Harvester sind nicht in der Lage, einen solchen Baum zu fällen und in eine andere Richtung zu drücken. Diese Bäume können nur durch Spezialbaumfällungen, häufig unter Sperrung der entsprechenden Straße, gefällt werden. Dies verursacht enorme Kosten.

Seit 2017 fanden in meiner Forstbetriebsgemeinschaft und auch im eigenen Familienforstbetrieb nur noch Holzeinschläge infolge von Wetterextremen statt, um also Schäden zu beseitigen und das Holz noch irgend möglich zu verwerten.

Im eigenen Familienforstbetrieb ist bisher etwa ein Drittel der Fläche, also circa zehn Hektar, betroffen. Viele Waldbesitzer, etwa in den Mittelgebirgen, haben einen Totalausfall auf all ihren Flächen zu beklagen.

In dieser schwierigen Phase erreichte viele Forstbetriebsgemeinschaften in den Jahren 2017 und 2018 ein weiteres Problem. Viele Holz verarbeitende Unternehmen kauften nur noch sogenanntes zertifiziertes Holz auf. Die führenden Zertifizierungssysteme für »Ökoforstwirtschaft« in Deutschland sind PEFC[14] oder FSC[15]. Der Vorstand der FBG Altmark-Fleetmark musste sich im Herbst 2017 schnell entscheiden, ob und, wenn ja, welches Zertifizierungssystem er nimmt. Die Wahl fiel auf PEFC, da bei diesem Zertifizierungssystem die Beteiligung insbesondere auch der kleinen Waldbesitzer in regionalen Arbeitsgruppen gewährleistet ist. Durch eine Zertifizierung sind jedoch viele weitere Regeln und Standards, welche über die gesetzlichen Vorgaben hinausgehen, zu beachten, ohne dass es eine entsprechende Förderung gibt – im Gegensatz zur ökologischen Landwirtschaft, wo jeder Landwirt eine zusätzliche Flächenprämie bekommt. Beispielsweise dürfen nur noch forstwirtschaftliche Dienstleister auf den Mitgliedsflächen eingesetzt werden, welche ebenfalls an bestimmten Unternehmer-Zertifizierungssystemen mit hohen ökologischen und sozialen Standards teilnehmen. Der Nachweis und die Dokumentation dieser Vorgaben für die regelmäßig stattfindenden Kontrollen brachten gerade in der Zeit der anhaltenden Extremwettersituation den ehrenamtlich arbeitenden Vorstand der FBG an seine Belastungsgrenze. Auf den Holzpreis hatte das aber kaum Auswirkungen: Der Holzerlös für zertifiziertes Holz, bezogen auf den Festmeter Holz, liegt lediglich im Centbereich höher als bei nicht zertifiziertem Holz.

Resümee

Die Last der öffentlichen Abgaben ist so hoch wie noch nie, die Holzerlöse so niedrig wie noch nie in den letzten 20 Jahren. Die bisher geleisteten staatlichen Waldhilfen gleichen diese Differenz nicht annähernd aus. Zugleich müssen klimastabile Mischwälder gepflanzt werden, wenn wir den bisherigen Waldanteil in Deutschland halten wollen, dies ist erheblich teurer als eine reine Nadelbaumkultur. Durch die extremen Wetterereignisse sind große Kahlflächen entstanden, die aufgeforstet werden müssen. Eigentlich bietet sich dadurch eine große Chance. Durch die niedrigen Holzerlöse fehlt jedoch schlicht das Geld zur Aufforstung von Mischwäldern. Auch wenn die Holzpreise wieder etwas steigen, haben viele

Waldbesitzer kaum mehr geeignete Waldbestände, um noch einmal Holz zu vermarkten. Die seit einigen Jahren bestehenden staatlichen Waldumbauhilfen sind eine Anteilsfinanzierung. Sie decken zwar in der Regel 70 bis 85 Prozent der Investitionskosten einer klimastabilen Mischwaldaufforstung ab, doch der Eigenanteil ist immer noch sehr hoch. Die Aufforstung mit klimastabilem Mischwald mit anschließender Pflege kostet derzeit zwischen 10.000 bis 15.000 Euro je Hektar, der Eigenanteil liegt somit zwischen 3.000 bis 5.000 Euro je Hektar. Die Holzerlöse mit ein bis drei Euro je Raummeter bringen bei 400 Raummeter Schadholz je Hektar lediglich Erlöse von 400 bis 1.200 Euro. Nicht einmal die Hälfte des Eigenanteils ist damit abgedeckt. In diesem Zusammenhang sei noch einmal an die öffentlichen Abgaben erinnert, die unabhängig davon, ob ein intakter oder abgestorbener Wald auf der Fläche steht, Jahr für Jahr auf der Fläche lasten. Nach einer Aufforstung fallen mindestens 30 Jahre keine Erlöse, sondern nur Kosten an.

Uns, den Förstern und Waldbesitzern, wird vielfach vorgeworfen, immer wieder nach staatlicher Unterstützung zu rufen, aber dieser Eindruck täuscht. Die Forderungen der Waldbesitzerverbände und der Forstbranche fußen auf dem Verursacherprinzip. Die Industrien, die durch die Nutzung fossiler Rohstoffe riesige Mengen CO_2 in die Atmosphäre emittieren, müssten in der Verantwortung stehen. Im Rahmen des Klimapaketes der Bundesregierung wurde im September 2019 eine CO_2-Abgabe von 25 Euro pro Tonne festgelegt. Diese Mittel sollten auch zugunsten des Waldes verwendet werden, damit Waldbesitzer in den Stand versetzt werden, entsprechende Aufforstungen vorzunehmen.

Zusammenfassung

Werden keine entsprechenden Lösungen gefunden, der nachhaltigen Waldbewirtschaftung zu helfen, wird der Wald in Deutschland zukünftig nicht mehr wie vor 2017 als Rohstofflieferant zur Verfügung stehen. Der Holzbedarf müsste durch Importe aus dem Ausland gedeckt werden, oder es wird zwangsläufig noch stärker auf die ebenso wenig nachhaltige wie klimafreundliche Betonbauweise gesetzt. (Der Ausstoß jeder zehnten Tonne CO_2 geht auf die Zementproduktion zurück!)[16]

Anmerkungen

1 SVLFG, Soziale Sicherheit in der Landwirtschaft Heft 1/2020, S. 6.

2 Informationsdienst Privatwald, Wer besitzt den Wald in Deutschland [https://info-privatwald.de/wer-besitzt-den-wald.php; aufgerufen am 13.08.2021].

3 Dies ist keine gesetzlich vorgegebene Größe. In der Regel wird ab dieser Größe von der Finanzverwaltung ein Forstbetrieb angenommen.

4 § 5 i. V. m. § 123 Abs. 1 Nr. 1 des Siebten Buch Sozialgesetzbuch — Gesetzliche Unfallversicherung (Artikel 1 des Gesetzes vom 7. August 1996, BGBl. I, S. 1254), i. d. F. der Änderung durch Artikel 41 des Gesetzes vom 20. August 2021 (BGBl. I S. 3932).

5 SVLFG »Auf einen Blick, Daten und Zahlen 2019«, S. 6.

6 Die Angaben basieren auf dem SVLFG-Beitragsrechner 2020. Der 2.000-Hektar-Einzelbetrieb wurde mit fünf Erntefestmeter angesetzt, was den überwiegenden Verhältnissen in Sachsen-Anhalt entspricht. Bei den Einzelbetrieben der Forstbetriebsgemeinschaft wurde im Durchschnitt mit 6,6 Hektar gerechnet, wonach mehr als 27 Euro je Hektar Flächenbeitrag anfallen. Die Beträge sind gerundet. Zum SVLFG-Beitragsrechner siehe www.svlfg.de/beitrag-lbg.

7 SVLFG, Soziale Sicherheit in der Landwirtschaft Heft 1/2020, S. 15.

8 § 54 Abs. 3 Satz 1 Wassergesetz für das Land Sachsen-Anhalt vom 16.03.2011 (GVBl. LSA 2011, 492) i. d. F. der Änderung durch Artikel 20 des Gesetzes vom 17. Juni 2014 (GVBl. LSA, S. 288, 342).

9 § 55 Abs. 2 Wassergesetz für das Land Sachsen-Anhalt vom 16.03.2011 (GVBl. LSA 2011, 492) i. d. F. der Änderung durch Artikel 20 des Gesetzes vom 17. Juni 2014 (GVBl. LSA, S. 288, 342).

10 Landesverordnung zur Unterstellung der Natura-2000-Gebiete im Land Sachsen-Anhalt (N2000-LVO LSA) vom 20. Dezember 2018 (Amtsblatt des Landesverwaltungsamtes).

11 Anlage Nr. 1 der N2000-LVO LSA mit § 8 Abs. 2 Nr. 6 und 7.

12 Anlage Nr. 3.28 der N2000-LVO LSA mit § 3 Abs. 1 Nr. 1

13 Gerundete Stockkaufpreise der FBG Altmark-Fleetmark.

14 PEFC = Programme for the Endorsement of Forest Certification Schemes (deutsch: ein Programm für die Anerkennung von Waldzertifizierungssystemen).

15 FSC = Forest Stewardship Council.

16 Deutschlandfunk 2020; Ein Baustoff sucht Nachfolger [https://www.deutschlandfunk.de/klimasuender-beton-ein-baustoff-sucht-nachfolger.740.de.html?dram:article_id=488355; aufgerufen am 05.09.2021].

Ökologische Waldnutzung im Steigerwald

Holznutzung in der Region Steigerwald – ökonomische, ökologische und soziale Wirkungen

Willi Rößner

Meine Wurzeln liegen im Steigerwald. Ich bin dort aufgewachsen, besitze noch den elterlichen Bauernhof und ein kleines Waldstück. Wegen Umbau und Erhalt des Hofes befinde ich mich häufig und länger in dieser Landschaft. »Steigerwälder« zu sein ist ein Teil meiner Identität. So beteilige ich mich auch an der Diskussion zur Waldnutzung und zu einem geforderten Nationalpark. Als Ingenieur und als Mitglied im Bund Naturschutz (BN) richten sich meine Interessen auf technische Umweltaspekte wie erneuerbare Energie und nachwachsende Rohstoffe. Hierzu habe ich quantifizierte Ergebnisse zur Reduktion von Ölverbrauch und CO_2-Emissionen durch Holznutzung ermittelt. Daraus abgeleitet, ist dieser Artikel ein Plädoyer für die Waldbewirtschaftung.

Forderung nach einem Nationalpark im Nordsteigerwald

Das Gebiet, auf dem ein Nationalpark Steigerwald entstehen soll, liegt auf der Achse Würzburg–Bamberg und ist im Westen durch die Kleinstadt Gerolzhofen und im Osten durch Burgebrach begrenzt. Im Norden ist der Main und im Süden die Bundesautobahn A3 die Grenze.

Ein grundsätzliches Realisierungshindernis für die Forderung nach einem Nationalpark ist die dichte Besiedelung mit 7.500 Bewohnern, 39 Ansiedlungen und mehr als 200 Kilometern Straßen. Trotzdem gibt es eine äußerst engagierte, allerdings abstrakte Diskussion um das Für und Wider eines Nationalparks. Die für die Regionalentwicklung des Steigerwalds wichtige Frage lautet: Den Naturpark[1] erhalten, als Kulturwald mit Holznutzung, oder einen Nationalpark[2] gründen, als Naturwald ohne Holznutzung?

Naturparke sind überwiegend Landschafts- oder Naturschutzgebiete mit mindestens 20.000 Hektar Fläche, eine dauerhaft umweltgerechte Land- und Waldnutzung ist größtenteils möglich. Nationalparke sind dagegen großräumige, weitgehend unzerschnittene, landschaftliche Einheiten von besonderer Eigenart. Sie sind überwiegend vom Menschen nicht oder wenig beeinflusst, mit einem möglichst ungestörten Ablauf der Naturvorgänge in ihrer natürlichen Dynamik. Die Mindestfläche beträgt 10.000 Hektar, eine Nutzung der Wälder ist größtenteils nicht möglich. Die internationalen Standards der Weltnaturschutzunion IUCN[3] schreiben vor, dass mindestens 75 Prozent der Fläche als Kernzone ohne menschliche Eingriffe ausgewiesen sein muss.

Ein grundsätzlicher Diskussionspunkt im Steigerwald ist die Siedlungs- und Straßendichte. Die Nutzung des nachwachsenden Rohstoffes Holz, sowohl zum Vermeiden fossiler Emissionen aus Öl und Erdgas als auch zur Minderung des Einsatzes umweltbelastender Rohstoffe, ist ein weiterer kontroverser Punkt. Die Kohlenstoff(C)-Speicherung im Wirtschaftswald und in Holzprodukten ist ebenso ein Thema wie die nachhaltige Waldbewirtschaftung mit der Chance zum zukunftsfähigen Waldumbau. Für die Bewohner von Bedeutung sind schließlich auch die lokale Wärmeversorgung mit erneuerbarer Energie und eine stabile, ökologische Regionalwirtschaft durch Holzverarbeitung.

Große Siedlungs- und Straßendichte in einem Nationalpark?

Gefordert wird im Steigerwald ein Nationalpark auf einer Fläche von 11.000 Hektar. Innerhalb dieser Fläche müsste eine Kernzone von 75 Prozent, also 8.250 Hektar, eingerichtet werden. Für diese würde ein vollkommener Nutzungsverzicht gelten. Sie soll unzerschnitten und frei von äußeren Einflüssen sein. Dies kollidiert mit der hohen Siedlungsdichte. Die Dörfer haben mehrheitlich einen Abstand zwischen ein bis drei Kilometern. Es bleibt nur eine minimale Restfläche von circa 45 Hektar übrig (Abbildung 1). Die Grundanforderung für einen Nationalpark ist nicht erfüllt! Bei einem Bewegungsradius von drei Kilometern um jede Ansiedlung bleibt die mit Pfeil gekennzeichnete Restfläche übrig. Der Grad der Schwärzung widerspiegelt die Siedlungsdichte.

Die Forderung nach einem Nationalpark im Steigerwald entstand 2007. Im »Eifer des Gefechts« wurde die hohe Siedlungsdichte, die der Realisierung eines Nationalparkes entgegensteht, erst 2017 bemerkt. Zu diesem Zeitpunkt war ein Abbruch der Diskussion zwischen den fest gefügten Fronten von Befürwortern

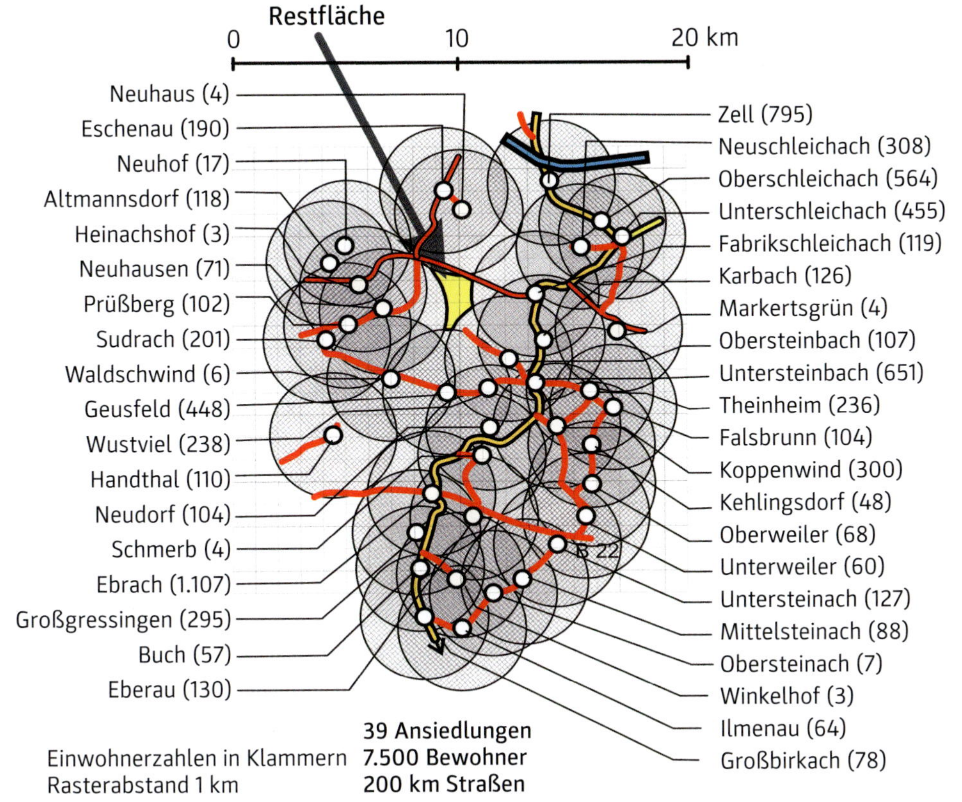

Abbildung 1:

Wohin mit dem Nationalpark? *(Grafik: Prof. Willi Rößner)*

Bei einem Bewegungsradius von drei Kilometern um jede Ansiedlung bleibt die mit Pfeil gekennzeichnete Restfläche übrig. Der Grad der Schwärzung widerspiegelt die Siedlungsdichte.

und Gegnern nicht mehr möglich. Die Siedlungsdichte als Ausschlusskriterium wird bis heute von den Nationalparkbefürwortern und von Teilen der Regionalpresse ignoriert. Offenbar haben die Befürworter aber inzwischen die Unmöglichkeit der Realisierung eines Steigerwald-Nationalparkes erkannt und verschieben ihre Aktivitäten stärker auf die Forderungen zum Verzicht der Holznutzung im Steigerwald. Es entwickelt sich ein Ersatzaktivismus mit »Alte Bäume«-Aktionen und »Waldrettungskampagnen«. Dennoch flammt auch immer wieder mal die Nationalparkforderung auf.

Nachhaltige Waldwirtschaft im Steigerwald mit dem Trittsteinkonzept

Die ökologische Qualität der Buchenwälder des Steigerwalds ist dank einer jahrzehntelangen naturnahen Pflege durch die Bayerischen Staatsforsten (BaySF) so beeindruckend, dass Umweltverbände von einem Weltnaturerbe schwärmen. Wohlgemerkt, diese Qualität ist menschengemacht. Die Waldbewirtschaftung im Steigerwald kombiniert seit jeher Artenschutz und Klimaschutz unter Anwendung des Trittsteinkonzepts. Mergner[4] definiert das Trittsteinkonzept folgendermaßen:

> »Waldtrittsteine (Trittsteinflächen) sind Waldorte und Baumansammlungen, deren Bäume viele Habitatstrukturen (Biotopbäume und -anwärter) aufweisen und deshalb ökologisch wertvoll sind.«

Die Trittsteine werden durch Naturwaldreservate ergänzt. Die unterschiedlich großen, ökologisch hochwertigen Waldtrittsteine sind in eine möglichst naturnahe Waldbewirtschaftung eingebettet. Sie sind Mittler zwischen Naturwaldreservaten und Biotopbäumen im bewirtschafteten Wald.

Das im Steigerwald entwickelte Trittsteinkonzept wird vom Forstbetrieb Ebrach konsequent umgesetzt. Es besteht aus einer Vielzahl von Maßnahmen zum Schutz der Artenvielfalt in den hiesigen Wäldern. Das Trittsteinkonzept genießt international und in Kreisen der Wissenschaft hohe Anerkennung und ist auch außerhalb Europas anerkannt.[5] Bei vier wissenschaftlichen Symposien wurde belegt, dass die Biodiversität in den bewirtschafteten Wäldern besser geschützt wird als bei einer Aufgabe der Bewirtschaftung.

Der Einsatz der Forstleute, beispielsweise für die Eiche, ist wichtig für die Artenvielfalt im Steigerwald. Ansonsten würde sich die vergleichsweise artenarme, aber konkurrenzstarke Buche gegenüber der Eiche durchsetzen. Eine Nationalparkausweisung wäre ein Nachteil für die Artenvielfalt. Keine einzige wissenschaftliche Studie der letzten Jahre hat einen Artenrückgang im deutschen Wirtschaftswald feststellen können. Im Gegenteil, der Wirtschaftswald ist Kulturlandschaft und sichert die Lebensräume der seit Jahrhunderten darin lebenden Organismen. Keine Waldpflanzenart ist in den letzten Jahrzehnten im Wald ausgestorben, Waldvögel haben sogar zugenommen, geschützte Großpilze wie der Ästige Stachelbart sind häufig in den hiesigen Wirtschaftswäldern anzutreffen. Sie leiden nicht durch die Waldbewirtschaftung. Wirtschaftswälder haben meist eine höhere Artenvielfalt als Waldwildnis. Auch der Rückgang von Insekten in den letzten Jahren ist auf landwirtschaftlich beeinflusste Flächen beschränkt. Großschutzgebiete dienen in erster Linie dem Tourismus, nicht dem Artenschutz.

Den Wert von Kleinflächen belegt beispielsweise die Tatsache, dass im Naturwaldreservat »Waldhaus« auf nur zehn Hektar 1.300 Arten gefunden wurden. Das Ziel, zehn Prozent der Waldfläche aus der Nutzung zu nehmen, ist erfüllt. Werden die Biotopbäume in den bewirtschafteten Waldbereichen hinzugerechnet, sind es im Forstbetrieb Ebrach sogar 15 Prozent. 80 Prozent des eingeschlagenen Holzes werden verkauft, der Rest verbleibt als Totholz in den Wäldern.

Der Holzvorrat hat trotz Nutzung zugenommen, und die Zahl der Starkbuchen hat sich seit 2010 verdreifacht. Mit einer behutsamen Waldbewirtschaftung lassen sich erfolgreich die internationalen Artenschutz- und Klimaziele erreichen. Ein aktiver Umbau des Waldes im Hinblick auf die sich ändernden Umweltbedingungen steigert die Resilienz und ist eine schon vor Langem begonnene historische Aufgabe.

Die öffentliche Meinung zur Holznutzung ist allerdings ambivalent

Der Zeitgeist ist von einer einseitigen ökoromantischen Stimmung gegen die Holznutzung geprägt. Zugleich werden aber auch Holzhäuser als Musterbeispiele für ökologisches Handeln gelobt. Klimawandel und Waldsterben erzeugen diffuse Ängste, welche sich in ebenso diffusen politischen, romantischen und parareligiösen Stimmungen manifestieren. Biologische Wechselwirkungen werden mystifiziert. Einschlägige Publikationen betrachten den Baum als Lebewesen mit Gefühlen.

Trotz aller international anerkannten ökologischen Erfolge werden im Steigerwald seit 13 Jahren teure Kampagnen gegen die »Waldvernichtung aus Geldgier« gefahren.

Für fundamentale Protestbewegungen bilden Holzstapel die Kulisse für alljährliche »Waldrettungskampagnen«, bei denen auch schon mal Waldgeräte von Kleinunternehmern, zum Beispiel mit Erde im Tank, beschädigt werden. In einer Fotoaktion zur »Öffentlichkeitsarbeit« von grünen Funktionsträgern wurde ein Waldgerät unerlaubt mit Protestschildern bestiegen. Man hinterließ das Gerät mit aufgesprayten Parolen »Rettet die alten Buchen«. Nach Bekanntwerden des Geschehens entwickelte sich Unmut in der Bevölkerung. Vom Sprecher der Grünen im Landkreis Bamberg wurde, wohl zum Abwiegeln des Vorfalles, das Gerät, so gut es ging, wieder gesäubert.

Vermeidung fossiler Emissionen, weniger umweltbelastende Rohstoffe

Nachhaltige Waldwirtschaft dient der Umwelt und dem Klimaschutz. Forderungen zur Herausnahme von Flächen aus der Waldnutzung sind konträr zu den Forderungen nach CO_2-Reduktion und Plastikvermeidung. Ökologische Waldwirtschaft ist nicht Rodung! Ohne Waldnutzung muss das Holz mit erheblichen Negativwirkungen für das Klima durch fossile oder mineralische Rohstoffe ersetzt werden.[6]

Nach eigenen Schätzungen (siehe Tabelle 1) ergibt sich, hochgerechnet auf die Kernfläche des Nationalparks, jährlich ein Ersatzbedarf von 3.000 Tonnen Kunststoff oder 8.000 Tonnen Stahl, verbunden mit 15 Millionen Liter Ölbedarf und mit 36.000 Tonnen CO_2-Ausstoß. Das hätte, addiert man die Ölkosten, die Klimafolgekosten und die CO_2-Abgabe, eine geschätzte ökonomische Belastung von jährlich 20 Millionen Euro zur Folge. Rechnet man noch die Subventionen für einen fiktiven Nationalpark mit 15 Millionen Euro hinzu, ergäbe sich eine volkswirtschaftliche Gesamtbelastung von 35 Millionen Euro. Diese Summe ginge zulasten des Staatshaushaltes und letztlich des Sozialsystems.

Im Detail: Im Falle eines Nationalparks würde dem Bürger jede Tonne unnötig erzeugtes fossiles CO_2 rund 1.000 Euro kosten. Die zusätzlich entstehenden CO_2-Emissionen, verursacht durch die weggefallene Holznutzung, wären so hoch wie die von 120 Millionen Personenflugkilometern.

Auch im Wirtschaftswald verbleibt ein Teil der Biomasse aus Artenschutzgründen ungenutzt zur Verrottung im Wald. Das bei der Fotosynthese aufgenommene CO_2 fließt bei der Verrottung wieder in die Atmosphäre zurück. Der andere Teil wird stofflich und energetisch genutzt. Zur stofflichen Nutzung ungeeignetes Holz wird direkt energetisch als Heizmaterial verwendet. Der übrige Teil wird zunächst stofflich genutzt und sollte am Ende der Lebensdauer der Holzprodukte noch seine endgültige Verwertung als Heizmaterial finden. Dabei gelangt lediglich CO_2 zurück in die Atmosphäre, das bereits Bestandteil des biosphärisch-atmosphärischen Kreislaufes ist.

Im nicht bewirtschafteten Wald verbleibt die gesamte absterbende Biomasse im Wald. Das beim Wachstum aufgenommene CO_2 gelangt bei der Verrottung wieder in die Atmosphäre zurück. Ungefähr ein Prozent des Stoffumsatzes, unabhängig ob bewirtschaftet oder nicht, steht der Humusbildung zur Verfügung.[7] Das nicht genutzte Holz muss stofflich oder energetisch durch fossile Stoffe wie Erdöl

Tabelle 1:
Beispiel: Eckwerte für die Grobabschätzung zum Ersatzwerkstoff Kunststoff (Stand 2021).

Heizwertäquivalent	1 Festmeter Buchenholz entspricht 230 Liter (Heiz-)Öl
CO_2-Anfall beim Heizen	2,95 Kilogramm CO_2 je Liter Öl (nach Umweltbundesamt)
Verschnitt	60 Prozent (als Brennstoff genutzt)
Energetische Holznutzung	80 Prozent
Volumenfaktor	0,25 (Kunststoffteile sind in der Regel dünnwandiger als Holzteile)
Ersatz von 1 Festmeter Holz ...	... durch 100 Kilogramm Kunststoff
Ölbedarf zur Kunststofferzeugung	2 Liter Öl je Kilogramm Kunststoff (energetische Abfallnutzung berücksichtigt)
Recyclinganteil im Kunststoff	20 Prozent
CO_2-Anfall bei Kunststofferzeugung	1,9 Kilogramm CO_2 je Kilogramm (Internetangaben)
Ölkosten	0,60 Euro je Liter
Klimafolgekosten	130 Euro je Tonne CO_2 (nach Umweltbundesamt)
CO_2-Preis	180 Euro je Tonne CO_2 (für 2035 vom BN gefordert)
Regionale Wertschöpfung	1.200 Euro je Festmeter (nach Handwerkeraussagen)
Ansonsten übliche Umrechnungswerte nach technischen Tabellenwerken.	
Auf die Angabe der Eckwerte für Stahl wird aus Umfangsgründen verzichtet.	

oder Erdgas ersetzt werden. Dieser Prozess überführt fossilen Kohlenstoff aus der Tiefe der Erdkruste in den biosphärisch-atmosphärischen Kreislauf und verursacht dort eine kontinuierliche CO_2-Akkumulation. Additiv zum CO_2 aus der Verrottung fließt noch das durch die Herstellprozesse der Nichtholzprodukte verursachte fossile CO_2 in die Atmosphäre. Hinzu kommt die Entstehung von Plastikmüll.

Bei einer Aufgabe der Waldbewirtschaftung wird die regionale mittelständische Holzwirtschaft durch eine globale industrielle Öl- und Erdgaswirtschaft ersetzt. Für die Verhältnisse im Steigerwald ergäben sich jährlich ein geschätzter Ölbedarf von rund 1.800 Liter je Hektar ungenutzter Waldfläche, eine CO_2-Emission von circa 4,4 Tonnen je Hektar und eine ökonomische Belastung von etwa 2.400 Euro je Hektar. Die mit dem unbewirtschafteten Wald verbundenen klimaschädlichen Ersatzprozesse spielen sich weit entfernt und »unsichtbar« für die Waldbesucher ab. Dies fördert die Illusion vom »unberührten« Naturwald.

Regionale Wärmeversorgung mit erneuerbarer Energie

Die regionale Wärmeversorgung setzt sich aus Brennholz, Verschnitt aus der Nutzholzverarbeitung und Altholz (thermische Verwertung am Ende einer Kaskadennutzung) zusammen. Bei Nutzung dieser drei Quellen stehen theoretisch jährlich rund 37.000 Kubikmeter Holz zur thermischen Nutzung zur Verfügung. Das reicht für die Wärmeversorgung von circa 15.000 Bewohnern aus. Diese Versorgungskapazität würde entfallen, wenn in einem Nationalpark die Kernzone aus der Nutzung genommen würde. Der Ersatz der energetischen Nutzung von Holz für die Wärmeversorgung würde jährlich rund neun Millionen Liter Heizöl erfordern, verbunden mit circa 26.000 Tonnen fossiler CO_2-Emission. Von den Initiatoren eines Nationalparks gibt es keine Vorschläge für eine ökologische Ersatzversorgung.

Starke Wirtschaftsstruktur im Steigerwald

Die Holzwirtschaft ist ein starker Bestandteil einer subventionsfreien, steuergenerierenden Regionalwirtschaft mit hoher lokaler Wertschöpfung und ökologischen Arbeitsplätzen. Die Interessengemeinschaft »Holzverarbeiter im Steigerwald« umfasst 70 Betriebe. Über die gesamte Wertschöpfungskette hängen daran über 3.000 Arbeitsplätze.[8] Viele Betriebe haben sich auf die Verarbeitung von Eichen- und Edellaubholz aus den Staatsforsten spezialisiert. Der Steigerwald vereint Artenschutz und Klimaschutz mit wirtschaftlicher Stärke und schafft sichere, qualifizierte, saisonunabhängige und lohnstarke Arbeitsplätze im Forst- und Holzsektor. Die Bayerischen Staatsforste erwirtschafteten bisher im Steigerwald einen (schwankenden) Gewinn, der zuweilen als Geldgier gebrandmarkt wird. Diese Gelder sind aber auch ein Beitrag zum öffentlichen Haushalt und zur sozialen Wohlfahrt.

Das Gegenkonzept der Nationalparkbefürworter setzt auf Tourismus und verweist auf den Bayerischen Wald als Vorbild. Gegenüber den subventionierten Nationalparkkreisen im Bayerischen Wald und Hainich weist der Steigerwald allerdings die stärkere Wirtschaftsstruktur auf.

Sehr nachteilige Begleiterscheinungen der Touristik sind Saisonarbeitsplätze im Niedriglohnsektor, Wetterabhängigkeit, Wochenend- und Schichtarbeit und Winterarbeitslosigkeit, weshalb kaum Mitarbeiter in der Touristik zu finden sind.

Dieses Konzept entspricht nicht den beruflichen Existenzvorstellungen der Bevölkerung des Steigerwalds. Die Holzwirtschaft bietet stabilere Arbeitsplätze.

Der nicht subventionierte Nichtnationalparkkreis Hassberge (Steigerwald) hat im Vergleich mit den Nationalparkregionen Regen, Freyung und Hainich die höchsten Arbeitseinkommen und die höchste Steuereinnahmekraft sowie die niedrigste Arbeitslosigkeit und die niedrigsten Schulden.

Tabelle 2:
Vergleich von Wirtschaftsdaten des Nichtnationalparkkreises Hassberge mit den Wirtschaftsdaten von Nationalparkkreisen *(Datenquellen: Statistisches Landesamt Bayern, Statistisches Landesamt Thüringen, Agentur für Arbeit).*

	Einkommen in Euro/Person	Steuerkraft in Euro/Person	Winterarbeitslosigkeit in Prozent	Schulden in Euro/Person
Hassberge	*27.811*	*798*	*3,5*	*629*
Regen	26.870	724	6,1	1.761
Freyung	25.836	685	5,6	1.281
Hainich	21.646	525	10,3	1.776

Pro und Kontra eines Nationalparks und Interessenvertretungen

Zur Interessenvertretung in Richtung Naturpark bzw. in Richtung Nationalpark haben sich zwei Vereine etabliert. Der Verein »Unser Steigerwald« setzt sich für die Erhaltung des Naturparks und für eine ökologische Waldbewirtschaftung ein. Die etwa 4.000 Mitglieder sind Bewohner des Kernlandes »Steigerwald«. Dagegen setzt sich der »Verein Nationalpark Steigerwald« für den Nationalpark ein. Er ist als eine Abteilung des Bundes Naturschutz (BN) zu betrachten und wird von diesem auch finanziell und personell unterstützt. Der BN sammelt dafür eigens Spenden. Zugeordnet ist ein »Freundeskreis Nationalpark Steigerwald«, dem weitere Naturschutzorganisationen wie zum Beispiel Greenpeace angehören.

Die mächtigen Naturschutzorganisationen verfügen über starke Finanzmittel und hauptamtliche Mitarbeiter, werden durch einige politische Parteien unterstützt und genießen das Wohlwollen vieler Medien. In der Öffentlichkeit wird die Meinung, dass ein Nationalpark per se eine gute Sache sei, unreflektiert übernommen. Das ermöglicht die Ausübung eines gewaltigen öffentlichen und politischen Meinungsdrucks. Im Vergleich dazu verfügt der Verein »Unser Steigerwald«, der sich für den Erhalt des Naturparks einsetzt, nur über ein sehr bescheidenes Wirkungspotenzial.

Die Umweltverbände agieren mit lokaler und überregionaler Öffentlichkeitsarbeit, mit Presseveröffentlichungen, Veranstaltungen, Waldbegehungen, überörtlichen Werbemaßnahmen im öffentlichen Nahverkehr und mit pressewirksamen »Rettungsaktionen« zum Schutz alter Bäume.

Die emotional gesteuerte Stimmung gegen die Holznutzung steht im Widerspruch zum Arten- und Klimaschutz. Es wird ein Bild des Raubbaus im Steigerwald gezeichnet. Medienwirksame Verbalübertreibungen wie »Trauer und Fassungslosigkeit« über den Tod »alter Bäume« sind Bestandteile einer publikumswirksamen Protestdramaturgie. Im Rahmen der üblichen Rituale gab es auch die altbekannte Ankettungsaktion, bei der die angekettete grüne Bundestagsabgeordnete nach Ablichtung der Pressefotos auch gleich wieder »abgekettet« wurde.

Menschen, die nicht für den Nationalpark sind, werden in verschiedener Weise abqualifiziert.

Die ökologische thermische Eigenversorgung im Steigerwald wird als intellektuell minderwertiger Standpunkt mit dem Slogan »Dumme Menschen verheizen den Steigerwald« abgewertet. Die edle Gesinnung mit dem Grundsatz »keinem Baum etwas zuleide tun« gilt dagegen als intellektuell höherwertig, auch wenn sie letztlich zu einem ölbeheizten Steigerwald führt.

Anmerkungen

1 Art. 15 BayNatSchG.

2 Art. 13 BayNatSchG; § 23 BNatSchG.

3 IUCN: International Union for Conservation of Nature.

4 Mergner, U. (2018): Das Trittsteinkonzept. Rauhenebrach-Fabrikschleichach: Euerbergverlag.

5 Fahrig, L. (2020): Why do several small patches hold more species than few large patches? Global Ecol Biogeogr. 2020,00: S. 1–14.

6 Rößner, W. (2020): Energetische und stoffliche Holznutzung sind klimanützlich, in: Deutscher Waldbesitzer 5/2020, S. 9–11.

7 Schulze, E. D.; Sierra, C.; Egenolf, V.; et al. (2020): The climate change mitigation effect of bioenergy from sustainably managed forests in Central Europe. Global Change Biology Bioenergy 12(3): S. 186–197.

8 Quelle: Interessengemeinschaft »Holzverarbeiter im Steigerwald«.

Waldlandschaften für Klimaschutz

Fossile Emissionen vermeiden, anstatt sie in Wäldern zu speichern

Roland Irslinger

Wald, Holzvorrat und Kohlenstoffspeicher

Wald und Klima – das ist eine direkte Beziehung. Deutschland kann allein durch seine ausgedehnten Waldgebiete viel zum Klimaschutz beitragen, denn Wälder können einen Teil der Nettoprimärproduktion in Form von Holz und Energie über lange Zeiträume speichern. Ein Vorratsfestmeter (Vfm = m^3) Holz enthält je nach Baumart und Feuchte etwa 0,5 Tonnen absolut trockenes Holz,[1, 2] darin sind nach IPCC* im Mittel aller Baumarten 250 Kilogramm Kohlenstoff (C) enthalten.**

Waldökosysteme sind offene Systeme, im Biosphäre-Atmosphäre-System spielt der C-Kreislauf und damit das lebende und tote Holz für das globale Klimageschehen eine Rolle. Die Bezugsebene muss allerdings die Landschaft sein, da die einzelnen Waldbestände eine zu hohe zeitliche Dynamik aufweisen.[3]

Die Wirkung von Waldlandschaften auf das globale Klima beruht auf vier Säulen: dem Waldspeicher***, dem Holzproduktspeicher, der stofflichen und der energetischen Substitution. Die C-Flüsse zwischen diesen Positionen können nur auf der Basis von Analysen der Lebenszyklen (LCA) von »cradle to cradle« bewertet werden.[4]

---

* Intergovernmental Panel on Climate Change.

** Die hier vorgestellten Bilanzen berücksichtigen in erster Linie CO_2, bei den Substitutionsfaktoren sind alle Treibhausgasemissionen als CO_2-Äquivalente auf der Grundlage ihres Treibhausgaspotenzials im Vergleich zu CO_2 berücksichtigt. Nach dem Verhältnis der molaren Massen von C (12) zu CO_2 (12+2×16 = 44) wird die äquivalente Menge an Kohlendioxid (CO_2) durch Multiplikation mit 44/12 berechnet, demnach entsprechen einem Vorratsfestmeter von im Wald stehendem oder frisch gefälltem Holz 917 Kilogramm CO_2.

*** Ein Speicher ist eine Zustandsgröße (Vorrat), Senke und Quelle sind dagegen Flussgrößen. Wald und Holzprodukte sind dann eine C-Senke (Speicherung), wenn ihr Speicher größer wird, umgekehrt sind sie eine C-Quelle. Durch Senken wird die Atmosphäre von Treibhausgasen entlastet, durch Quellen belastet.

Der Waldspeicher in Deutschland ist heute ähnlich hoch, wie er ohne Bewirtschaftung wäre,[5] auf 10,8 Millionen Hektar* (1 Hektar = 10.000 Quadratmeter) begehbarer Holzbodenfläche wachsen 7,6 Milliarden Bäume mit einem Brusthöhendurchmesser mit Rinde ab sieben Zentimeter. Äste und Stämme dieser Dimension werden »Derbholz« genannt. 3,9 Milliarden Vorratsfestmeter Derbholz stehen im deutschen Wald, auch zwischen 2012 und 2017 mit weiter steigender Tendenz. Mit einem mittleren Vorrat von 358 Vorratsfestmetern Derbholz pro Hektar liegt Deutschland an der Spitze der EU. Szenarien hin zu einem Abbau der Vorräte durch Nutzung stehen nicht zur Diskussion. Allerdings tendiert die C-Senke Wald gegen null, weil unser Wald der maximal möglichen Vorratshöhe inzwischen recht nahe ist.

Legt man die ober- und unterirdische lebende Biomasse aller Bäume, auch derjenigen unter sieben Zentimeter Durchmesser, einschließlich der Äste, Nadeln und Wurzelstöcke zugrunde, kommt man auf einen Wert von 1,2 Milliarden Tonnen C, die darin enthalten sind, dem entsprechen 4,5 Milliarden Tonnen CO_2. Der Vorrat an stehendem und liegendem Totholz sowie Totholz im Boden mit Durchmessern größer als zehn Zentimeter ist zwischen 2012 und 2017 nochmals stark gestiegen, er beläuft sich auf 240 Millionen Kubikmeter, das sind etwa 22,2 Kubikmeter je Hektar, die 34 Millionen Tonnen C enthalten, entsprechend 124 Millionen Tonnen CO_2.[6] Zusammen mit der lebenden Biomasse ergeben sich rund 4,6 Milliarden Tonnen CO_2.

Aber wo liegen die Grenzen des Holzvorrats in unberührten Waldlandschaften? Da Buchen-Primärwälder, Wälder, die nie von Menschen gestört wurden, in Deutschland schon lange nicht mehr existieren, können Daten aus Naturwaldreservaten Anhaltspunkte liefern. Dort werden Vorräte zwischen 370 und 900 Vorratsfestmetern gemessen.[7–10] Diese Vorräte stammen meist aus vorratsreichen Phasen der Waldentwicklung und sind nicht zur Herleitung eines natürlichen landschaftsbezogenen Primärwaldvorrates geeignet. Bewirtschaftete wie auch sich selbst überlassene Wälder können sehr hohe Vorräte aufbauen, auch alte Wälder können im Einzelfall noch Kohlenstoffsenken sein.

Ungestörte alte Wälder (»old-growth-forests«) kommen aber auch in völlig unberührten Waldwildnislandschaften aufgrund der kumulativen Wahrscheinlichkeit von Störungen nur selten vor. Nur wenn großflächige Störungen über Jahrhunderte ausbleiben, können sich solch alte Wälder entwickeln.[11,12] Zur Begrün-

---

* Es wird von einer konstant bleibenden Waldfläche in Deutschland ausgegangen.

dung der Klimaschutzwirkung einer Waldwildnisstrategie eignen sich diese deshalb nicht.

Primärwaldlandschaften streben bei konstantem Klima einem Fließgleichgewicht zu, sie sind dann weder Senke noch Quelle,[13] wie das zum Beispiel im Buchen-Urwald in Uholka Shyrokyi Luh in der Ukraine nachgewiesen wurde.[14] Diese Wälder zeichnen sich durch einen kleinflächigen Wechsel dichter und sich gerade verjüngender Bereiche aus. Primärwälder der Slowakei zeigen Langzeitmuster mit Phasen von Akkumulation und Zusammenbruch, Zerfallsstadien kommen dort auf knapp 50 Prozent der Fläche vor. Ein Zyklus dauert dort bei der Buche 230 bis 250 Jahre bei einem mittleren Alter der Bäume von 90 Jahren und Vorräten zwischen 250 und 600 Vorratsfestmetern je Hektar.[15] Primärwaldlandschaften der mit unserer Buche verwandten Orientbuche im Iran haben mittlere Vorräte von 336 Vorratsfestmetern je Hektar.[16] In beiden Beispielen ist die Wasserversorgung besser als die unserer Buchenstandorte. Bewirtschaftete Buchenwälder haben nach Schulze et al. (2021)[10] ähnliche Lebendvorräte wie unbewirtschaftete. Waldinventuren in British Columbia zeigen in bewirtschafteten Wäldern höhere Vorräte als in »old-growth-forests«,[17] unbewirtschaftete Waldlandschaften im Staat Washington zeigen bereits ab einem Alter von 120 Jahren stagnierende Vorratshöhen.[18] Zu vergleichbaren Ergebnissen kommen Untersuchungen aus borealen und gemäßigten Regionen der Nord- und Südhalbkugel.[11, 13, 19, 20] In Deutschland liegt der mittlere Vorrat bewirtschafteter Buchenwälder bei 356 Vorratsfestmetern je Hektar, wobei für den Vorrat einer Waldlandschaft auch der historisch bedingte Altersklassenaufbau maßgebend ist. Nadelwälder haben bei uns einen um ein Drittel höheren Vorrat im Vergleich zu Laubwäldern.[21]

In Streuauflage und Humus der Waldböden sind weitere 1,3 Milliarden Tonnen C enthalten, entsprechend 4,8 Milliarden Tonnen CO_2, mehr als in der lebenden Waldbiomasse. Auch beim Boden-C muss wegen der raumzeitlichen Dynamik von Humifizierung und Mineralisierung die Landschaft die Bezugsebene sein. Humusakkumulation in der Streuauflage und in den obersten 90 Zentimetern des Mineralbodens findet in Deutschland momentan auch im Wirtschaftswald in einem Ausmaß von 0,75 Tonnen C je Hektar und Jahr statt, entsprechend 2,75 Tonnen CO_2,[22, 23] auch Ernterückstände stehen für Totholz und Humusbildung zur Verfügung. Alle vorliegenden Inventurdaten zeigen, dass pflegliche, nachhaltige Waldwirtschaft keine negativen Auswirkungen auf den Humus der Waldböden hat.[24–26] Das steigende Feuerrisiko in unbewirtschafteten Wäldern und weitere Störfaktoren könnten den Humusgehalt der Böden künftig aber drastisch reduzieren.[27, 28] Insgesamt hält der Wald in Deutschland das Äquivalent von 9,4 Milliarden Tonnen CO_2 zurück, die ansonsten die Atmosphäre belasten würden.

Nachhaltige Waldwirtschaft mindert den Waldspeicher einer Landschaft nicht, da die Summe aus Nutzung und Störungen unter oder höchstens auf dem Niveau des Zuwachses liegt[29] und weil Waldpflege Kalamitäten verhindern kann. Der Holzvorrat in Deutschland ist inzwischen so hoch wie seit dem Mittelalter nicht mehr, Tiefstand der Bewaldung war Anfang des 19. Jahrhunderts. Diese Kulturleistung ist ein grandioser Gemeinschaftserfolg der Försterinnen und Förster, die diesen hochbevorrateten Wald nach fast vollständiger Verwüstung in nur zweihundert Jahren wieder aufgebaut haben.

Dynamik der Kohlenstoffbilanz

Liegen die Holzvorräte einer Waldlandschaft unter den natürlichen Vorräten, sind Verzicht auf Holznutzung bzw. Abschöpfung des Holzzuwachses aus Klimasicht quantitativ etwa gleich zu bewerten, allerdings nur so lange, bis die Landschaft ihr natürliches Vorratsniveau erreicht hat bzw. keine verschärften Störungstendenzen auftreten. Angesichts der hohen Vorräte in Deutschland besteht im Hinblick auf die zu erwartende Störungsdynamik kein Spielraum mehr nach oben.

Würde Holz nicht geerntet, wäre der Wald zunächst weiter eine Senke für fossiles C. Jedoch sind Wälder wegen ihrer Langlebigkeit klimasensitiv[30] und in Zeiten eines trockener werdenden Klimas labile C-Speicher,[31] das Störungspotenzial steigt mit dem Alter der Bäume[32, 33] und so auch das Risiko, dass der Wald absehbar zur C-Quelle wird. So zeigen auch Buchenwälder inzwischen deutliche Trocknisschäden[31] mit einer Abnahme der Hektarvorräte. Auch Waldböden werden dann zur Quelle, denn die Erwärmung des Bodens hat höhere Mineralisationsraten der organischen Substanz des Bodens zur Folge.[34]

Im Zuge des Klimawandels wird die Fähigkeit der Landschaft, Kohlenstoff zu speichern, durch eine Ausbreitung von Waldtypen mit weniger C-Speicherpotenzial abnehmen.[35–43] Trockenwaldökosysteme haben eine geringere Produktivität[44–47] und weniger Biomasse als die meisten unserer heutigen Waldökosysteme. Untersuchungen zeigen, dass sich Wälder dem Klimawandel dadurch anpassen, dass sie weniger CO_2 assimilieren, weniger transpirieren, weniger kühlen.[48] Das System kann anfänglich die Veränderungen tolerieren, ab einer kritischen Schwelle aber nicht mehr verkraften,[49] schließlich ist der Klimawandel keine Witterungsschwan-

Abbildung 1:
Entwicklung der Mortalität in den Buchenwäldern am Großen Zimmerberg im Nationalpark Hainich in Thüringen in den Dürresommern 2018 (links) und 2019 (rechts). Dort findet seit vielen Jahrzehnten keine Nutzung statt. In grüner Farbe teil- bis vollentlaubte Kronen *(Bildquelle: Sören Hese, FU Berlin, Institut für Geographische Wissenschaften, Fernerkundung und Geoinformatik; Andreas Henkel, Nationalparkverwaltung Hainich; CIR Luftbilddaten, Juli 2018 und Juli 2019).*

kung, sondern ein Trend. Die sterbenden Buchen im Nationalpark Hainich sprechen genau diese Sprache.

Klimabedingter Wasserstress korreliert mit Waldbrandrisiken und biotischen Schäden,[31] Wälder sind, wenn sie länger nicht bewirtschaftet werden und so mehr Totholz angereichert haben, besonders durch Feuer bedroht.[4, 30] Im dicht besiedelten Mitteleuropa sind wir darauf angewiesen, den Prozess der Transformation in ein warm-trockenes Klima durch »Climate-Smart Forestry«[50] zu begleiten, um die Resilienz der Wälder zu erhöhen[18] und deren Klimaschutzfunktion dauerhaft aufrechtzuerhalten. Auch andere Ökosystemdienstleistungen wie Hochwasser- und Grundwasserschutz, Schutz vor Lawinen und touristische Wertschöpfung sind gefährdet. Der IPCC kommt zu dem Schluss, dass nachhaltige Waldbewirtschaftung bei Erhaltung der Kohlenstoffvorräte der Landschaft und einem nachhaltigen Ertrag an Holz auf lange Sicht den größten Klimanutzen hat.[51–53]

Logik der Holzproduktspeicher

Ein Holzproduktspeicher entsteht, wenn Bäume geerntet und zu Holzprodukten verarbeitet werden.[54,*] Bei nachhaltiger Waldpflege ist dieser eine Erweiterung des Waldspeichers, der als Teil des natürlichen C-Kreislaufes die Emission des Kohlenstoffs verzögert. Dabei entspricht einem Kubikmeter verbauten Holzes etwa eine Tonne CO_2. Wird ein altes Holzhaus durch ein neues Haus aus Holz ersetzt, ändert sich die Höhe des Produktspeichers nicht. Werden zusätzliche Häuser aus Holz gebaut oder länger genutzt, wächst der Produktspeicher[55] und ist eine C-Senke. Nimmt der Speicher ab, ist er eine C-Quelle. Befindet sich der Speicher über die Zeit in einem Fließgleichgewicht zwischen der Herstellung neuer und dem Ausscheiden alter Produkte, ist dies vergleichbar mit Primärwald- bzw. nachhaltig bewirtschafteten Waldlandschaften.

Rechtzeitiges Ernten des Holzes zur Überführung in den Produktspeicher ist daher die zielführende Strategie zur Begrenzung des Risikos der Freisetzung von CO_2 durch Verrottung oder Feuer, sie muss Vorrang vor einer unmittelbaren energetischen Verwertung oder einer Unterschutzstellung haben. Zu frühes Ernten würde andererseits zunächst die Klimaschutzwirkung des Systems Waldlandschaft mindern, wobei nicht vergessen werden darf, dass jüngere Wälder und bewirtschaftete Waldlandschaften höhere Zuwächse als nicht bewirtschaftete haben.[4, 56]

Holz kommt, auch in Form von Holzwerkstoffen, im Bau- und Wohnbereich, für Paletten, Möbel, Haushaltsgegenstände, Außenanlagen, als Verpackungsmaterial, Papier und in Hygieneartikeln zum Einsatz. Am Ende der Lebensdauer dieser Produkte steht die End-of-Life-Option der energetischen Nutzung, wodurch der Kohlenstoff oxidiert wird und als CO_2 wieder in die Atmosphäre gelangt. Die C-Bilanz von der Fotosynthese im Wald bis zur Oxidation ist ausgeglichen.

Etwa 30 Prozent des geernteten Holzes bilden nach Abzug von Waldrestholz (Wipfel, Äste, durch Fäule entwertete, unregelmäßige und beschädigte Stammabschnitte) und Verschnitt den Produktspeicher,[57–59] der sich in Deutschland 2014 auf 308 bis 347 Millionen Tonnen C, entsprechend 1,1 bis 1,3 Milliarden Tonnen CO_2, belief.[58] Dabei ermöglichen Nadelbaumarten gegenüber Laubbaumarten eine höhere Ausbeute bei der Produktherstellung. Von 2009 bis 2013 wuchs dieser Speicher, was eine negative Emission von jährlich 3,5 Millionen Tonnen CO_2 dar-

* Auf den mit einer Aufgabe der Waldnutzung in Deutschland steigenden Nutzungsdruck auf Wälder anderer Regionen und die damit verbundene Waldzerstörung wird hiermit ausdrücklich hingewiesen.

stellte,[58] 2016 waren es noch etwa 2,3 Millionen Tonnen CO_2.[60] Weiteres Wachstum hängt von der Konjunktur, den Bauvorschriften und der künftigen Waldpolitik ab, Nutzungsverzicht in Wäldern kann den Produktspeicher aber zur C-Quelle werden lassen.

Städte aus Holz können flächenbezogen über lange Zeiträume mehr C festlegen als sehr vorratsreiche Wälder, der C-Speicher dieser »sink cities« könnte bis 2050 weltweit bis zu neun Prozent des C der Wälder der Erde erreichen.[61] Die Schaffung eines so großen Produktspeichers stellt eine negative CO_2-Emission dar, mit der das globale CO_2-Budget für viele Jahrzehnte entlastet würde.

Aus Sicht des Klimaschutzes ist die Verweildauer des Kohlenstoffs im Produktspeicher entscheidend, sie ist bei Papier mit wenigen Jahren kurz, Holz im konstruktiven Bau hat dagegen eine durchschnittliche Nutzungsdauer von etwa 75 Jahren.[58, 62, 63] Holzbauinitiativen mit heimischem Holz sind zu begrüßen, weil Holzhäuser den Kohlenstoff besonders lange binden. Steigern lässt sich die Verweildauer auch durch Kaskadennutzung des Holzes, zum Beispiel dadurch, dass Altholz zunächst zu Schnittholz und danach noch weitere Male zu Spanplatten verarbeitet wird, was andererseits aber wieder mit einem hohen Energiebedarf einhergeht.[64] Aktuell werden knapp 20 Prozent des Altholzes stofflich weiterverwertet,[64] angesichts der Knappheit der Ressource Holz sollte versucht werden, diesen Anteil zu steigern, auch eine chemische Konversion steht künftig vermehrt zur Diskussion.[65]

Kaskadierung ist wünschenswert, sie verschiebt den Zeitpunkt der Emission von CO_2 weiter in die Zukunft. Forderungen, Frischholz und Industrierestholz zunächst ausschließlich stofflich zu nutzen, gehen jedoch an der Realität vorbei.[66] Andererseits sind einer Multi-Stage-Kaskadierung auch durch die Anreicherung von Schadstoffen[67] Grenzen gesetzt. Für unbelastetes Altholz besserer Qualität sollte die weitere stoffliche Nutzung Präferenz haben, belastete Althölzer sollten dagegen unmittelbar energetisch verwertet werden.

Stoffliche und energetische Substitution durch Holz

Die stoffliche Substitution darf nicht mit dem Produktspeicher verwechselt werden. Sie umfasst alle vermiedenen fossilen Emissionen, die mit dem Produktsystem Holz verknüpft sind. Werden aus Holz Produkte hergestellt, ist dieser Prozess in den allermeisten Fällen mit deutlich weniger fossilen CO_2-Emissionen verbunden, als wenn dazu Stahl, Aluminium, Glas oder Beton verwendet würde.[58, 65, 68–72]

Für Mitteleuropa kann aktuell von einem über den gesamten Lebenszyklus* der Holzprodukte kalkulierten stofflichen Substitutionsfaktor von 1,5 Tonnen C je Tonne C ausgegangen werden,[1, 73–77] das bedeutet, dass pro Tonne C im fertigen Holzprodukt 1,5 Tonnen fossiles C gegenüber der Herstellung eines Nichtholzproduktes derselben funktionellen Einheit vermieden werden. Je nach Produktpalette können diese Faktoren stark variieren. Wenn 30 Prozent des geernteten Holzes in den Produktspeicher gehen, vermeidet ein Vorratsfestmeter geerntetes Holz auf der Basis des aktuellen Energiemixes 0,413 Tonnen fossile CO_2-Emission. Die ÖKOBAUDAT des Bundesministeriums des Innern, für Bau und Heimat enthält 1.400 Datensätze für Holzwaren, auf deren Basis ein detaillierter Vergleich mit anderen Materialien möglich ist.[78] Dabei bedient man sich der Methodik der Ökobilanzierung.[79] Für Deutschland ergibt sich beim Bau von Ein- und Zweifamilienhäusern aus Holz statt aus mineralischen Bestandteilen eine Vermeidung fossiler Treibhausgasemissionen von 35 bis 56 Prozent je Gebäude.[80]

Bei der energetischen Substitution wird der im Holz enthaltene Kohlenstoff oxidiert und die dabei freigesetzte Energie elektrisch oder thermisch genutzt. Dadurch wird vermieden, dass fossiles C aus der Erdkruste in den mit dem Wald und den Holzprodukten verknüpften biosphärisch-atmosphärischen Kreislauf gelangt. Unter Berücksichtigung des fossilen Aufwandes der gesamten Lieferkette[4] für Fahrkilometer des Forstpersonals, Motorsägen, Erntemaschinen, Transport zum Ort der Verbrennung sowie der Wirkungsgrade bei der Verbrennung ergibt sich aktuell ein Substitutionsfaktor von 0,67 Tonnen C je Tonne C,[1, 57] das entspricht 0,614 Tonnen vermiedenem fossilen CO_2 je Vorratsfestmeter. Eine stoffliche Verwertung sollte einer energetischen nach Möglichkeit vorangehen, denn dann substituiert Holz mehrmals, einmal oder mehrfach als Produkt und ein zweites Mal als Energielieferant.

In Deutschland wird ein knappes Drittel des hierzulande geernteten Holzes als Waldrestholz zeitnah energetisch verwertet, 60 Prozent gehen in die Holzverarbeitung,[59] dabei entstehen etwa 50 Prozent Verschnitt und Reststoffe, die ebenfalls größtenteils energetisch verwertet werden. Ein Teil der Holzprodukte ist am Ende ihres Lebenszyklus einem natürlichen Verrottungsprozess ausgesetzt und substituiert dabei kein fossiles CO_2, zum Beispiel ein Zaunpfahl im Garten. Totholz

* Die mit Produkten verbundenen Treibhausgasemissionen werden auf der Grundlage der Lebenszyklusanalyse (LCA) quantifiziert, einer standardisierten Methode zur Quantifizierung der Umweltauswirkungen über den gesamten Lebenszyklus von Produkten.

im Wald weist übrigens ähnliche Zeiträume bis zur Freisetzung des CO_2 auf wie Holzprodukte, auch hier wird kein fossiles CO_2 substituiert.

Werden Holzprodukte am Ende der Kaskade verbrannt, gelangt das CO_2 erst nach Jahren bzw. Jahrzehnten nach der Holzernte wieder in die Atmosphäre, je langlebiger die Produkte sind, desto später und desto besser für das Klima. Dieser Sachverhalt ist angesichts zu erwartender Kipppunkte des Klimas besonders wichtig. Einen prinzipiellen Konflikt zwischen energetischer und stofflicher Verwertung von Holz gibt es in Deutschland nicht, da fast sämtliches Holz, mit oder ohne vorherige stoffliche Verwertung, energetisch genutzt wird, lediglich um den Zeitpunkt wird gerungen. Holz ist eine wichtige Option für CO_2-neutrale Heizungen und für industrielle Prozesse und kann Regelenergie zur Aufrechterhaltung der Stromstabilität liefern. Holzheizkraftwerke sind Teil einer »Circular Economy«, unentbehrlicher Bestandteil der Nutzungskaskade und systemisch relevant.[66, 69]

Heimische Wälder werden gewöhnlich nicht für Bioenergie verbrannt. Energetisch genutztes Holz ist ein Nebenprodukt der Herstellung von Säge- und Zellstoffholz für stoffliche Anwendungen. Holzheizkraftwerke nutzen Waldrestholz, Reststoffe aus der Holzverarbeitung wie Sägemehl und Rinde, Landschaftspflegeholz sowie Altholz. Stärkere Stämme ausreichender Dimension und Qualität werden zur Herstellung hochwertiger Produkte wie Schnittholz und Holzwerkstoffe eingesetzt. Die Erziehung von Wertholz im Rahmen der Waldpflege ist deshalb so wichtig, und hochwertiges Stammholz sollte vorrangig in den Produktspeicher gehen. Würde alles Stammholz, das gegenwärtig als Scheitholz verbrannt wird, zunächst einer stofflichen Verwendung zugeführt, könnte jährlich mehr als eine Million Tonnen fossiles CO_2 vermieden werden.[64] Deshalb sollte auch Stammholz aus Kalamitäten nicht direkt verbrannt, sondern zunächst möglichst einer stofflichen Verwendung zugeführt werden.

Ob die energetische Nutzung von Holz CO_2-neutral ist, hängt vom Einfluss der Holznutzung auf den C-Speicher der Waldlandschaft ab, der aber auch durch natürliche Störungen beeinflusst wird. Sofern der Speicher konstant bleibt oder zunimmt, ist CO_2-Neutralität gegeben.[3, 81] «Climate-Smart Forestry«[50] ist geeignet, diese Voraussetzung zu gewährleisten,[69, 82] man benötigt dazu eine hoch entwickelte Waldwirtschaft mit gut ausgebildetem Personal, eine Voraussetzung, die in Mitteleuropa gewöhnlich erfüllt ist. In der UNFCCC*-Berichterstattung wird

* United Nations Framework Convention on Climate Change.

im LULUCF*-Sektor die Holzernte als CO_2-Emission bewertet. Um eine Doppelzählung zu verhindern, werden Emissionen aus der energetischen Nutzung von Holz am Ort der Verbrennung mit null angerechnet.[83] Die fossilen Emissionen der Lieferkette werden im Energiesektor verbucht. Die Nachhaltigkeit der Waldbewirtschaftung garantiert die Wiedereinbindung des bei der Holzernte als Emission verbuchten C in die Waldlandschaft. Die CO_2-Neutralität gilt heute und in Zukunft unabhängig vom jeweiligen Energiemix.

Die spezifische Emission eines Brennstoffes hängt von seinem C-Gehalt ab, bei Holz und Braunkohle liegt sie bei 0,35 Kilogramm CO_2 je Kilowattstunde, bei Erdgas bei 0,20 Kilogramm, Diesel liegt bei 0,27 und Stroh bei 0,47 Kilogramm. Bei der Verbrennung von Holz entsteht also, bezogen auf den Energiegehalt, 75 Prozent mehr CO_2 als bei der Verbrennung von Erdgas. Die Höhe der spezifischen Emission ist bei der Beurteilung der CO_2-Neutralität allerdings irrelevant. Fossile Energieträger befördern Kohlenstoff aus der Erdkruste, wo sie seit Jahrmillionen dem Kreislauf entzogen sind, in das Biosphären-Atmosphären-System. Die energetische Nutzung von Holz setzt dagegen Kohlenstoff frei, der bereits Teil des Austauschs zwischen Biosphäre und Atmosphäre ist. Auch Holz, das im Wald verrottet, setzt dieses CO_2 frei, ein Prozess, bei dem allerdings keine fossilen CO_2-Emissionen vermieden werden. Die Auswirkung auf die atmosphärische CO_2-Konzentration bei einem Wechsel von fossilen Brennstoffen auf Biomasse ist deshalb nicht durch einen Vergleich der CO_2-Emissionen am Ort der Verbrennung möglich. Ein Vergleich wäre nur dann richtig, würde man einen Wald endgültig roden, um ihn zu verbrennen, nur in diesem Fall würde das freigesetzte CO_2 die Atmosphäre belasten. Da die spezifische Energie von Holz gering ist, sollte bevorzugt regionales Holz aus heimischen Wäldern zum Einsatz kommen.

Gibt es eine Kohlenstoffschuld?

Eine Kohlenstoffschuld (carbon dept) entsteht bei hohen Vorräten und nachhaltiger Waldwirtschaft nicht.[4, 69, 84] Die Diskussion über eine einzelbestandsweise »carbon debt payback period« ist irreführend. Der Vorrat einer Waldlandschaft ist am Ende der folgenden Vegetationsperiode bereits wieder auf dem Niveau vor der Nutzung, auf der Basis der Verweildauer des Kohlenstoffs in den Holzprodukten ist er längst ausgeglichen, bevor alles Holz verbrannt ist, nicht erst nach 50 oder

* Land Use, Land-Use Change and Forestry.

100 Jahren.[3] Überlässt man dagegen Waldlandschaften großflächig sich selbst, können durch natürliche Störungen Kohlenstoffschulden sehr großen Ausmaßes entstehen.[4] Holzenergie aus einer solchermaßen nachhaltigen Waldwirtschaft ist deshalb CO_2-neutral. Holznutzung bedeutet Vermeidung fossiler CO_2-Emission ein für alle Mal, Jahr für Jahr, Vermeidung ist deshalb kumulativ. Wachsen lassen bedeutet hingegen Kompensation fossiler Emission in einem labilen Speicher, der das CO_2 jederzeit wieder in die Atmosphäre entlassen kann.

Geht man davon aus, dass 10 Prozent des geernteten Holzes als Rückstände im Wald verbleiben, 30 Prozent als Waldrestholz und 30 Prozent aus Verschnitt und Reststoffen zeitnah nach der Holzernte und die restlichen 30 Prozent aus Produkten als Altholz am Ende von deren Lebenszyklus energetisch genutzt werden,[59] ergibt sich aus der Waldbewirtschaftung eine Vermeidung von 966 Kilogramm fossilem CO_2 pro Kubikmeter geerntetem Holz.* Würde man kontrafaktisch den Wald weiter wachsen lassen, würde je Vorratsfestmeter das Äquivalent von 917 Kilogramm CO_2 eingelagert werden.

Der Wald vor Gericht und die Klimapolitik

Mit dem Beschluss vom 24. März 2021 hat der Erste Senat des Bundesverfassungsgerichts entschieden, dass das Klimaschutzgesetz vom 12. Dezember 2019 mit den Grundrechten unvereinbar ist, weil hinreichende Maßgaben für die Emissionsreduktion fehlten. Die am 24. Juni 2021 verabschiedete Novelle offenbart aber das Unvermögen der Politik, die Emission an Treibhausgasen stärker zu reduzieren. Stattdessen geht man den Weg, diese weiterhin zuzulassen und in Wäldern binden zu wollen. Das ginge, stabile Zuwächse vorausgesetzt, nur über eine Begrenzung der Nutzung auf die Hälfte des Zuwachses und würde theoretisch zu einem enormen Vorratsanstieg führen. Dass dieses Vorhaben eine Luftbuchung ist, wird durch die bereits jetzt sichtbare Labilität der Wälder deutlich, die im Klimawandel zur C-Quelle werden. Waldbrände im Mittelmeerraum zeigen, wohin die Reise geht. Dürre, Insekten und Feuer werden in den kommenden Jahrzehnten dafür sorgen, dass die Wälder CO_2 in großem Stil wieder in die Atmosphäre entlassen und den Klimawandel befeuern.

Die EU verlangt jedoch, dass C-Speicher langfristig stabil und anpassungsfähig sein müssen.[85] Hochbevorratete Wälder sind dies unter dem Einfluss eines sich

* $0{,}917\ \text{kg}\ CO_{2\ \text{erneuerbar}}/\text{Vfm} \times (0{,}9 \times 0{,}67 + 0{,}3 \times 1{,}5) \triangleq 0{,}966\ \text{kg}\ CO_{2\ \text{fossil}}/\text{Vfm}$

ändernden Klimas nicht, sie taugen niemals als Lagerstätte für fossiles C. Klimafreundliche Holzbauoffensiven zur C-Speicherung wären nur durch eine Steigerung der Holzimporte möglich. Einem Wachstum des Waldspeichers in Deutschland würden Speicherverluste in Drittländern gegenüberstehen. Während Wälder hierzulande zu C-Senken erklärt würden, degenerierten sie andernorts zu C-Quellen, ein typisches Verhalten reicher Nationen, die so ihren ökologischen Fußabdruck ins Ausland verlagern und vergessen, dass Klimaschutz global ansetzen muss. Statt fossile Emissionen mit Holz zu vermeiden, will man sie zulassen und anschließend im Wald verstecken, obschon seit Rio der Grundsatz gilt: Vermeidung vor Kompensation. Dieser untaugliche Versuch wird scheitern, die Pariser Klimaziele rücken damit in weite Ferne, Generationengerechtigkeit sieht anders aus!

Vermeidung und CO_2-Neutralität sind zwei Seiten derselben Medaille. Die Substitutionsfaktoren hängen vom jeweiligen Energiemix eines Wirtschaftsraumes ab. Sinken die spezifischen CO_2-Emissionen durch Dekarbonisierung, verringert sich die Substitution entsprechend. Wird das Holz der Häuser, die heute gebaut werden, nach Jahrzehnten energetisch verwertet, wird der Kreislauf des Kohlenstoffs, der mit der Fotosynthese begann, wieder geschlossen. Holz aus Wirtschaftswäldern wird auch nach 2050 als Rohstoff für die Bioökonomie benötigt. Vermutlich wird im Jahr 2100 das Erdklima über dem Zwei-Grad-Ziel liegen, Lachgas und Methan aus der Landwirtschaft werden aber weiterhin das Klima belasten. Mithilfe von CDR-Technologien* muss dann das überschüssige CO_2, in Deutschland etwa 60 Millionen Tonnen[86] jährlich, aus der Atmosphäre wieder entfernt werden.

Über die Fotosynthese der Wälder den CO_2-Gehalt der Atmosphäre wieder zu reduzieren ist unter den bislang bekannten Technologien am effektivsten und billigsten. »Burying biomass«-(BECCS**-)Technologien[87] werden dann einen Beitrag zur Schaffung negativer CO_2-Emissionen leisten müssen, damit der Atmosphäre mehr CO_2 entnommen als durch Emission zugeführt wird.[61, 86] Hier kommt die Umwandlung von Holz in Pflanzenkohle ins Spiel. Pflanzenkohle hat einen C-Gehalt von 70 bis 80 Prozent und kann vielseitig eingesetzt werden, zum Beispiel als Bodenverbesserer in der Landwirtschaft. Mit Pflanzenkohle als biologischem Baumaterial könnten ganze Städte zu gewaltigen C-Senken werden. Ohne bewirtschaftete Waldlandschaften ist das nicht möglich.

---

* Carbon Dioxide Removal.

** BioEnergy with Carbon Capture and Storage.

Anmerkungen

1 Knauf, M.; Frühwald, A. (2013): Beitrag des NRW Clusters ForstHolz zum Klimaschutz. Studie von Knauf Consulting und Prof. Dr. Arno Frühwald in Kooperation mit Prof. Dr. Michael Köhl (beide Zentrum Holzwirtschaft der Universität Hamburg) im Auftrag des Ministeriums für Klimaschutz, Umwelt, Landwirtschaft, Natur- und Verbraucherschutz des Landes Nordrhein-Westfalen und des Landesbetriebs Wald und Holz Nordrhein-Westfalen. Landesbetrieb Wald und Holz Nordrhein-Westfalen (Hrsg.), Münster.

2 Schardt, M. (2006): Das Problem mit der »Holzfeuchte« und dem »Wassergehalt«. In: LWF aktuell 54: S. 50–51.

3 Cowie, A. L.; Berndes, G.; Bentsen, N. S.; et al. (2021): Applying a science-based systems perspective to dispel misconceptions about climate effects of forest bioenergy. In: Global Chance Biology Bioenergy. 13: S. 1210–1231.

4 Lippke, B.; Oneil, E.; Harrison, R.; et al. (2011): Life cycle impacts of forest management and wood utilization on carbon mitigation: knowns and unknowns. In: Carbon Management 2(3): S. 303–333.

5 Schulze, E. D.; Stupak, I.; Hessenmöller, D. (2019): The climate mitigation potential of managed versus unmanaged spruce and beech forests in Central Europe. In: Bioenergy with Carbon Capture and Storage: Using Natural Resources for Sustainable Development. Eds: José Carlos Magalhães Pires, Ana Luísa Da Cunha Gonçalves, Academic Press, S. 131–149.

6 Thünen-Institut (2019): Dritte Bundeswaldinventur. Ergebnisdatenbank [https://bwi.info; 7Z1JI_L2000f_2017_ab10cm / 2019-2-14 12:31:1.057 77Z1JI_L362of_2017_bi / 2019-2-8 19:13:33.090; aufgerufen am 11. 08. 2021].

7 Christensen, M.; Hahn, K.; Mountford, E. P.; et al. (2005): Dead wood in European beech (Fagus sylvatica) forest reserves. In: Forest Ecology and Management 210: S. 267–282.

8 Endres, U.; Förster, B. (2010): Strukturveränderungen in Buchennaturwaldreservaten. Totholz unterliegt in den »reifenden« Naturwaldreservaten einer starken Dynamik. In: LWF aktuell 77: S. 54–56.

9 Nationalpark Hainich (Hrsg.) (2012): Waldentwicklung im Nationalpark Hainich. Ergebnisse der ersten Wiederholung der Waldbiotopkartierung, Waldinventur und der Aufnahme der vegetationskundlichen Dauerbeobachtungsflächen. In: Erforschen, Bd. 3, Bad Langensalza.

10 Schulze, E. D.; Rock, J.; Kroiher, F.; et al. (2021): Klimaschutz mit Wald. Speicherung von Kohlenstoff im Ökosystem und Substitution fossiler Brennstoffe. In: Biologie in unserer Zeit 51(1): S. 46–54.

11 Luyssaert, S.; Schulze, E. D.; Börner, A.; et al. (2008): Old-growth forests as global carbon sinks. In: Nature 455: S. 213–215.

12 Schelhaas, M. J.; Nabuurs, G. J.; Schuck, A. (2013): Natural disturbances in the European forests in the 19th and 20th centuries. In: Global Change Biology 9: S. 1620–1633.

13 Paul, T.; Kimberley, M. O.; Beets, P. N. (2021): Natural forests in New Zealand — a large terrestrial carbon pool in a national state of equilibrium. In: Forest Ecosystems 8: S. 34.

14 Stillhard, J.; Hobi, M. L.; Brang, P.; et al. (2021): Structural changes in a primeval beech forest at the landscape scale. In: Forest Ecology & Management (im Druck).

15 Korpel, S. (1995): Die Urwälder der Westkarpaten. Stuttgart: Gustav Fischer.

16 Höllerl, S.; Sefidi, K.; Mohadjer, M. R. M.; et al. (2012): Wie hoch ist der »natürliche Holzvorrat« in Buchenwäldern? Kaspische Buchenurwälder widersprechen SRU-Umweltgutachten. In: AFZ-DerWald 18: S. 27–29.

17 Smith, N. (1994): Twenty year re-measurement of old-growth permanent plots. Internal research document. MacMillan Bloedel Ltd. Nanaimo BC.

18 Bolsinger, C.; McKay, N.; Gedney, D.; et al. (1997): Washington's public and private forests. In: Resource Bulletin PNW-RB-218. Portland, OR: USDA Forest Service. Pacific Northwest Research Station, 144 S.

19 Gundersen, P.; Thybring, E. E,; Nord-Larsen, T.; et al. (2021): Old-growth forest carbon sinks overestimated. In: Nature 591: S. E21–E23

20 Nord-Larsen, T.; Vesterda, L.; Scott Bentsen, N.; et al. (2019): Ecosystem carbon stocks and their temporal resilience in a semi-natural beech-dominated forest. In: Forest Ecology and Management 447: S. 67–76.

21 Hennig, P.; Schnell, S.; Riedel, T. (2019): Produktivität der Wälder. In: AFZ-DerWald 14: S. 28–31.

22 BMEL (2018): Bundesministerium für Ernährung und Landwirtschaft: Waldböden in Deutschland. Ausgewählte Ergebnisse der zweiten Bodenzustandserhebung. Bonn. Bearb.: Wellbrock, N.; Grüneberg, E.

23 Wellbrock, N.; Bolte, A (2019): Status and Dynamics of Forests in Germany. Results of the National Forest Monitoring. In: Ecological Studies 237: 384 S.

24 Achat, D. L.; Fortin, M.; Landmann, G.; et al. (2015): Forest soil carbon is threatened by intensive biomass harvesting. In: Scientific Reports 5, Article number: 15991.

25 Johnson, D. W.; Curtis, P. S. (2001): Effects of forest management on soil C and N storage: meta analysis. In: Forest Ecology and Management 140: S. 227–238.

26 Nave, L. E.; Vance, E. D.; Swanston, C. W.; et al. (2010): Harvest impacts on soil carbon storage in temperate forests. In: Forest Ecology and Management 259(5): S. 857.

27 Baird, M.; Zabowski, D.; Everett, R. L. (1999): Wildfire effects on carbon and nitrogen in inland coniferous forests. In: Plant Soil 209: S. 233–243.

28 Bormann, B. T.; Homann, P. S.; Darbyshire, R. L.; et al. (2008): Intense forest wildfire sharply reduces mineral soil C and N : the first direct evidence. In: Canadian Journal of Forest Research 38: S. 2771–2783.

29 Ciais, P.; Schelhaas, M. J.; Zaehle, S.; et al. (2008): Carbon accumulation in European forests. In: Nature Geoscience 1: S. 425–429.

30 Forzieri, G.; Girardello, M.; Ceccherini, G.; et al. (2021): Emergent vulnerability to climate-driven disturbances in European forests. In: Nature Communications 12(1): S. 1–12.

31 Bolte, A.; Höhl, M.; Hennig, P.; et al. (2021): Zukunftsaufgabe Waldanpassung. In: AFZ-DerWald 4: S. 12–16.

32 Langer, G. (2019): Komplexe Erkrankungen bei älteren Rotbuchen. In: AFZ-DerWald 74(24): S. 30–33.

33 Langer, G.; Bußkamp, J.; Langer, E. J. (2020): Absterbeerscheinungen bei Rotbuche durch Trockenheit und Wärme. In: AFZ-DerWald 75(4): S. 24–27.

34 Prietzel, J.; Zimmermann, L.; Schubert, A.; et al. (2016): Organic matter losses in German Alps forest soils since the 1970s most likely caused by warming. In: Nature Geoscience 9: S. 1–6.

35 Kint, V.; Campioli, M.; Delcloo, A.; et al. (2012): Radial growth change of temperate tree species in response to altered regional climate and air quality in the period 1901–2008. In: Climatic Change 115: S. 343–363.

36 Kruhlov, I.; Thom, D.; Chaskovskyy, O.; et al. (2018): Future forest landscapes of the Carpathians: vegetation and carbon dynamics under climate change. In: Regional Environmental Change 18: S. 1555–1567.

37 Le Page, Y.; Huritt, G.; Thomson, A.; et al. (2013): Sensitivity of climate mitigation strategies to natural disturbances. In: Environmental Research Letters 8(1).

38 Nabuurs, G. J.; Lindner, M.; Verkerk, H. (2013): First signs of carbon sink saturation in European forest biomass. In: Nature Climate Change 3: S. 1–5.

39 Piao, S.; Wang, X.; Ciais, P.; et al. (2011): Changes in satellite-derived vegetation growth trend in temperate and boreal Eurasia from 1982 to 2006. In: Global Change Biology 17: S. 3228–3239.

40 Piovesan, G.; Di Filippo, A.; Biondi, F.; et al. (2008): Drought-driven growth reduction in old beech (Fagus sylvatica L.) forests of the central Apennines, Italy. In: Global Change Biology 14: S. 1–17.

41 Seidl, R.; Schelhaas, M. J.; Rammer, W.; et al. (2014): Increasing forest disturbances in Europe and their impact on carbon storage. In: Nature Climate Change 4: S. 806–810.

42 Schelhaas, M. J.; Nabuurs, G. J.; Schuck, A. (2003): Natural disturbances in the European forests in the 19th and 20th centuries. In: Global Change Biology 9(11): S. 1620-1633.

43 Thom, D.; Rammer, W.; Garstenauer, R.; et al. (2018): Legacies of past land use have a stronger effect on forest carbon exchange than future climate change in a temperate forest landscape. In: Biogeosciences 15: S. 5699–5713.

44 Ciais, P.; Reichstein, M.; Viovy, N.; et al. (2005): Europe-wide reduction in primary productivity caused by the heat and drought in 2003. In: Nature 437: S. 529–533.

45 Kimmins, J. P.; Comeau, P. G.; Kurz, W. (1990): Modelling the interactions between moisture and nutrients in the control of forest growth. In: Forest Ecology and Management 30: S. 361–379.

46 Thom, D.; Rammer, W.; Seidl, R. (2017): The impact of future forest dynamics on climate : interactive effects of changing vegetation and disturbance regimes. In: Ecological Monographs 87(4): S. 665–684.

47 von Gadow, K.; Álvarez González, J. G.; Zhang, C. (2021): Sustaining Forest Ecosystems. Managing Forest Ecosystems 37.

48 Körner, C. (2020): Biodiversität, Kohlenstoffkreislauf und Klimawirkung sind im Wald eng verknüpft. In: Forum für Wissen 2020: S. 65–70.

49 Jandl, R.; Spathelf, P.; Bolte, A.; et al. (2019): Forest adaptation to climate change: is non-management an option? In: Annals of Forest Science 76: S. 48.

50 Bowditch, E.; Santopuoli, G.; Binder, F.; et al. (2020): What is Climate-Smart Forestry? A definition from a multinational collaborative process focused on mountain regions of Europe. In: Ecosystem Services 43: S. 101–113.

51 Nabuurs, G. J.; O Masera, K.; Andrasko, P.; et al. (2007): Forestry. Metz, B.; Davidson, O. R.; Bosch, P. R.; Dave, R.; Meyer, L. A. (Hrsg.) Climate Change 2007: Mitigation. Contribution of Working Group III to the Fourth Assessment Report of the Intergovernmental Panel on Climate Change (IPPC), Cambridge University Press, Cambridge.

52 Rüter, S.; Rock, J.; Köthke, M.; et al. (2011): Wieviel Holznutzung ist gut fürs Klima? CO_2-Bilanzen unterschiedlicher Nutzungsszenarien 2013 bis 2020.

53 Werner, F.; Taverna, R.; Hofer, P.; et al. (2010): National and global greenhouse gas dynamics of different forest management and wood use scenarios: a model-based assessment. In: Environmental Science and Policy 13: S. 72–85.

54 Umweltbundesamt (2021): Berichterstattung unter der Klimarahmenkonvention der Vereinten Nationen und dem Kyoto-Protokoll 2021: Nationaler Inventarbericht zum Deutschen Treibhausgasinventar 1990–2019. In: Climate Change 43: 994 S.

55 Rüter, S. (2011): Projection of Net-Emissions from Harvested Wood Products in European Countries for the Period 2013–2020. Arbeitsbericht aus dem Institut für Holztechnologie und Holzbiologie, Nr. 1.

56 Rüter, S.; Werner, F.; Forsell, N.; et al. (2016): ClimWood2030, Climate benefits of material substitution by forest biomass and harvested wood products: Perspective 2030 — Final Report. Braunschweig, Johann Heinrich von Thünen-Institut, 142 S., Thünen Rep 42.

57 Schulze, E. D.; Sierra, C.; Egenolf, V.; et al. (2020): The climate change mitigation effect of bioenergy from sustainably managed forests in Central Europe. Global Change Biology Bioenergy 12(3): S. 186–197.

58 Rüter, S. (2017): Der Beitrag der stofflichen Nutzung von Holz zum Klimaschutz. Das Modell Wood-CarbonMonitor. Technische Universität München, Wissenschaftszentrum Weihenstephan für Ernährung, Landnutzung und Umwelt, Dissertation, 270 S.

59 Döring, P.; Glasenapp, S.; Mantau, U. (2017): Regionale Derbholzverwendung und Vergleich zum WEHAM-Derbholzpotenzial. Abschlussbericht zum Teilvorhaben des Verbundforschungsprojekts WEHAM-Szenarien (AP 3.2). Hamburg, Universität, und Eberswalde, Hochschule für nachhaltige Entwicklung.

60 Thünen-Institut (2019): Projektionsbericht 2019 für Deutschland gemäß Verordnung (EU) Nr. 525/2013, 233 S.

61 Churkina, G.; Organschi, A.; Reyer, C. P. O.; et al. (2020): Buildings as a global carbon sink. In: Nature Sustainability 3: S. 269–276.

62 Frühwald, A.; Pohlmann, C.; Wegener, G. (2001): Holz — Rohstoff der Zukunft nachhaltig verfügbar und umweltgerecht. In: Informationsdienst Holz, DGfH e.V. und Holzabsatzfinds, Holzbauhandbuch, Reihe 1, Teil 3, Folge 2, 32 S.

63 IPCC (2006): IPCC Guidelines for Greenhouse Gas Inventories — Vol 4: Agriculture, Forestry and other Land Use. Hayama, Kanagawa, Japan: IEA/OECD, IPCC National Greenhouse Gas Inventories Programme, Technical Support Unit, 683 S.

64 Gärtner, S.; Hienz, G.; Keller, H.; Müller-Lindenlauf, M. (2013): Gesamtökologische Bewertung der Kaskadennutzung von Holz: Umweltauswirkungen stofflicher und energetischer Holznutzungssysteme im Vergleich. Heidelberg, IFEU.

65 Leskinen, P.; Cardellini, G.; González-García, S.; et al. (2018): Substitution effects of wood-based products in climate change mitigation. In: From Science to Policy 7. European Forest Institute, 27 S.

66 Baur, F.; Wern, B.; Vogler, C.; et al. (2019): Altholz — Quo vadis? Abschlussbericht, Saarbrücken. izes gGmbH Institut für ZukunftsEnergie- und Stoffstromsysteme.

67 Thorwarth, H.; Scheuber, M. (2020): Die Qualität bestimmt die Grenzen der Kaskadennutzung von Altholz. Quality determines cascade use limitations for waste wood. In: Müll und Abfall 20(3): S. 131–137.

68 Chen, J.; Ter-Mikaelian, M. T.; Yang, H.; et al. (2017): Assessing the greenhouse gas effects of harvested wood products manufactured from managed forests in Canada. In: Forestry 91: S. 193–205.

69 Nabuurs, G. J.; Delacote, P.; Ellison, D.; et al. (2015): A new role for forests and the forest sector in the EU post-2020 climate targets. In: From Science to Policy 2. Sarjanr, Finland, European Forest Institute.

70 Sathre, R.; Gustavsson, L. (2009): A state-of-the-art review of energy and climate effects of wood product substitution. Ecotechnology, Ötersund, Mid Sweden University.

71 Sathre, R.; O'Connor, J. (2010a): A Synthesis of Research on Wood Products & Greenhouse Gas Impacts, 2nd Edition. Vancouver, B.C, Canada, 117 S., Technical Report No. TR-19R.

72 Sathre, R.; O'Connor, J. (2010b): Meta-analysis of greenhouse gas displacement factors of wood product substitution. In: Environmental Science & Policy 13(2): S. 104–114.

73 Knauf, M. (2015): A multi-tiered approach for assessing the forestry and wood products industries' impact on the carbon balance. In: Carbon Balance and Management 10: S. 4.

74 Knauf, M. (2016): The wood market balance as a tool for calculating wood use's climate change mitigation effect : an example for Germany. In: Forest Policy and Economics 66: S. 18–21.

75 Knauf, M.; Joosten, R.; Frühwald, A. (2016): Assessing fossil fuel substitution through wood use based on long-term simulations. In: Carbon Management 7: S. 1–2, 67–77.

76 Knauf, M.; Köhl, M.; Mues, V.; et al. (2015): Modeling the CO_2-effects of forest management and wood usage on a regional basis. In: Carbon Balance and Management 10: S. 13.

77 Köhl, M.; Ehrhart, H. P.; Knauf, M. (2020): A viable indicator approach for assessing sustainable forest management in terms of carbon emissions and removals. In: Ecological Indicators 111:106057.

78 BMUB (2015): Bundesministerium für Umwelt, Naturschutz, Bau- und Reaktorsicherheit: Ökobaudat. Informationsportal Nachhaltiges Bauen: Datenbank ökobaudat [http://www.oekobaudat.de/datenbank/browser-oekobaudat.html; aufgerufen am 14.08.2021].

79 Klöpfer, W.; Grahl, B. (2009): Ökobilanz (LCA): Ein Leitfaden für Ausbildung und Beruf. Wiley-VCH, Weinheim.

80 Hafner, A.; Schäfer, S. (2017): Comparative LCA study of different timber and mineral buildings and calculation method for substitution factors on building level. In: Journal of Cleaner Production 167: S. 630–642.

81 Sathre, R.; Gustavsson, L. (2011): Time-dependent climate benefits of using forest residues to substitute fossil fuel. In: Biomass & Bioenergy 35(7): S. 2506–2516.

82 Nabuurs, G. J.; Verweij, P.; Van Eupen, M.; et al. (2019): Next-generation information to support a sustainable course for European forests. In: Nature Sustainability 2: S. 815–818.

83 Goodwin, J.; Gillenwater, M.; Romano, D.; et al. (2019) Guidelines For National Greenhouse Gas Inventories, Vol. 1: General guidance and reporting. Chapter 1: Introduction to national GHG inventories. 2019 Refinement to the 2006 IPCC guidelines for National Greenhouse Gas Inventories. Calvo Buendia, E.; Tanabe, K.; Kranjc, A.; et al. (eds.).

84 Jonker, J. G. G.; Junginger, M.; Faaij, A. (2014): Carbon payback period and carbon offset parity point of wood pellet production in the South-eastern United States. In: Global Change Biology Bioenergy 6(4): S. 371–389.

85 Europäisches Parlament; Rat der Europäischen Union (2018): Verordnung (EU) 2018/841 des Europäischen Parlaments und des Rates vom 30. Mai 2018 über die Einbeziehung der Emissionen und des Abbaus von Treibhausgasen aus Landnutzung, Landnutzungsänderungen und Forstwirtschaft in den Rahmen für die Klima- und Energiepolitik bis 2030 und zur Änderung der Verordnung (EU) Nr. 525/2013 und des Beschlusses Nr. 529/2013/EU.

86 Leopoldina (2019): Biomasse im Spannungsfeld zwischen Energie- und Klimapolitik: Strategien für eine nachhaltige Bioenergienutzung: Witte, J., acatech — Leopoldina — Union der Deutschen Akademien der Wissenschaften (Red.). München.

87 Roe, S.; Streck, C.; Obersteiner, M.; et al. (2019) Contribution of the land sector to a 1.5°C world. In: Nature Climate Change 9(11): S. 817–828.

Teil IV

Forschung für einen Wald der Zukunft

Waldumbau im Kontext des Wasserhaushaltes

Das Verhältnis von Landschaft, Wasser und Baumartenwahl

Siegfried Anders

Der Wald und sein Wasserhaushalt im landschaftlichen Kontext

Wenn wir über den Wasserhaushalt des Waldes, dessen Wachstum und seine Bedeutung für die Umwelt und das Klima etwas sagen wollen, müssen wir uns im Klaren darüber sein, dass es »den Wald« schlechthin nicht gibt. Vor den Augen eines jeden steht ein anderes Waldbild. Es reicht vom Küstenschutzwald an der Nord- und Ostsee über Bach und Fluss begleitende Auenwälder, Bruchwälder und Waldmoore, lichte Kiefern- und Eichenwälder und -forsten der sandig-trockenen Ebenen und trockenen Hügel- und unteren Berglandbereiche, laubbaumreiche Mischwälder, dunkle, feuchte Buchenwälder im Tiefland und in den deutschen Mittelgebirgen bis hin zu Fichtenforsten und -wäldern der Mittel-, Hoch- und Kammlagen bis hinein in die Alpen. Gerhard Hofmann hat 263 Wald- und Forstökosystemtypen Deutschlands fotografisch dokumentiert und ökologisch sowie vegetationskundlich umfassend beschrieben.[1] Hinsichtlich ihres Wasserhaushaltes sind präzise Angaben zur Bodenfeuchte und zum Grund- und Stauwassereinfluss enthalten. Die seltenen und meist nur kleinflächig vorhandenen Ökosystemtypen werden häufig übersehen, umso größer ist ihr Wert für die Schutzfunktionen und die dem Wald obliegenden landespflegerischen Aufgaben, für die Bewahrung der biologischen Vielfalt und die Erholungsfunktion für den Menschen.

Auch die Bedeutung der Ökosystemtypen für den Menschen ist raum- und kontextabhängig. Lange Zeit standen das Holz und die damit verbundenen Rohstoff-, Einkommens-, Reserve-, Arbeits- und Vermögensfunktionen im Vordergrund. Industrialisierung, Bevölkerungswachstum, zunehmende Urbanisierung und nicht zuletzt der Klimawandel haben die stetige Bereitstellung reinen Wassers zu einem gleichrangig wichtigen Produkt des Waldes werden lassen.

Der Gesamtwasserhaushalt der Waldstandorte wird primär von den hydrometeorologischen Bedingungen, vor allem vom Niederschlags- und Strahlungsdargebot und vom Bodeneinfluss, insbesondere seiner Speicherfähigkeit, geprägt. Im Vergleich dazu treten die Einflüsse der Baumartenzusammensetzung und der Waldstrukturen sehr zurück. Aber gerade sie sind im Hinblick auf die Wasserausgleichsfunktion des Waldes, die Lieferung reinen Wassers und die Erhöhung der Grundwasserspende besonders interessant. Denn hier kann die Forstwirtschaft zielgerichtet wirksam werden und in weitgehendem Einklang mit der Natur die Wälder zum Nutzen der Gesellschaft optimieren.

Das Ziel der Wasserhaushaltsbewirtschaftung ist es, einen möglichst hohen Anteil der Niederschläge über das Grundwasser dem Verbrauch zuzuleiten, dabei den Oberflächenabfluss gering zu halten und Bodenerosion und Hochwasser zu vermeiden. Der Wald erfüllt diese Zielstellungen in hervorragender Weise. 13 Prozent der Fläche Deutschlands sind als Wasserschutzgebiete ausgewiesen, 40 Prozent davon liegen im Wald, das sind 2,1 Millionen Hektar oder 18 Prozent der Waldfläche. Für den Wasserkreislauf von besonderer Bedeutung ist der Waldboden. Er ist der größte Süßwasserspeicher Deutschlands und vermag bis zu 200 Liter Wasser und mehr unter einem Quadratmeter Waldboden bereits in den oberen Bodenschichten (also bis zu einem Meter Bodentiefe) zu speichern. Ein Hektar Wald hält bis zu zwei Millionen Liter Wasser zurück.

In welchem Maß kann der Wald Erosion verhindern, insbesondere Hochwasserspitzen abschwächen? Über das Ausmaß dieser Waldwirkung gibt es sehr unterschiedliche Angaben. Die Vielzahl der Einflussgrößen (Niederschlagsmenge in der Zeiteinheit, Geologie, Neigung, Boden und seine Speicherfähigkeit, Bestandsdichte) machen Vergleiche zwischen verschiedenen Ereignissen und Regionen fast unmöglich. Die meisten Autoren gehen von Werten zwischen fünf und 30 Prozent gegenüber unbewaldeten Flächen aus.

Wie dem auch sei, der Wald hat für den Landschaftswasserhaushalt eine Schlüsselrolle. Vor diesem Hintergrund erklären sich die Auseinandersetzungen, die in den letzten Jahren zwischen den meisten Forstleuten einerseits und großen Teilen des Natur- und Umweltschutzes sowie der urbanen Öffentlichkeit andererseits mit zunehmender Härte geführt werden. Die in diesem Zusammenhang immer wieder erhobenen Forderungen zielen auf die Belassung höherer Totholzmengen im Wald, die verstärkte Nutzung der Sukzession als bevorzugte Verjüngungsmethode, den Verzicht auf klimawandelangepasste Zielbestandstypen, ein Einschlagsmoratorium für naturnahe und ältere Laubmischwälder (mit dem Ziel, immer ältere und vorratsreichere Bestände aufzubauen), ein totales Verbot von Schirmschlägen zur Einleitung und Förderung von Naturverjüngung, eine erhebliche Ausweitung von Flächen ohne Holznutzung, die verstärkte Segregation von Waldflächen und den Rückbau von Wegen und die Aufgabe von Rückegassen. Eine objektive Beurteilung dieser Forderungen sollte von der Geschichte ausgehen, vom Wissen darüber, wann, warum und wie unsere Wälder entstanden sind und woraus sich ihr heutiger Zustand erklärt.

Die Debatte um den Waldumbau im Spiegel des waldbaulichen Wissens

Mitte des 18. Jahrhunderts entstand als Antwort auf die verheerenden Folgen regellosen Raubbaus und weitgehender Waldvernichtung die Forstwirtschaft in Deutschland. Ihr Verdienst ist es, dass heute auf einem Drittel der Landesfläche vorratsreiche Wälder stocken. Aus der Geschichte erklärt sich, dass es sich dabei zum weit überwiegenden Teil (96 Prozent) um Kulturwälder handelt, die von der Forstwirtschaft natürlich oder künstlich begründet wurden. Zur Gewährleistung der notwendigen Bestandsstabilität ist forstlicher Regelungsaufwand erforderlich, und zwar umso mehr, je naturferner die Wälder sind. Als Beurteilungsmaßstab gilt dabei der Vergleich mit der potenziell natürlichen Baumartenzusammensetzung. Dies trifft in besonderem Maße auf Nadelbaum-Reinbestände zu, die auf für sie nicht geeigneten Standorten stocken. Die Forstwirtschaft wusste eigentlich immer um diese Notwendigkeit und rechnete damit, dass im langjährigen Mittel circa 20 Prozent des jährlichen Holzeinschlags Zwangsnutzungen verschiedenster Ursache waren. Intensive Schaderregerüberwachung, notwendige Bekämpfungsmaßnahmen und rechtzeitige Abfuhr von Schadholz verhinderten, dass es zu Massenvermehrungen von Schadinsekten und Waldschäden katastrophalen Ausmaßes kam. Wichtig für die Einordnung dieses Schadgeschehens ist aber auch, dass dabei, zwar oft unter erschwerten Bedingungen, gleichwohl auf den Jahreseinschlag anrechenbare Erträge erzielt wurden. Diese bewusste Waldhygiene, in Fachkreisen als »saubere Wirtschaft« bezeichnet, wurde in den letzten Jahrzehnten vielerorts, besonders im Klein- und Kleinstprivatwald, vernachlässigt. Naturschutzverbände bauten einen enormen öffentlichen Druck mit dem Ziel auf, Wildnis zu befördern. Zugelassen wurde in Wirklichkeit eine Verwilderung der Bestände, die nichts mit

Wildnis oder entstehendem Urwald zu tun hat. Die Borkenkäferkalamitäten heute werden allein mit den Trocken- und Hitzesommern der letzten Jahre erklärt, sie sind aber auch ein Ergebnis mangelnder Waldpflege und -hygiene.

Der unbestritten notwendige Umbau dem Standort nicht entsprechender Nadelbaum-Reinbestände zu stabileren Nadel-Laubmischbeständen oder Laubwäldern ist eine Langzeitaufgabe für Generationen, an der die Forstwirtschaft seit Jahrzehnten arbeitet. Vielen sind das Tempo und der bisher erreichte Fortschritt nicht ausreichend. Bei verantwortungsvollem Umgang mit einem großen Teil der vorhandenen Wälder, aber auch mit der bisher in sie investierten Arbeit muss man jedoch anerkennen, dass diese in Baumartenzusammensetzung und Waldstruktur bis in die Mitte unseres Jahrhunderts weitgehend festgelegt sind.

Die vielfältigen Forderungen des Waldumbaus müssen sich nun an der empirischen Wirklichkeit unserer Wälder messen lassen. Sie müssen die tatsächlichen Spielräume diskutieren und die derzeit verbreiteten Annahmen auch für den Wasserhaushalt der Wälder kritisch hinterfragen.

Nehmen wir zuerst die vehemente Forderung, maximale Totholzmengen im Wald zu belassen, ja sogar bewusst herbeizuführen. Nach Sturmwurf und Waldbränden sollen mindestens 50 Prozent des geschädigten Holzes auf den Flächen verbleiben. Sowohl im Hinblick auf die Wasserqualität als auch die Wasserspende besitzt der Wald ein starkes Regulierungspotenzial, das durch angepasste Bewirtschaftungsmaßnahmen erheblich beeinflusst werden kann. Im Wald werden keine Dünger und Pflanzenschutzmittel ausgebracht, die Nitratkonzentration im Grundwasser aus bewaldeten Einzugsgebieten liegt deutlich unter den Werten, die in der freien Landschaft gemessen werden. Im Wald generell, zuvorderst in Trinkwasserschutzgebieten, besteht aber durch Belassen zu hoher Totholzmengen die Gefahr der Anreicherung von Stickstoffreserven im Wald und ein erhöhtes Risiko von Nitratausträgen.[2] Die pauschale Favorisierung hoher Totholzmengen ist also im Hinblick auf den Wasser-Boden-Komplex kritisch zu sehen. Zu hinterfragen ist auch die Empfehlung, auf Waldbrandflächen den Restschirm verbrannter Altkiefern zu belassen. Diese Flächen werden aus Sicherheitsgründen für Jahre unbetretbar, zusammenbrechende Altkiefern werden zur Brandlast und Gefährdung für den Anflug aus benachbarten Kiefernbeständen, der, wie das Beispiel Nationalpark Bayerischer Wald zeigt, nur zu oft wieder gleichaltrige Nadelbaum-Reinbestände entstehen lässt.

Eine weitere gegenwärtig etablierte Forderung im Waldumbau besteht darin, neue Wälder, etwa nach Waldbränden oder Sturmkatastrophen, durch Sukzession entstehen zu lassen. Die natürliche Wiederbesiedlung von Flächen, zumeist durch Weichlaubhölzer wie Aspe, Birke und andere Pionierbaumarten, wurde auch in der Vergangenheit nicht grundsätzlich unterbunden, sondern häufig als Vorwald zur späteren Etablierung des nachfolgenden Zielbestands genutzt. Sie ist ökologisch oft durchaus günstig zu beurteilen, stellt aber ein längerfristiges Wirtschaften auf großen Flächen grundsätzlich infrage. Ottomar Greger weist aufgrund von Erfahrungen im Fläming darauf hin, dass auf armen Sandstandorten die Oberböden häufig laubholzfähig sind, die Unterböden aber ertragsschwach bleiben, sodass sie wüchsige Laubbaumbestände im Alter nicht tragen können.[3]

Mit dem Hinweis auf Unsicherheiten der künftigen Klimaentwicklung wird auch gefordert, auf »präskriptive« Zielsetzungen zu verzichten. Das würde jedoch bedeuten, das bisher erarbeitete Wissen außen vor zu lassen. Die Natur kennt ja die künftige Klimaentwicklung auch nicht. Deutschland verfügt – für Ostdeutschland flächendeckend, für Westdeutschland für den größten Teil der Waldfläche – über eine forstliche Standortserkundung zur Kennzeichnung des naturräumlichen Leistungsvermögens. Hier sind verantwortungsvolle Aussagen, auch ökologische Inter- und Extrapolationen möglich. Für Baumartenwahl, Erhaltung und Mehrung der Standortsfruchtbarkeit und für standortsabhängige Waldbautechnologien – besonders der Walderneuerung – liegen damit einmalige Grundlagen und Entscheidungshilfen vor.

Aussagen zum unterschiedlichen Kühlungspotenzial der Wälder im Hinblick auf die Baumartenwahl sind unwidersprochen, gleichwohl eigentlich wohlfeil. Dass es in einem schattigen Buchenwald, auch in Laubmischwäldern, im Sommer erheblich kühler als in einem Kiefernforst oder einem natürlichen Kiefernwald ist, dass es in dicht geschlossenen Wäldern kühler als in räumdigen ist, bedarf keiner weiterführenden wissenschaftlichen Beweisführung. Gleiches gilt für die generelle Feststellung, dass mehr Wälder zur Kühlung der Landschaft beitragen. Die Waldfläche Deutschlands ist in den letzten 50 Jahren um mehr als 1,5 Millionen Hektar gewachsen, dieser Prozess dauert an, stößt aber nachvollziehbar an Grenzen.

Dabei ist der Temperaturfaktor nur ein Faktor, ein anderer, nicht minder wichtiger ist das Wasser. Wenn nachgewiesen wird, dass ein dichter Kronenschluss zur Senkung der Temperatur im Waldinneren beiträgt, wird vergessen, dass die Zurückhaltung von Niederschlagswasser in den Baumkronen, die sogenannte Interzeptionsverdunstung, umso höher ist, je dichter der Bestand geschlossen ist. Weil in dicht geschlossenen Beständen mit der Blatt- und Nadelmasse auch die Zahl der Stomata, über die die Transpiration erfolgt, zunimmt, ist ihr Wasserverbrauch erhöht. Zudem ist davon auszugehen, dass sich die Verteilung der Niederschläge im Jahresverlauf zulasten der Sommerniederschläge ändern wird.

In diesem Zusammenhang sind auch Vorwürfe, durch Durchforstungen seien naturnahe Laubwälder »heißgeschlagen« worden, unberechtigt. In diesem Kontext wird immer wieder das Naturschutzgebiet (NSG) »Heilige Hallen« in der Feldberger Seenlandschaft in Mecklenburg erwähnt. In diesem, sich in der Zerfallsphase befindlichen Naturwaldreservat, wurde das Absterben von mehr als 350 Jahre alten und damit an ihre natürliche Altersgrenze angelangten Buchen mit Durchforstungsmaßnahmen zur Förderung der Naturverjüngung in außerhalb des NSG liegenden Buchenbeständen erklärt. Das ursprüngliche Totalreservat war bereits vor Jahren durch Einbeziehung eines Schutzgürtels erheblich erweitert und das Gebiet um einen zusätzlichen Schutzstreifen vergrößert worden. Wenn die Buche eine Wirtschaftsbaumart bleiben soll und nicht überall Abläufe bis zur natürlichen Zerfallsphase wie in Naturwaldreservaten das Ziel sind, muss sie zu einem Zeitpunkt verjüngt werden, zu dem die Altbuchen noch nutzholztauglich sind. Das geforderte Verbot von Schirmhieben verkennt, dass dies eine seit Generationen geübte Vorgehensweise zur Verjüngung der Buche ist. Gerade ihnen verdanken wir die Buchenwälder, um deren Schutz es doch angeblich geht.

Der generellen Empfehlung, möglichst hohe Bestandsdichten anzustreben, kann auch im Gebirge nicht uneingeschränkt zugestimmt werden. Der im Hinblick auf Wasserhaushalt, Verjüngungsfreudigkeit und Stabilität des Einzelbaums optimale Überschirmungsgrad ist höhenstufenabhängig, die Bestandsdichten sinken mit zunehmender Höhenlage. Durchforstungen verbessern nicht nur die Lichtverhältnisse, sondern auch die Oberbodenfeuchte. Besonders auf nicht optimalen Standorten ist das ein wichtiger Beitrag zur Einleitung und Förderung der Naturverjüngung.[4]

Die massive Kritik an der Forstwirtschaft wird ganz wesentlich mit dem Klimawandel begründet. Damit ist aber nicht nur eine Temperaturerhöhung verbunden. Daran erinnert der Feuerökologe Johann Georg Goldammer, wenn er sagt: »Der Wald der Zukunft muss sich den Extremen des Klimawandels stellen können, d. h., dass er primär eine Resilienz gegenüber extremen Wetterereignissen wie Wind, Starkniederschlägen, Trockenheit und Feuer aufweist.«[5] Der Autor warnt aufgrund seiner Erfahrungen in anderen Regionen der Erde vor einer wachsenden Waldbrandgefahr auch für Deutschland, besonders in Brandenburg, wo von Kiefernforsten umgebene Dörfer im Brandfall akut gefährdet seien. Verwiesen werden muss auch darauf, dass nicht nur Nadelwälder durch Waldbrand gefährdet sind. So betrafen in den Jahren 2017 bis 2019 zwischen 84 und 43 Prozent aller Waldbrände in Deutschland Laubbaumbestände.

Die Liste der in den letzten 30 Jahren mit bis zu 250 Kilometer pro Stunde über Deutschland hinwegfegenden Stürme ist lang. Allein im Jahr 2017 wüteten zwischen Mitte September und Ende Oktober mit Sebastian, Xavier und Herwart drei Stürme mit Orkanböen selbst im Flachland von bis zu 130, auf dem Fichtelberg bis 176 Kilometer pro Stunde vor allem über Nord- und Ostdeutschland. Ganze Buchenbestände, vor allem noch belaubte Altbuchen, wurden entwurzelt. Man muss inmitten der gefallenen, kreuz und quer liegenden Baumriesen gestanden haben, um das ganze Ausmaß dieser Orkanwetterlagen zu erfassen. Angesichts solcher Ereignisse muss gefragt werden, ob Bestände mit immer älteren und mächtiger dimensionierten Bäumen wirklich die richtige Antwort auf die Frage sind, wie der Wald der Zukunft aussehen soll. Die Waldzustandserfassungen zeigen die höchsten Schädigungsgrade an den älteren Bäumen, vor allem an der Buche. Das heißt nicht, dass Altbäume keinen Platz im Wald haben.

Baumartenwahl und Waldwasserhaushalt

Buche: Bei gegebenem Niederschlag wird der Wasserhaushalt der Wälder wesentlich von den aufstockenden Baumarten bestimmt. Besonders günstig sind hier die Laubbäume, vor allem die Buche. Niedrige Interzeptionsverdunstung aufgrund glatter Blätter, eine Aststellung, die dem Stamm trichterförmig das Regenwasser zuleitet, eine glatte, nicht verborkende Rinde, aus allem resultierend ein hoher Stammabfluss, zudem winterkahl und mit einer nur gering ausgebildeten und damit wenig Wasser verbrauchenden Bodenpflanzendecke ist sie im Hinblick auf die Grundwasserneubildung unschlagbar günstig zu beurteilen. Ihr wurde und wird deshalb auf ihr zusagenden Standorten als potenziell natürlicher Baumart beim Waldumbau eine besondere Bedeutung zugemessen. Sie ist aber eine Baumart des feucht-kühlen, wintermilden und nicht zu sommertrockenen Klimas, und ihr Anpassungsvermögen bei zunehmender Klimaerwärmung ist nicht unbegrenzt. Die Waldzustandserfassungen belegen, dass die deutlichen Kronenverlichtungen in dem auf das Trockenjahr folgenden Jahr gravierend zunehmen.

Mit Bezug auf den Landschaftswasserhaushalt werden gerade mit der Buche mutige und vielversprechende Modellrechnungen vorgelegt, ohne die ihnen zugrunde liegenden naturräumlichen Fakten ausreichend zu berücksichtigen. So wird für die Schorfheide in Brandenburg vorgerechnet, dass bei einem angenommenen Wechsel von heute kiefernforstdominierter Bestockung zu laubholzdominierten Beständen im Zeitraum 2005 bis 2035, also innerhalb von 30 Jahren, ein Anstieg der Grundwasserstände fast auf der ganzen Fläche um zwei bis acht Dezimeter zu erwarten ist, während ohne Waldumbau die Grundwasserstände im gleichen Zeitraum unter gegenwärtigen Klimabedingungen auf dem größten Teil der Fläche um mehrere Dezimeter, lokal sogar über 1,5 Meter, absinken würden.[6] Außer Acht gelassen wird dabei manches:

- Die heutige Bestockungssituation ist hinsichtlich Altersstruktur und Baumartenzusammensetzung innerhalb von 30 Jahren nicht beliebig veränderbar.
- Die zahlreichen Dünenstandorte in der Schorfheide, die durch die Forstwirtschaft aufgeforstet wurden, lassen Laubbaumbestände nicht zu.
- Die innere Schorfheide ist ein relatives Trockengebiet, die Niederschläge gehen vor allem am Werbellinsee mit den an seinem Ostufer steil abfallenden Hängen nieder.

Grundsätzlich ist zu bedenken, dass Modellaussagen, die aus der Vergangenheit und der Gegenwart, also aus den bisherigen klimatischen Bedingungen und der heutigen Bestockung, Projektionen in eine klimatisch unsichere Zukunft mit einer dann auch veränderten Waldvegetation vornehmen, mit Vorsicht zu betrachten sind und nicht überbewertet werden dürfen.

Die künstliche Einbürgerung von Herkünften der Buche oder anderer Baumarten aus wärmeren Regionen Süd- und Südosteuropas ist auch aufgrund von Unsicherheiten der künftigen Klimaentwicklung umstritten.

Eiche: Als Lichtbaumart mit arttypisch lockerem Kronenaufbau und mit starker, nur relativ wenig Stammabfluss zulassender Borke ist die Eiche nicht in gleichem Maße wie die Buche wasserwirtschaftlich von Interesse, gleichwohl nach dieser unsere wichtigste Laubbaumart. Schon seit Jahrzehnten wird in der Literatur vom Eichensterben berichtet. Als prädisponierender Faktor wird neben anderen der Wasserhaushalt, insbesondere Trockenheit und Überstauung, genannt. Insgesamt reagiert die Stieleiche empfindlicher als die Traubeneiche. Als Ursache wird ihr häufiges Vorkommen auf extremen, stark wechselfeuchten oder zu trockenen Standorten gesehen. Sie reagiert dann mit verminderter Kronendichte und reduziertem Dickenwachstum.[7] Im Zusammenwirken mit biotischen Faktoren (blattfressenden Insekten, Mehltau, weiteren Pilzinfektionen) kann ein ungünstiger Wasserhaushalt zu starken Ausfällen führen.[8] Die Waldzustandserfassungen der

Jahre seit 1984 zeigen immer wieder starke Schwankungen der deutlichen Kronenverlichtung. Die letzten Trockensommer hat sie aber besser als andere Baumarten überstanden.

Kiefer: Besonders im niederschlagsarmen Nordostdeutschen Tiefland mit sandigen, nur wenig Wasser speichernden Sandböden sind Kiefern die wichtigste Baumart. Zumeist sind es Kiefernforste, die potenzielle, häufig bodensaure Buchen- und Eichenwälder ersetzen. Lange Nadeln, zwischen denen sich ein Wasserfilm aufspannt, wodurch bei wenig ergiebigen Niederschlägen diese den Waldboden überhaupt nicht erreichen, eine mit zunehmendem Alter ausgeprägte und erst nach ausgiebigen Regenfällen geringen Stammabfluss zulassende Borke, eine bei ausreichender Bodenfeuchte und Bodennährkraft meist üppig ausgebildete Bodenvegetation, häufig noch durch Nährstoffeinträge aus Landwirtschaft und Verkehr in dichten Grasdecken ausgebildet, haben eine hohe Interzeptionsverdunstung zur Folge. Dies und die Transpiration der Baumschicht sowie die Evapotranspiration von Boden und einer Bodenpflanzendecke mit besonders in Graskiefernforsten konkurrierender Wurzeltracht[9] bewirken einen hohen Wasserverbrauch und eine umso geringere, sehr oft ausbleibende Grundwasserneubildung, je dichter geschlossen die Bestände sind. Wesentlich günstiger sind hier die Blaubeer-Kiefernforsten einzuschätzen. Entlang der kleinen Blattstängel kann das Wasser in den Oberboden einsickern. Insgesamt lässt der artbedingt lockere Kronenschirm auch den geringen durchtropfenden Niederschlag relativ gleichmäßig auf den Waldboden auftreffen, wo er im Sommer von einem oberflächennahen Feinwurzelnetz, das über den gesamten Waldboden ausgebreitet ist, weitgehend aufgenommen und dann transpiriert wird. Nicht weil die Kiefer wenig Wasser verbraucht, wächst sie auch noch auf sehr trockenen Standorten, sondern weil es ihr gelingt, vom knappen sommerlichen Niederschlagsdargebot relativ viel für die Transpiration zu nutzen.[10] Nicht nur im Hinblick auf die Holzproduktion wird die Kiefer trotz ihrer wasserwirtschaftlichen Nachteile die wichtigste Baumart auf den armen Sandböden im niederschlagsarmen nordostdeutschen Tiefland bleiben.

Für den Wasserhaushalt und die Tiefensickerung sind Mischbestände von Kiefer mit Buche oder Eiche von Bedeutung. Die hydroökologischen Vorteile der Laubbaumbeimischung kommen besonders dann zur Geltung, wenn die Mischung kleinflächenweise und nicht als Einzelmischung erfolgt.[11]

Nachfolgend wird ein Beispiel gebracht, wie durch forstliche Forschung die Naturressource Niederschlag besser genutzt und gleichzeitig der ökonomische

Nutzen der Waldbewirtschaftung erhöht werden kann. Ertragskundlich-waldbauliche Untersuchungen ergaben, dass phänotypisch – und wie sich herausstellte auch genetisch – zwischen relativ schmalkronigen Kiefern mit konzentrischer Krone, geringen Astlängen und -stärken (a-Typen) und abholzigen b-Typen mit breiten Kronen und starken langen Ästen unterschieden werden kann. Im Ergebnis einer aktiven Bestandspflege werden die a-Typen begünstigt, die b-Typen sowie ausgebildete Übergangsformen nach und nach entnommen. Letztere halten mehr Wasser im Kronenbereich zurück, lassen insgesamt nur eine geringere Stammzahl pro Hektar zu und liefern qualitativ geringwertiges Holz. Die a-Typen erlauben eine höhere Stammzahlhaltung, lassen weniger Wasser unproduktiv verdunsten und liefern hochwertige, feinastige und geradschaftige Stämme.[12]

Fichte: Die Fichte, als Forstökosystem meist Buchenwälder ersetzend, ist die nach von ihr bestockter Waldfläche, nach Holzvorrat und Holzaufkommen noch immer wichtigste Baumart in Deutschland. Sie leidet wie keine andere unter Hitze- und Dürresommern und Sturmereignissen. Natürliche Fichtenwälder haben ihr klimatisches Optimum in den kühlen und niederschlagsreichen Gebirgslagen um 900 ±50 Meter Seehöhe, in besonders kühl-feuchten Lagen auch noch bis im unteren Bergland.[13] Auch bei fortschreitendem Klimawandel wird sie hier wahrscheinlich überleben. Anders sieht es für die Fichtenforsten in den tieferen Lagen aus, hier werden sie auf den meisten Standorten nicht zu halten sein. Der seit Jahren anhaltende Rückgang der von ihr bestockten Waldfläche wird sich fortsetzen.

Douglasie: Bei aller gebotenen Vorsicht, die mit der Einbringung einer fremdländischen Baumart verbunden sein muss, könnte die Douglasie perspektivisch eine größere Bedeutung erlangen. In Deutschland vor 150 Jahren erstmals angebaut, liegen inzwischen ermutigende Erfahrungen vor. Im Tiefland und unteren Bergland ersetzt sie vor allem Buchenwälder auf Standorten, die bisher häufig von der Fichte eingenommen wurden. Sie bevorzugt wie diese mäßig frische bis mäßig feuchte Standorte. Zu verstärkter Tiefensickerung kann beitragen, wenn die Douglasie künftig nicht mehr ob der von ihr erreichten Dimension in Höhe und Durchmesser im Alter von 120 und mehr Jahren bewundert, sondern im Hinblick auf gefragte Bauholzprodukte in kürzerem Umtrieb von etwa 70 bis 80 Jahren bewirtschaftet wird. Der Grund liegt darin, dass sie mit zunehmendem Alter eine außerordentlich tiefrissige, raue Borke ausbildet, die Stammabfluss praktisch nicht mehr zulässt. Vonseiten des Naturschutzes lange Zeit als Monster verschrien, als invasive Baumart (andere Arten verdrängende Alleindominanz) bezeichnet, hat sich in den letzten Jahren das Bild zu ihren Gunsten verschoben. Im Rein- und im Mischbestand, vor allem mit Buche, ist sie eine zunehmend wichtige Baumart.

Im Vergleich: Im Rahmen der Auswertung des deutschen Teils des Internationalen Umweltmonitorings, des sogenannten Level-II-Programms, wurden in 86 Plots, verteilt über ganz Deutschland, die Auswirkungen von Trockenheit und Hitze auf den Waldzustand, hier den Radialzuwachs, mittels Jahresringchronologien untersucht.[14] Erarbeitet wurden 88 Chronologien der Hauptbaumarten Fichte (33), Buche (25), Kiefer (19) und Eiche (11). Jahrzehnte zurückgehend, wurden Zuwachsfeinmessungen des jeweils laufenden Jahres und vorangegangener Jahre mit den entsprechenden Niederschlags- und Temperaturwerten synchronisiert. Im Ergebnis ist festzustellen, dass über alle ermittelten Parameter hinweg in der Antwort auf im Sinne der Fragestellung angespannte Witterungslagen vor allem seit 1990 die Buche die meisten Störungen im Wachstumsverlauf zeigt, gefolgt von der Fichte, vor allem in den ihr nicht zusagenden tiefen und mittleren Lagen. Die wenigsten Störungen zeigten die Kiefer und die Eiche (Stiel- und Traubeneiche wurden zusammengefasst). Die Ergebnisse geben wichtige Hinweise darauf, welche Baumarten mit angespannten Witterungs- und Klimaverhältnissen am ehesten klarkommen. Sie mahnen uns, mit der Buche bei der Baumartenwahl bedachtsam vorzugehen, einen klimaplastischen Wald anzustreben.

Waldentwicklung als Forschungsaufgabe

Die Forstwirtschaft und Forstwissenschaft stellen sich den Herausforderungen des Klimawandels. Dem Bundesministerium nachgeordnet sind die Thünen-Institute für Waldökosysteme, für Forstgenetik, für Internationale Waldwirtschaft und Forstökonomie sowie für Holzforschung. Das Forschungspotenzial der deutschen Universitäten mit forstlichen Studiengängen und der Fachhochschulen ist hoch geachtet und international anerkannt. Alle deutschen Flächenländer verfügen über anerkannte, zwar auf die jeweiligen Länder bezogene, gleichwohl darüber hinaus bedeutungsvolle Forschungseinrichtungen. Daneben gibt es leistungsfähige private und über Stiftungen finanzierte Forschungseinrichtungen. Auf vielen Gebieten wird intensiv zusammengearbeitet. Mit der Bundeswaldinventur (BWI), der bundesweiten Bodenzustandserhebung (BZE), der Waldzustandserhebung (WZE), dem Treibhausgasmonitoring (THG) und dem Intensiven Forstlichen Umweltmonitoring (Level-II-Programm als Teil des Internationalen Programms der Vereinten Nationen) wird der Wald in noch nie zuvor gekannter Intensität flächendeckend und kontinuierlich überwacht. Im Klimawandel forscht die Forstgenetik an der Erhaltung von Baumarten, wie zum Beispiel der Esche, die unter neuen Pilzerkrankungen und in unseren Breiten bisher unbekannten Schadinsekten leiden und die in ihrer Existenz gefährdet sind.

Die Waldzustandsberichte der Bundesregierung zeigen, wie sehr sich die Politik bemüht, auf den Naturschutz zuzugehen. Auf nahezu allen Gebieten ist dies zu spüren, mitunter von Förstern kaum noch nachvollziehbar, etwa wenn in einem Waldzustandsbericht davon gesprochen wird, dass die Totholzwirtschaft intensiviert wurde. Dennoch sehen sich die Forstwirtschaft und Forstwissenschaft ständiger Kritik ausgesetzt, und Forstwissenschaftler werden als Lobbyisten der Holzindustrie verunglimpft. Im Wald finden viele Wissenschaftler und andere engagierte Bürger ihr Betätigungsfeld: Pädagogen, Juristen, Chemiker, Geografen, Biologen, speziell dann Botaniker, Mykologen, Zoologen, Entomologen, Herpetologen und Ornithologen, weiter Geoökologen und Landschaftsplaner. Auch einige Forstwissenschaftler sind hier zu nennen. Wohl kein anderes Ökosystem steht so im Fokus allgemeinen wissenschaftlichen Interesses. Jeder sieht den Wald aus seiner Perspektive, aber in einem ist man sich weitgehend einig: in der Kritik an der Forstwirtschaft. Sehr detaillierten Sichtweisen und Erkenntnissen auf der einen Seite steht die Forderung, ausschließlich Fernerkundungsverfahren zur Erfassung des Waldzustands einzusetzen, gegenüber. Die Chance, die aus terrestrischen Erhebungen erschließbaren Informationen und verfügbares Erfahrungswissen der Menschen, die unmittelbar im Wald arbeiten, mit Fernerkundungsdaten zu verknüpfen, wird nicht gesehen, oftmals sogar ausdrücklich ausgeschlossen.

In der von Heinrich Cotta (1763–1844), einem der Väter der Forstwirtschaft und im Jahre 1816 Begründer der Königlich Sächsischen Forstakademie Tharandt, 1817 herausgegebenen *Anweisung zum Waldbau* findet sich das Bekenntnis eines der Großen der Forstwissenschaft:

> »Die in dieser Schrift aufgestellten Regeln sind aus der Erfahrung abgeleitet, wie die daneben gestellten Ausnahmen. Da niemand mehr als ich von dem Dünkel entfernt seyn kann, die eigenen Ansichten für die einzig wahren zu halten, so nehme ich gern jede bessere Belehrung an.
>
> Tharandt, den 21. Dec. 1816
> Heinrich Cotta«.[15]

Diese Bescheidenheit würde man vielen Kritikern der Forstwirtschaft wünschen. Auch wenn der Klimawandel eine riesige Herausforderung darstellt, so sind doch die Erfahrungen der Forstleute nicht wertlos, überflüssig oder gar falsch.

Anmerkungen

1 Hofmann, G. (2017): Bestimmungsschlüssel der Wald- und Forstökosystemtypen Deutschlands. Forschungskennzahl (UFOPLAN) 371383 254. Dessau, Vechta.

2 Vergleiche hierzu Lundborg, A. (1997): Reducing the nitrogen load: Whole -tree- harvesting: A Literature review. Ambio 26, S. 387–393; Zimmermann, L.; Moritz, K.; Kennel, M.; Bittersohl, J. (2000): Influence of bark beetle infestation on water quality in the catchment Grosse Ohe (Bavaria Forest National Park) Silva Gabreta 4, S. 51–62

Rothe, A.; Mellert, K. H. (2004): Effects of forest management on nitrate concentrations in seepage water of forests in southern Bavaria, Germany. Water Air Soil. Pollut. 156, S. 337–355.

Asche, N.; Dohmen, H.; Dame, G.; Nolte, N.; Husemann, T. (2007): Grundwasserschutz durch intensivierte Biomassenutzung. Allg. Forst Z. Waldwirtschaft Umweltvorsorge 62, S. 594–597.

3 Greger, O. (2021): Waldaufbau auf standörtlicher Grundlage am Beispiel Bärenthoren und Hoher Fläming; Nordwest Mediaverlag, 368 S.

4 Anders, S.; Thomasius, H. (1971): Über Relationen zwischen Grundflächenhaltung und Oberbodenfeuchtigkeit in Fichtenbeständen des Osterzgebirges. Arch. Forstwes.20, 1, S. 29–37

5 Goldammer, J. G. (2019): Der Wald der Zukunft muss sich Klimaextremen stellen können. pro Wald, Febr., S. 8–9.

6 Goral, F.; Müller, J. (2010): Auswirkungen des Waldumbaus im Waldgebiet der Schorfheide auf die Entwicklung der Grundwasserhöhen und den Zustand der Waldmoore. Naturschutz und Landschaftspflege in Brandenburg 19 (3–4), S. 158–166.

7 Riek, W. (2005): Schäden bei Stieleiche in Nordostdeutschland. Bedeutung der Grundwasserabsenkung. Landesforstanstalt Eberswalde (LFE), Onlineversion.

8 Hartmann, G. (1996): Ursachenanalyse des Eichensterbens in Deutschland. Versuch einer Synthese bisheriger Befunde. Mitt. Biol. Bundesanst. Land- u. Forstwirtsch. H. 318, S. 125–151.

9 Krakau, U.-K. (2002): Zusammenhänge zwischen Boden- und Bestandesstruktur und der Durchwurzelung. In: Anders, S.; et al.: Ökologie und Vegetation der Wälder Nordostdeutschlands. Oberwinter: Verlag Dr. Kessel, S. 123–138.

10 Lützke, R. (1990): Wasserhaushalt von forstlichen Bestockungen mit unterschiedlichen Baumarten auf Sandstandorten des ostdeutschen Tieflands. Forsch.Ber. Forschungsanstalt Forst- u. Holzwirtsch. Eberswalde, 69 S. (n. publ.)

11 Müller, J. (2018): Die forsthydrologische Forschung im Nordostdeutschen Tiefland: Veranlassung, Methoden, Ergebnisse und Perspektiven. Habilitationsschrift Univ. Rostock, 358 S. (n. publ.).

12 Hertel, H.; Kohlstock, N.; Lockow, K.-W. (1998): Genetische Untersuchungen an Kiefer. AFZ-Der Wald, H. 18, S. 928–930; und Lockow, K.-W. (2015): Grundlagen der Kiefernwirtschaft. Verlag Dr. Kovac, 368 S.

13 Hofmann, G. (2017): Bestimmungsschlüssel der Wald- und Forstökosystemtypen Deutschlands. Forschungskennzahl (UFOPLAN) 371383 254. Dessau, Vechta.

14 Beck, W. (2010): Auswirkungen von Trockenheit und Hitze auf den Waldzustand. In: Nagel, J. (Hrsg.): Beiträge/Deutscher Verband Forstlicher Forschungsanstalten, Sektion Ertragskunde.

15 Cotta, H. (1817): Anweisung zum Waldbau. Dresden.

Man darf es nicht zu kompliziert machen, sonst versteht es niemand mehr

Ein Gespräch über Theorie und Praxis der klimaplastischen Wälder

Gerhard Hofmann

Über 65 Jahre lang hat Gerhard Hofmann die forstliche Forschung in Eberswalde mitbestimmt. Seine facettenreiche Arbeit lässt sich als eine kontinuierliche Beschäftigung mit dem Dauerwaldgedanken interpretieren, der durch vegetationskundliche Systematisierung, begriffliche Schärfung und die Verknüpfung verschiedener wissenschaftlicher Erfahrungsweisen neue Prägnanz und Aussagekraft gewonnen hat. So entstand das Konzept des klimaplastischen Waldes, das sowohl als heuristischer Rahmen für die Forschung als auch als strategische Orientierung für die Waldbesitzer angelegt ist. Im Gespräch erläutert Hofmann die grundlegenden Aussagen dieser Idee.
PS: Kurz nach Abschluss dieses Interviews ist Gerhard Hofmann am 27. Dezember 2021 im Alter von 90 Jahren gestorben.

Dass der gegenwärtige Waldbestand gefährdet ist, ist seit 50 Jahren bekannt. Ich hatte einmal die Naturnähe der DDR-Wälder bestimmt und kam auf eine Naturnähe des Baumartenbestandes von 17 Prozent – da ließ sich die Katastrophe ja schon vorwegnehmen. Die gegenwärtigen Modelle der Klimaentwicklung blenden aber die Kippelemente aus und schreiben eine ganz bestimmte Logik in der Zeit fort. Deshalb scheint es zunächst auch plausibel, mit dem Buchenvoranbau auf diese Entwicklung zu reagieren. Aber das ist einseitig, denn die Achillesferse der Buche ist die Trockenheit, ganz zu schweigen von der Kältegrenze dieser Baumart. Die etablierte Aussage, dass es immer wärmer und trockener wird, ist langfristig nicht verlässlich. Ein wichtiges Argument für die klimaplastischen Wälder liegt darin, dass die Klimaveränderungen tatsächlich im Großen und Ganzen unvorhersehbar sind. Es gibt ja auch Prognosen, die dem entgegenstehen, man denke nur an die möglichen Auswirkungen der veränderten Meeresströmungen. Die gegenwärtigen Diskussionen laufen auf den Import des Baumpflanzmaterials aus dem Mittelmeerraum hinaus. Das halte ich für falsch, es ist viel zu risikoreich. Man muss die möglichen Winter bedenken. So ein langlebiges System wie der Wald braucht ein richtiges Frostereignis – und alles ist hin.

Die Idee des klimaplastischen Waldes besteht nun, einfach gesagt, darin, die Vielfalt der Bäume bewusst zu gestalten, also Wälder zu entwickeln, die sowohl in die eine Richtung als auch in die andere Richtung gehen können. Diese Wälder können reagieren, wenn es kälter und wenn es wärmer, wenn es trockener und wenn es feuchter wird. Das sind Waldstrukturen, die nach verschiedenen Richtungen offen sind, die sich verändern können, ohne ihre systemische Breite über Bord zu werfen. Das ist unser Begriff der Plastizität: Der Wald ist verformbar, aber es ist immer noch dieser bestimmte Wald.

Wir suchen also nach einer geeigneten Baumartenmischung – aber woher nehmen wir diese, woran orientieren wir uns? Wichtige Hinweise haben wir schon bei der Kartierung der potenziell natürlichen Vegetation gewonnen. Ich habe das seinerzeit für die DDR gemacht, dann aber auch an der Deutschland- und der Europakarte der natürlichen Vegetation mitgearbeitet. Und in diesem Zusammenhang sind wir zum Beispiel in Brandenburg auf ganz bestimmte Mischwälder gestoßen, etwa im Naturschutzgebiet Fauler Ort in der Uckermark; genau auf solche, wie wir sie jetzt brauchen. Mischwälder siedeln sich ja nicht von allein an, wenn es keine entsprechenden Strukturen gibt. Schon in den 1950er-Jahren war ich in Thüringen auf solche Reste gestoßen, die man auf die warme Eichenmischwaldzeit zurückführen kann, und das wiederholte sich nun.

Die waldgeschichtlichen Erkenntnisse müssen mit der richtigen Forderung nach Baumartendiversität verknüpft werden. Von der isolierten Betrachtung der Fichte, der Buche oder der Baumhasel haben wir nicht viel. Deshalb sind die rezenten Waldstrukturen so interessant. Die Wälder haben ihre eigene Klimageschichte als System gespeichert. Die Vegetationskunde geht von einer falschen Voraussetzung aus, wenn sie denkt, dass ganz Deutschland heute natürlicherweise Buchenwald wäre. Das ist nicht der Fall. Denn der Einwanderungsprozess von Hainbuche und Buche in den Eichenmischwald ist gar nicht überall abgeschlossen. Das ist nur in den Bergwäldern und an der Küste der Fall, wo die regelmäßig hohen Niederschläge stattfinden. In vielen Teilen des Binnenlandes haben sich aber andere Wälder erhalten. Wir haben das zum Beispiel bei alten Lindenwäldern festgestellt, die sehr wahrscheinlich eine hohe Schnittmenge zur potenziell natürlichen Vegetation haben und sich selbst organisieren. Ähnlich verhält es sich mit den Flächen im uckermärkischen Naturschutzgebiet Zichow, das sind sehr interessante Strukturen.

Man kann die alten Wälder durchaus auf verschiedene Entstehungszeiten zurückführen. Das grundlegende Schema ist ja bekannt: Nach der Eiszeit war es erst kalt, in dieser Zeit entstanden Kiefernwälder. Dann kamen die Haselwälder, und in der wärmeren Zeit kamen Eichen, Ulmen, Eschen und Linden. Erst später, mit zunehmender Feuchte, setzten sich Hainbuchen und Buchen durch. So haben die spät- und nacheiszeitlichen Wälder mehrere Kipppunkte des Klimas erlebt und sind in diesem Prozess immer artenreicher geworden. Natürlich haben sich auf den Endmoränen die Buchen flächendeckend ausgebreitet, aber im Vorland hat sich auch ein anderer Wald erhalten. Diese Relikte der alten Mischwaldzeit auf den terrestrischen Böden mit ihren Linden, Elsbeeren, dem Feldahorn, der Sommerlinde, der Winterlinde und der Flatterulme nutzen sowohl den subatlantischen, den subkontinentalen als auch den submediterranen Einfluss. Die Buche ist hier eingewandert, wie sie das geschafft hat, ist mir, offen gestanden, schleierhaft, aber sie ist da.

Die Freiheitsgrade eines solchen Bestandes sind enorm und decken eine große Breite an klimatischen Möglichkeiten ab. Wenn man sich das auf der Karte der natürlichen Vegetation Europas ansieht, reicht das Areal, in dem solche Wälder möglich sind, in Mitteleuropa von Polen über Deutschland bis nach Frankreich. Das habe ich als »klimaplastisch« bezeichnet und damit auf das System Wald gezielt, denn es gibt ja keine klimaplastischen Bäume, diese sind hinsichtlich ihrer Möglichkeiten festgelegt. Aber die Systeme sind plastisch – sie können sich verformen und haben alles an einem Ort. Die Anpassung beginnt mit Zuwachsdifferenzen und kann bis zum Ausfall bestimmter Baumarten reichen, die dann aber ersetzt werden.

Wir sprechen hier von einem Dauerwald im Sinne des Forstwissenschaftlers Alfred Möller (1860–1922), der also eine natürliche Grundlage hat. Das Produktive am Dauerwaldgedanken lässt sich ganz kurz ausdrücken: Die Einheit von Standort und Bestand verweist auf alle Lebewesen und abiotischen Elemente des Waldes. Und diese Einheit ist als Bio-Geo-System zu interpretieren. Das System hat verschiedene Elemente, aus deren Beziehungen untereinander verschiedene Strukturen entstehen – das ist die kürzeste Formel. Der Boden entsteht durch Vegetation, sonst wäre er ein Substrat, die Humusbildung ist ein systeminterner Prozess, aber dieser Prozess ist vom Klima geführt. Und innerhalb des Systems gibt es soziologische Phänomene, die man nicht im Detail erklären kann, aber dennoch zur Kenntnis nehmen muss. Die Bäume wachsen nun einmal in Gruppen gemeinsam, sie vergesellschaften sich. Genau hierfür habe ich mich interessiert. Dass die Wissenschaft diese Zusammenhänge immer wieder ignoriert hat, ist für die Lücke verantwortlich, an der die gegenwärtige Walddebatte krankt – weil die Begriffe nicht stimmen.

Den klimaplastischen Wald haben wir uns also nicht ausgedacht, man kann ihn aufsuchen und kennenlernen – und dann kann man ihn sogar neu begründen. Und ebendas haben wir in der Stiftung Schorfheide-Chorin getan, in gewachsenen Kiefernforststrukturen und, bei einem Viertel der Stiftungsflächen, auf ehemaligen Ackeraufforstungen. Wir haben als Stiftung übrigens keine Fördermittel beantragt, weil die Programme letztlich genau jene Ideen ausgeschlossen haben, die wir verfolgt haben. Dabei sind wir von einer genauen Standortkartierung ausgegangen, denn diese Strukturen sind ja vollkommen standortabhängig. Wir haben auf den 600 Hektar Stiftungsflächen ein breites Spektrum an Waldtypen, auf das stellen wir uns ein. Man kann nicht hingehen und sagen: Jetzt pflanzen wir überall Baumhasel, wenn man nicht weiß, ob die am konkreten Standort auch wachsen können. Die Alternative wäre der Reinbestand, also das Ausschalten der zwischenartlichen Konkurrenz. Das wollten wir gerade nicht.

Wir haben auf standörtlicher Basis Gruppen angelegt, die wiederum mit anderen Gruppen einen flächenspezifischen Bestand als Dauerwald bilden können. Wir wollen zuerst die innerartliche Konkurrenz nutzen, sodass sich die besten Bäume durchsetzen. Deshalb pflanzen wir auch relativ eng und können Pflege und Nutzung wieder verbinden. Die Gruppen sind in etwa ein bis anderthalbmal so groß wie eine potenzielle Baumlänge der jeweiligen Art. Wir wissen zum Beispiel, dass eine Winterlinde in 100 Jahren etwa 30 bis 35 Meter hoch wird, und dementsprechend haben wir dann auch die Gruppen in der Fläche angelegt.

Es sind aber für die Begründung solcher Wälder unter heutigen Bedingungen drei wesentliche Gesichtspunkte zu berücksichtigen.

Erstens: Man muss die dem Standort entsprechende klimaplastische Baumartenkombination wählen. Auf den armen Standorten sind das zum Beispiel Stieleiche, Kiefer, Eberesche, Aspe und Sandbirke. Auf den besseren Standorten ist dagegen eine ungeheure Baumartenvielfalt möglich. Eine wichtige Orientierung dabei ist die Waldgeschichte. Aus ihr heraus wissen wir, was am konkreten Standort möglich ist. Wie soll man eine Waldzukunft ohne Waldvergangenheit gestalten? Das ist doch so, wie mit verbundenen Augen zu laufen. Der heimische, bereits etablierte Waldbestand ist also eine ganz wichtige Orientierungsgröße. Die Stiftungsflächen erfassen wir deshalb mit Pollenanalysen, historischen und aktuellen Karten und Luftbildern und finden so eine Menge über die Waldgeschichte heraus. Natürlich muss das immer mit der terrestrischen Aufnahme verknüpft werden.

Zweitens: Die Pflanzmethode ist wichtig. Man muss auf den akkumulierten Humus im Boden Rücksicht nehmen. Deshalb sollte man auf das Pflügen verzichten, denn dadurch wird alles wieder in die Luft gejagt, was vorher in Jahrzehnten mühsam angereichert wurde. Also pflanzen wir in Pflanzbohrlöchern, nutzen aber etwas größere Pflanzen und setzen sie mit ihren unbeschnittenen Wurzeln tief in den Boden. Ich habe schon in meiner Dissertation 1958 die Hygroskopizität des Bodens untersucht und dabei die ganze Palette der terrestrischen Wälder bis zu den Trockenwäldern angeschaut. Damals habe ich festgestellt, dass ab 60 Zentimeter Tiefe immer pflanzenverfügbares Wasser zu finden war. Das sieht man dem Boden nicht an, und man kann es auch nicht haptisch wahrnehmen, aber es ist da. Wenn man nun von vornherein so tief pflanzt, kommt man auch durch Trockenperioden.

Drittens: Wenn man neue Mischungen anlegt, muss ein Zaun gezogen werden. Denn diese jungen und vielfältigen Bestände sind nun einmal für das Wild außerordentlich interessant. Wenn es gelungen ist, wenn der neue Wald aufgebaut ist, braucht man keinen Zaun – aber solange man diese Naturferne hat, ist er unvermeidlich.

So haben wir das angelegt, und es hat wunderbar seit 15 Jahren funktioniert: keine Ausfälle durch die Dürre, weder bei den Neupflanzungen noch beim Oberbestand. Wir haben das auch auf den Ackeraufforstungen gemacht, wo die Bodenstruktur bereits gestört ist, und auch da hat das funktioniert. Das liegt offensichtlich daran, dass diese Mischung all jene Faktoren, die den Reinbestand labilisieren, in ihrer Wirkung erheblich mindert.

In solchen Wäldern kann man durchaus wirtschaftlich interessante Bäume haben. Es ist kein Problem, den alten Kiefernschirm zu erhalten und ihn so lange zu ziehen, bis er einen interessanten Ertrag verspricht. Die Kiefer war auch nie weg, sie ist hier heimisch, und deshalb kann sie auch bleiben. In den Stiftungsflächen gibt es zum Beispiel Dünenkiefernwälder, das sind die westlichsten Ausläufer dieser Waldgesellschaft.

Man kann diesen Wald auch mit Fremdländern ergänzen, die machen nichts kaputt. Wenn es klappt, ist es gut, und man kann sie nutzen, zum Beispiel die Küstentanne oder die Douglasie. Die Natur hat für unsere Interessen doch keinen Sinn, den müssen wir schon selbst verfolgen. Es ist eine absurde Idee, das menschliche Interesse am Wald ausblenden zu wollen. Deshalb spreche ich auch nicht mehr von »natürlich«, sondern von der Selbstorganisationsfähigkeit eines Waldes. Auf die kommt es an.

Die moderne Forstwirtschaft kann auch nicht ohne die Industrie betrieben werden. Das bedeutet, man muss bei der Baumartenwahl im Blick haben, dass kontinuierliche Lieferketten aufgebaut werden können, sonst ist das alles umsonst. Das fordert sowohl die individuellen Entscheidungen als auch das gemeinsame Handeln der Waldbesitzer heraus. Wenn man diese Frage außer Acht lässt, betreibt man ein biologisches Experiment, kann damit aber nachher nichts anfangen – stattdessen wird wieder Holz von woanders importiert, was ja wiederum neue ökologische Probleme und Kosten verursacht.

Es ist auch eine irrige Vorstellung, wir könnten Wälder als Wildnis herstellen. Das ist nicht möglich. Echte Waldwildnisse müssten sich über eine riesige Zeitspanne herausbilden, in denen sich Vorwälder entwickeln. Man sehe sich das im Bayerischen Wald an: Da freut man sich, dass die Fichten wiederkommen, die man zuvor hat absterben lassen. Im Harz wird dasselbe versucht, was soll denn das? Das ist dasselbe genetische Material. Wer solche Wälder als Wildnis proklamiert, betreibt Zeit- und Flächenverschwendung, das kann man in so einem dicht besiedelten Land wie unserem nicht machen. Hinzu kommt die Erholungsfunktion des Waldes – die Leute wollen in den Wald, sie wollen sich dort bewegen können. Das können sie aber nicht, wenn alles durcheinanderliegt. Bei den geringen Niederschlägen, die wir hier haben, wird zudem die Interzeptionsverdunstung erhöht, dann fehlt dem Wald noch mehr Wasser. Es ist einfach zu viel Halbwissen am Werk, und das liegt letztlich daran, dass die Wissenschaft die Praxis verraten hat. In der Waldforschung sind fast keine Leute mehr tätig, die jemals im Wald gearbeitet und eine Ahnung von der Komplexität dieser Systeme bekommen haben. Da darf man sich nun nicht darüber beschweren, wenn andere Leute das Interesse der Menschen am Wald bedienen.

Natürlich haben wir unsere Erfahrung auf kleinstem Raum gewonnen. Aber wir sind mit bestimmten Überlegungen herangegangen, und die sind aufgegangen, deshalb halten wir sie für übertragbar. Es hat einfach keinen Sinn, beim Waldumbau ein Wunschdenken zu verfolgen. Wir leben in einer Kulturlandschaft. Der Entwaldungsprozess, der hinter uns liegt, hat doch die Räume trockener und extremer gemacht. Und darauf muss man reagieren.

Nun kann man sich fragen, warum die Wissenschaft den Waldbesitzern heute so wenig an die Hand gibt, um ihre Wälder erfolgreich umzubauen. Meines Erachtens liegt das daran, dass herumgestochert wird. Es gibt Veröffentlichungen von über 20 Autoren aus mehreren Erdteilen, da wird die Zellwanddichte im Hinblick auf die Trockenheit untersucht. Die Schlussfolgerung ist dann: Man muss Baumarten aus wärmeren Regionen herholen. Das ist doch keine Wissenschaft, wer will sich denn darauf verlassen? Man muss doch an den Praktiker denken, der eine risikoreiche Entscheidung fällen muss, die über 100 Jahre Gültigkeit hat. Da helfen ihm die Arbeiten dieser Modellierer, die nur eine Möglichkeit herbeirechnen, überhaupt nicht. Der Praktiker muss eine Menge Freiheitsgrade haben, er kann nicht alles auf eine Karte setzen. Man darf es nicht zu kompliziert machen, sonst versteht es niemand mehr. Und die Ergebnisse der Modellierer muss man einer ganz einfachen Plausibilitätsprüfung unterziehen, die man aber nur vornehmen kann, wenn man den Wald wirklich kennt. Sonst entstehen Fehler, die sich unermesslich steigern.

Im Wald hat man es – wie in anderen Erkenntnisbereichen auch – mit viel Unwissen zu tun. Das ist unvermeidlich. Ich habe deshalb immer gesagt: Wir wissen zwar nicht, ob alles richtig ist, was wir machen, aber falsch ist es deshalb noch lange nicht. Also bietet es eine Handlungsgrundlage. Und darum sollte es in der Forstwissenschaft und Forstpraxis gehen.

Eine Bibliografie mit weiterführender Literatur ist zu finden unter:
https://waldkunde-eberswalde.com.

Patient Wald

Ist unser Wald noch zu retten?

Michael G. Müller

Gibt es Schäden in Wäldern?

Wald ist für Menschen etwas Selbstverständliches, Allgemeingut oder der Inbegriff von Natur, für viele nur nachrangig Wirtschaftsraum mit einzigartig positiven Eigenschaften. Wenn es um Schäden in Wäldern und deren Regulation geht, treffen die Meinungen besonders heftig aufeinander. Oft wird formuliert, dass es die Natur ohnehin am besten selbst regeln würde.

Gibt es also Schäden in Wäldern? Ja, aber diese Frage lässt sich, ohne uns Menschen zu betrachten, nicht qualifiziert beantworten. Schäden in Wäldern sind nur infolge von Bewertungen innerhalb menschlicher Zielsysteme zu verstehen. Von Natur aus gibt es keine Schäden, aber auch keinen Nutzen. Natur ist nicht nachhaltig. Nachhaltigkeit ist ein menschliches Wirtschafts- und Entwicklungskonzept. In der Natur setzt sich durch, was sich unter den konkreten Bedingungen aufgrund einer Bewährung in der Konkurrenz gegenseitigen Vertilgens oder infolge von Kooperation und Kommunikation besser bewährt. Inwieweit das unseren menschlichen Zielvorstellungen entspricht, ist der Natur, was immer wir darunter verstehen, gleichgültig. Was in Wäldern geschieht, ist zunächst nur als wertfreier Prozess aufgrund verschiedener Einflussfaktoren zu charakterisieren. Zu Schäden werden diese Einflüsse und zu tatsächlichen Schädlingen werden Organismen erst, wenn deren Wirken seriöse menschliche Zielstellungen intolerabel beeinträchtigen.

Nie zuvor gab es in den Wäldern Deutschlands so viel Holz wie heute, nie zuvor wurden so umfangreiche Erholungs- und Schutzleistungen von Waldbesitzerinnen mit ihren Wäldern bereitgestellt. Nie stand das Waldumbaufenster so weit offen, und noch nie wurde es, so wie seit 30 Jahren auch für jeden objektiven Betrachter ersichtlich, genutzt. Trotzdem gibt es, oft genug gerade deshalb, große Schäden in Wäldern – erstaunlich, oder?

Beginnend 2016/17 mit nicht eingedämmten Massenvermehrungen von Blätter oder Nadeln fressenden Insekten sowie schweren Sturmeinflüssen, weiter infolge von drei besonders warmen und trockenen Jahren 2018 bis 2020 und schließlich durch bald folgende Massenvermehrungen von Borkenkäfern oder Prachtkäfern traten an allen Baumarten die größten Waldschäden in der bisherigen Geschichte der geregelten und nachhaltigen Waldwirtschaft ein. Das war nicht unerwartet. Waldwissenschaftler und Waldbewirtschafter wiesen bereits Mitte des 19. Jahrhunderts darauf hin, dass die seinerzeit aus sehr guten Gründen geschaffenen Nadelbaumwälder wieder in naturnähere und anpassungsfähigere Wälder zu verwandeln seien. Perioden von naturnaher Waldwirtschaft und Waldumbau in den 1920er-Jahren sowie in den 1950/60er-Jahren in der BRD und in der DDR wurden aufgrund der Forderungen der Gesellschaft wieder abgebrochen. Erst seit den 1980er-Jahren begann die heute noch anhaltende Waldumbauperiode, deren Ergebnisse wir nun nach 30 Jahren, das heißt nach nur einem Drittel der Umbaulaufzeit, bereits sehen können.

Sind zukünftig damit Schäden ausgeschlossen? Nein, davon sollten wir nicht ausgehen. Große Holzmengen und große Vermögenswerte an Wald bedeuten bei Waldverlust auch hohe Schäden. Vorratsreiche und ältere Wälder, wie wir sie heute zunehmend haben, sind weniger anpassungsfähig. Hohe Bäume (>20 Meter) werden auch als gesunde Bäume bereits bei 60 Kilometern pro Stunde Windgeschwindigkeit geworfen oder gebrochen. Ein Waldumbau geht in den Umbauphasen mit zunächst erhöhten Schadrisiken durch Insekten, Mäuse und Wild einher. Neue Waldformationen bedeuten neue Lebensräume für Organismen, die ihre Chancen nutzen. Tote Bäume in Wäldern sollen Waldbesucher nicht gefährden. Dabei gehören doch tote Bäume zu Waldökosystemen, Menschen aber eher nicht. Noch spannender wird es, wenn von Schäden an Wäldern die Rede ist. Tote Bäume in Nationalparken werden oft als Schäden angesehen, sind es aber nicht, weil es dort definitionsgemäß keine Waldziele und damit keine Waldschäden geben kann. In Wirtschaftswäldern, gleich welchen Nutz-, Schutz- oder Erholungszielstellungen gefolgt wird, gibt es aber Zielgefährdungen und damit Schäden, die die Waldbesitzer nicht hinnehmen wollen oder können. Große Ablehnungen gibt es bei vielen Menschen, wenn Waldbesitzer Schäden in ihrem Wald abwehren wollen, erst recht, wenn dabei Pflanzenschutzmittel eingesetzt werden sollen, was übrigens in Wäldern extrem selten der Fall ist. In den Wäldern Deutschlands gibt es auch kein Insektensterben, schon gar nicht aufgrund von Pflanzenschutzmitteln. Wenn ausnahmsweise menschlich reguliert werden soll, heißt es oft: »Die Natur regelt es am besten.« Aber auch Träger dieser Meinung nehmen zum eigenen Schutz Medikamente ein oder holen sich die nächste Impfung ab. Ist das nicht Misstrauen gegen die Natur?

Massenvermehrungen – eine Folge von »Nadelbaummonokulturen«?

Diese landläufige Vermutung ist sehr einseitig, hält sich aber dennoch hartnäckig. Reicht eine vermeintliche Fehlbewirtschaftung als Erklärungsgrund nicht aus, werden gern der Klimawandel oder die Einschleppung fremdländischer Arten herangezogen. Dass diese Erscheinungen zur natürlichen Populationsdynamik gehören, wird kaum in Erwägung gezogen.

Organismen nutzen sich ihnen bietende Lebensräume zur Vermehrung und Ausbreitung. Einige in Wäldern vorkommende Arten haben das Potenzial für Massenvermehrungen. Starke Populationsschwankungen gehören zu deren normaler Ökologie. Wir erleben hier den Beginn eines großen Wandels. Insekten in den Kronen von Nadelbäumen sind hinlänglich bekannt. Inzwischen ist aber augenscheinlich, dass sich auch die Insekten in den Kronen der Laubbäume mit rasantem Tempo verbreiten. Bei den Rinden und Holz besiedelnden Insekten an Laubbäumen sind starke Vermehrungen zu erkennen. Laubbäume bieten den Insekten schon grundsätzlich mehr Lebensräume als Nadelbäume. Die einheimischen Eichen weisen mehr als doppelt so viele Insekten auf wie Kiefern und Fichten zusammengenommen. Man darf nicht verwundert sein, wenn wir mittlerweile häufiger von Massenvermehrungen des Schwammspinners (*Lymantria dispar*), des Eichenprozessionsspinners (*Thaumetopoea processionea*) oder des Goldafters (*Euproctis chrysorrhoea*) an Laubbäumen hören, Menschen an Raupendermatitis erkranken und umfangreichere Maßnahmen gegen diese Arten ergriffen werden, während es bei Nonne (*Lymantria monacha*), Fichtengespinstblattwespe (*Cephalcia abietis*) oder Kiefernspinner (*Dendrolimus pini*) an Nadelbäumen ruhiger wird. Das hat weder mit eingeschleppten Arten noch mit dem Klimawandel zu tun. Wir haben den Waldumbau seit mehr als drei Jahrzehnten vorangetrieben, zum Beispiel Eichen durch Naturverjüngung, Saat und Pflanzung in naturnahen Wäldern kultiviert. Wir haben den Laubbauminsekten die Lebensräume geschaffen, die sie nun nutzen. Der »Fehler« liegt darin, dass viele Menschen sich Waldökosysteme als harmonisch und von Natur aus stabil wünschen. Tatsächlich sind Wälder jedoch dynamische Systeme mit Wettbewerb unter anderem um Nahrung, Wasser,

Lebensräume und Licht. Laub fressende Insekten kommen uns sogar näher, weil wir nicht nur unsere Wälder, sondern auch unsere Lebensumgebungen, Gärten, ja sogar unsere Balkone viel häufiger mit Laub- als mit Nadelgehölzen ausstatten. Das Ausmaß und die Wirkungen Laub fressender Insekten werden mindestens so groß sein, wie wir das bei den Nadeln fressenden Insekten bisher erlebt haben – dafür bedarf es nicht einmal naturfremder »Monokulturen«. Wir müssen lernen, das zu akzeptieren oder, wenn wir menschliche Nutz-, Schutz- und Erholungsziele sowie menschliche Unversehrtheit als höher einstufen, eben auch bereit sein, in begründeten Fällen auf geeignete Weise zu regulieren.

Ich, der Borkenkäfer, erzähle euch, wie ich das Maximale heraushole

In den Medien werde ich oft als »der Borkenkäfer« bezeichnet, dabei bin ich nur eine Borkenkäferart unter etwa 110 in Deutschland und mehr als 6.000 weltweit.

Eigentlich heiße ich Großer Buchdrucker oder Großer achtzähniger Fichtenborkenkäfer (*Ips typographus*). »Zähne« verzieren meine Flügeldecken, sie machen mich erkennbar. Mein Verwandter, der Lärchenborkenkäfer (*Ips cembrae*), sieht mir in Form und Leistung ähnlich. Noch krassere Leistungen als ich, und da bin ich neidisch, vollbringen gerade Verwandte an der Buche. Der Laubnutzholzborkenkäfer (*Xyloterus domesticus*) schafft es bei Trockenstress sogar, lebende Bäume zu besiedeln. Es sind aber nicht seine mitgebrachten Nahrungsplantagenpilze, sondern andere, die durch die Bohrlöcher eindringen und in kurzer Zeit das Lignin zerstören. Lignin ist der Stoff, der dem Holz die Druckfestigkeit verleiht. Dann brechen die Äste, die Krone oder ganze Bäume auch ohne Wind unter der eigenen Last spontan zusammen. Vor solchen Bäumen, liebe Menschen, solltet ihr euch in Acht nehmen.

Menschen sagen, ich sei ein Schädling. Ich mache aber nur das, was alle Organismen mit Ausnahme des Menschen tun – ich vermehre mich bei guten Bedingungen maximal. Dazu brauche ich Bäume, denen es nicht gut geht. Sollte ich mich an einen vitalen Baum verirren, versucht dieser gemeinerweise, mich mit Harz zu ersticken und zu vergiften. Das ist nicht freundlich. Da halte ich mich fern.

Gibt es aber appetitliche Bäume, laufe ich zur Hochform auf und habe ein paar coole Tricks drauf. Ich entdecke schwache Bäume sogar, wenn sie noch ziemlich gesund aussehen. Am besten läuft es, wenn die Menschen meine Aktionen nicht rechtzeitig wahrnehmen und das Beräumen befallener Bäume versäumen. Im Normalverfahren gibt es pro überwinterndem Weibchen ab Frühling mit zwei Generationen und Geschwisterbruten mindestens 1.000 Kinder und Enkel pro Jahr. Bei aktuell massenhaft geschwächten Bäumen, drei Generationen und noch mehr Geschwisterbruten sind auch mehr als 20.000 Nachkommen möglich. Darauf bin ich stolz!

Für die Organisation dieses großen Familienbetriebes ist mein Geruchssinn am wichtigsten. Ich lebe in der Chemie der Wälder. Ein Baum ist schließlich ein chemischer Reaktor. Ist er gesund, sind alle Sicherungen auf Grün, und mir ist der Zutritt verwehrt. Ist er aber krank, weisen mir die Duftstoffe den Weg zur Schwachstelle. Anders als die meisten Menschen habe ich zumeist zwei Weibchen. Das klingt vielleicht gut, wenn ich mich aber bei der Brutbaumwahl irre, bedeutet das meinen Tod. Also, liebe Menschenmännchen, nicht zu neidisch sein!

Wenn ich einen Brutbaum gefunden habe, bohre ich mich in die Rinde und fresse darin eine Rammelkammer. Entschuldigung, diesen drastischen Namen haben die deutschen Menschen erfunden, man könnte auch Liebesnest sagen. Ist das kuschelige Plätzchen fertig, sende ich meine Duftstoffe (Aggregationspheromone) aus. Diese sagen den Mädels, dass ich ein toller Typ und zukünftiger Familienvater bin. Den anderen Jungs signalisiere ich, dass dieser Baum ein sicherer Siedlungsplatz ist. Die beiden Frauen, die ich für mich begeistern konnte, schicke ich nach dem Kuscheln zur Anlage der Muttergänge und zu den Eiablagen in genau entgegengesetzte Richtungen, eine nach oben und eine nach unten – es soll ja schließlich keinen Ärger geben. Wir treffen uns zu wiederholten Schäferstündchen, bis die Mädels je 50 bis 100 Eier abgelegt haben. Inzwischen haben ringsum die anderen Jungs Familien gegründet, und es wird eng. Mit Ablenkstoffen (Antiaggregationspheromonen) sagen wir dann den nächsten anfliegenden Jungs, dass sie nebenan neue Brutbäume suchen sollen. Normalerweise entstehen so richtige Käfernester, aktuell finden wir jedoch so viele Bäume, dass wir uns fast überall wohlfühlen. Da es, anders als zum Beispiel bei vielen Schmetterlingen, bei uns keine grassierenden Krankheiten gibt, die uns dahinraffen, geht das so lange weiter, bis der besiedelbare Wald zu Ende ist oder das Wetter umkippt. Kalter Frühling und nasser Sommer nutzen der Baumgesundheit und schlagen uns auf den Magen. Dann halten wir uns mit der Nachkommenschaft zurück. Zudem gibt es unter euch Forscherinnen, die unser Wirken mit Waldumbau, Lockstoffen für unsere Feinde, mit Verwirrstoffen und so weiter behindern wollen. Das gelingt ärgerlicherweise in zunehmendem Maße seit etwa 30 Jahren. Ich versuche weiter mein Bestes. Also bis bald im Wald! Euer Buchdrucker.

Bambi war's

Bambi prägte Generationen von Menschen – extrem niedlich, und ein Jäger »ermordete« seine Mutter. Das sitzt tief. Nur so nebenbei: Hätte das eine Jägerin in Deutschland getan (Bambi ist ein nordamerikanischer Weißwedelhirsch), wäre das eine Straftat gewesen. Das Töten von Elterntieren, die für die Aufzucht von Jungtieren erforderlich sind, ist gemäß § 22 Abs. 4 Bundesjagdgesetz eine Straftat und würde gemäß § 38, Abs. 1, Nr. 3 Bundesjagdgesetz mit Geldstrafe oder Freiheitsstrafe bis zu fünf Jahren bestraft. Viele Menschen sehen dennoch Jägerinnen als Tiermörderinnen an.

Das ist schon grundsätzlich ziemlich eigenartig. Wild ist eine tatsächlich nachhaltig reproduzierbare und naturnahe Ressource – »Mehr bio geht nicht« wäre ein ideales Motto. Ich bin immer wieder verwundert, dass die verschiedenen Jagdverbände diese Werbechance ungenutzt lassen. Die erlegten Tiere haben frei gelebt, sich natürlich ernährt, und das Fleisch ist unvergleichlich lecker, mager und gesund. Wird das Weidhandwerk, so wie vorgeschrieben, gut trainiert und beherrscht, hat das Tier den Schuss, der es getötet hat, weder im Stress erahnt noch gehört. Keine menschliche Tierhaltung weist auch nur ansatzweise eine solche Qualität hinsichtlich des Tierwohls auf. Lassen Sie uns die Waldverjüngung unterstützen, Beute machen und genießen.

Nun hat Wild im Wald aber vielfältige Bedeutungen. Es ist, und das erscheint manchen Menschen unfassbar, der potenziell bedeutsamste biotische Schadfaktor in unseren deutschen Wäldern – bedeutsamer als Borken-, Prachtkäfer, Mäuse, Blätter und Nadeln fressende Insekten zusammengenommen. Das Schadenspotenzial durch Wild beträgt in Deutschland circa eine Milliarde Euro pro Jahr[1] – fast unglaublich –, bei vielen sofort emotional geprägte Proteste auslösend. Es hilft jedoch nichts, diese Fakten zu ignorieren.

Wenn die Wildeinflüsse einerseits so enorm sein können, bietet das andererseits durch Herstellen Habitat angepasster Wildbestände ebenso große Potenziale, so große Chancen für eine naturnahe Waldbewirtschaftung, die in vergleichsweise kurzen Zeiträumen (fünf bis zehn Jahren) Erfolge zeigt. An die Habitate (Lebensräume) angepasst sind Wildbestände in Anzahl und Verhalten, wenn sie die naturnahe Weiterentwicklung der Biotope (Naturräume) nicht verhindern oder wesentlich behindern.

Warum sind diese Dinge kaum bekannt oder nicht wirksam? Wildeinflüsse in Wäldern weisen oft etwas auf, dass ich als eine »relative Unsichtbarkeit« benannt habe. Wenn das Wild die Samen der Bäume oder die Keimlinge frisst, entsteht keine natürliche Waldverjüngung. Man könnte dann glauben, dass natürliche Waldverjüngung unmöglich ist und deshalb teuer für circa 3.000 bis 15.000 Euro pro Hektar gepflanzt und gegebenenfalls sogar gezäunt werden müsste. Beim Verbiss vorhandener Pflanzen sind die Baumarten unterschiedlich beliebt, selten vorkommende Baumarten werden bevorzugt, und die Baumarten reagieren unterschiedlich auf Verbiss. So kommt es zu Entmischungen in der gesamten Verjüngung und zu Verformungen der Bäume mit nachfolgend erzwungenen und teuren Bewirtschaftungsmaßnahmen. Bei Schäle an Bäumen wird die Rinde so beschädigt, dass bei vielen Baumarten nicht nur Fehler im Holz verbleiben, sondern auch Fäule im Holz auftritt. Das mindert die Holzverwendbarkeit sehr. Nun vermarktet man jedoch in der Waldwirtschaft Holz nur so, wie es anfällt, und kalkuliert nicht, wie es ohne Schäden hätte sein können. Die Differenz zwischen dem potenziellen Marktwert ungeschädigten Holzes und dem Preis, den man noch mit dem geschädigten Holz erzielt, kann ohne Weiteres über 10.000 Euro pro Hektar liegen.

Warum geht man nun aber trotzdem mit dem Wild so anders um als mit den anderen potenziellen Schadfaktoren? Die Besonderheit des Wildes in Wäldern besteht darin, dass es einerseits der bedeutsamste biotische Schadfaktor in Wäldern sein kann, andererseits ist Wild gleichzeitig ein Objekt, auf das positive Zielstellungen von Menschen ausgerichtet werden (Fleisch, andere Wildprodukte, Naturerlebnisse, Waldbesuche usw.).

Letztlich geht es also darum, dass die Jagdausübung den Zielen der Waldeigentümerinnen dient. Diese Ziele sind vielfältig und reichen von »Natur Natur sein lassen« in Nationalparken über vielfältige Formen von Waldbewirtschaftungen bis zur Energieholzplantage. Entsprechend vielfältig müssen auch die Jagdregime sein. Das gelingt am besten, wenn man nur die wirklich notwendigen Rechtsvorschriften (z. B. Ausrottungsverbot) in Anschlag bringt und ansonsten die Jagdrechtsinhaber und Jagdausübungsberechtigten ihre eigenen Entscheidungen treffen und vereinbaren lässt. Rehwild und Schwarzwild kann man mit jagdlichen Mitteln ohnehin nicht ausrotten oder an eine genetisch grenzwertig geringe Populationsdichte bringen. Bei den anderen Wildarten können derartige Situationen rechtzeitig erkannt und per Eingriffsverwaltung vermieden werden. Die Ziele der Gesellschaft, wie sie zum Beispiel in den Gesetzen genannt sind, lassen sich am besten und ohne viel Verwaltung oder gar Zwang umsetzen, indem man diejenigen, die diesen Zielen am besten folgen, am stärksten öffentlich, politisch und finanziell belohnt. Leider ist das bisher nicht der Fall und deshalb dringend veränderungsbedürftig.

Feuer und Flamme für Wald?

Waldbrände haben in der natürlichen Waldökosystementwicklung Mitteleuropas keine Bedeutung. Das lässt sich unter anderem mit den Waldbrandursachen, der Anpassung von Organismen an Waldbrände, der Humusakkumulation und den natürlichen Waldgesellschaften sehr einfach beweisen. Feuer ist deshalb kein Instrument naturnaher Waldbewirtschaftung und auch kein Element von Prozessschutz oder Wildnis, sondern ein extremer menschlicher Eingriff. Waldbrände homogenisieren Wälder, haben starke Nebenwirkungen auf Nichtzielorganismen und verursachen vermeidbare Freisetzungen von Schadstoffen. Waldbrände treten in Deutschland trotz Klimaveränderung in abnehmender Tendenz auf. Für die Literaturquellen und folgenden Angaben zu Waldbränden sei auf die Fußnote verwiesen.[2]

Waldbrände sind in Deutschland nur selten Naturereignisse. Die einzige (aber seltene) natürliche Waldbrandursache in Deutschland ist der Blitzschlag (international kommen Vulkane hinzu). Eine Selbstentzündung natürlicher Materialien in Wäldern ist ausgeschlossen. Waldbrände werden also in Deutschland fast immer von Menschen verursacht, meist durch vorsätzliche oder fahrlässige Brandstiftung. In Deutschland gibt es jährlich zwischen 400.000 und 1,2 Millionen Blitzereignisse, bis zu einem Drittel davon in Wäldern. Im besonders waldbrandgefährdeten Land Brandenburg gab es jedoch in den letzten circa 20 Jahren nur zwischen zwei und 60 Blitzschlagwaldbrände pro Jahr mit Waldbrandflächensummen zwischen null und 26 Hektar – absolut unbedeutend für natürliche Waldentwicklungen.

Bei der Suche nach Indizien für die natürliche Bedeutung von Waldbränden werden oft Anpassungen von Organismen (Pyrophilie) genannt, Organismen also, die vom Feuer profitieren. Wichtig ist jedoch, ob diese Anpassung existenziell ist und welcher evolutionäre Vorteil daraus erwächst. Oft wird das Waldweidenröschen (*Epilobium angustifolium*) als pyrophile Pflanze angeführt oder auch die Gemeine Kiefer (*Pinus sylvestris*). Solche Pflanzen benötigen das Feuer aber ganz und gar nicht, sie profitieren lediglich von der Homogenisierung der Waldfläche, der Freilage des Mineralbodens oder der akuten Nährstofffreisetzung insbesondere von Stickstoff. Wenn Waldweidenröschen in vielen Wäldern selten sind, liegt das an Wildbeständen, die nicht an die Habitate angepasst sind. Waldweidenröschen sind schlicht die Lieblingsäsung des Rehwildes.

Unter den Insekten ist der Schwarze Kiefernprachtkäfer (*Melanophila acuminata*) eine häufig zitierte Art, um die Waldbrandbedeutung zu begründen. Dieser Käfer hat tatsächlich eine erstaunliche Anpassung. Seine Chemosensoren können Verbrennungsgase von Waldbränden erkennen. Mit Infrarotsensoren findet er die »flambierten« Bäume, vermeidet sogar, auf zu heißen Stellen zu landen, und verteilt das Erscheinen seiner Nachkommenschaft auf mehrere Jahre. Ist das ein Hinweis für große ökosystemare Bedeutung von Waldbränden? Nein, es ist das Gegenteil. Diese extreme Anpassung versetzt den Käfer in die Lage, sehr seltene und sehr kleine Waldbrände zu finden und diese Nische vor allen anderen Konkurrenten zu besetzen. Organismen, die existenziell an große und häufige Waldbrände angepasst sind, wären ein Beweis für eine große natürliche Bedeutung von Feuer. Solche Organismen gibt es in mitteleuropäischen Wäldern nicht.

Schon kurz nach einem Waldbrand setzt ein üppiges Pflanzenwachstum ein. Die Flächen werden zum Beispiel durch flugfähige Samen schnell wiederbesiedelt, oder überlebende Wurzeln im Boden ermöglichen neue Austriebe, da die Waldbrandtemperaturen trotz der weit als 1.000 Grad Celsius auf der Bodenoberfläche nur wenige Zentimeter in den Mineralboden hineinreichen. Die Besenheide (*Calluna vulgaris*) ist zum Beispiel eine Pionierpflanze mit kurzer Besiedlungsdauer, die vom unnatürlich homogenisierten und von Konkurrenz befreiten Zustand nach einem Waldbrand profitiert. Mit Natur oder gar Wildnis haben diese Wirkungen des Feuers trotz aller Pracht der Heide nichts zu tun. Heidelandschaften sind bei aller Pracht so etwas wie ein Freilandpflanzenzoo, den wir gerne besuchen. Diese Phänomene sind populationsökologisch als Besiedlungsvorgänge oder sogar Massenvermehrungen infolge unnatürlich homogenisierter Lebensräume zu verstehen.

Wälder mit natürlicher Bedeutung von Waldbränden weisen eine Humusakkumulation auf, die aufgrund Boden und Klima nicht durch Organismen, sondern von Feuer abgebaut wird. Das wäre typisch für Hochgebirgswälder in Europa, in borealen Nadelwäldern Skandinaviens, den Rocky Mountains in Kanada und den USA sowie den Eukalyptuswäldern in Australien. Das darf aber nicht auf das deutsche Tiefland übertragen werden. Hier wachsen die brandgefährdeten Kiefernwälder auf Standorten natürlicher Eichen- oder sogar Rot-Buchen-Wälder und reichern als Fremdbewaldung nur deshalb Nadelstreu an. Natürliche Kiefernwälder auf den wenigen armen Sandstandorten im Tiefland Deutschlands haben sehr wenig Nadelstreu, als Bodenvegetation Flechten, niedrige Moose und spärlich Gräser – und damit nur seltene und geringe Bodenfeuer.

Jegliches Unterlassen von Waldbrandbekämpfung oder gar menschlich vorsätzliches Feuermanagement sind deshalb als extrem naturferne menschliche Eingriffe zum Zweck einer künstlichen Homogenisierung des Ökosystems zu charakterisieren. Sie haben starke Nebenwirkungen auf Nichtzielorganismen und verursachen Erosionen sowie vermeidbare Freisetzungen von Treibhausgasen (Kohlendioxid, Kohlenmonoxid, Methan, Wasserdampf), von Stickoxiden und halogenierten Kohlenwasserstoffen, die die Ozonschicht schädigen, von Feinstaub und sogar von Giften (Kohlenmonoxid, Furane, Dioxine).

In Medien und politischen Stellungnahmen wird oft ausgeführt, dass Waldbrände in Deutschland im Allgemeinen und insbesondere im Zuge des Klimawandels an Vorkommen und Bedeutung zunehmen würden. Es ist jedoch das Gegenteil der Fall. Die Waldbrandindizes steigen in Ableitung von den bestehenden oder erwarteten Witterungsverhältnissen, die aktuellen Waldstrukturen und der aktuelle Waldbrandschutz führen jedoch zu einer deutlichen Abnahme des Vorkommens von Waldbränden.

Die Waldbrandstatistiken des Landes Brandenburg sind besonders repräsentativ und gut auszuwerten, weil sich dort mit Abstand die meisten Waldbrände in Deutschland ereignen, relativ gründlich erfasst und in jährlichen Berichten dokumentiert werden. Diese Waldbrandstatistiken gibt es mit weitgehend übereinstimmenden Parametern seit 1975. Die Waldbrandstatistik Brandenburgs zeigt seit 1975 die typischen Verläufe mit Häufungen der Waldbrandanzahlen und -flächen in den regelmäßig vorkommenden Wärmejahren 1975/76, 1982/83, 1992, 2003 und 2018/19. Die Trendlinien zeigen sowohl bei den Waldbrandanzahlen als auch bei den Waldbrandflächen deutlich sinkende Tendenzen. Ungewöhnliche Ausschläge seit 2008 sind vor allem darauf zurückzuführen, dass auf munitionsbelasteten Flächen nicht unmittelbar bekämpft werden darf, sondern Sicherheitsabstände zwischen 300 und 1.000 Meter zur Feuerfront in allen Richtungen eingehalten werden müssen. Ähnliches gilt in nicht betretbaren Bergbaufolgelandschaften und Flächen mit künstlichen Brennstoffanreicherungen (Kohlestaub). So wurden große Waldbrandflächen, lange Feuerfronten und das Risiko nur noch schwer beherrschbarer Waldbrandausbreitungen in Kauf genommen, was im Extremfall sogar mehrfach die Evakuierung von Ortschaften erforderlich machte. Wenn wir es mit angepassten Vorbereitungen und Technologien schaffen, auf diesen speziellen Flächen Waldbrände ähnlich schnell und wirksam einzudämmen wie auf normalen Waldflächen, würde es kaum Brände geben, die größer als ein Hektar werden und länger als eine Stunde brennen.

Für die zukünftige Waldbrandbekämpfung sind deshalb vorrangig bodengestützte Verfahren einzuführen, die es mit schnell installierbaren, lange wirksamen oder autonom arbeitenden Abwehrmaßnahmen sowie mit ferngesteuerten Löschverfahren erlauben, Waldbrände zu stoppen, ohne dass Menschen direkt an der Feuerfront anwesend sein müssen.

Medizin für Wälder – gibt es Gutes an Pflanzenschutzmitteln und Bioziden?

Vergleiche hinken, und realistische Darstellungen werden oft als Verharmlosung bezeichnet. In Wäldern werden absolut und erst recht im Vergleich zu anderen Landnutzungsbereichen extrem selten und sehr kleinflächig bis punktuell Pflanzenschutzmittel oder Biozide angewendet. Da solche Anwendungen eine extrem geringe Umweltrelevanz haben, ist durch ihre Vermeidung auch keine spürbare Umweltentlastung zu erwarten. Zunächst muss erklärt werden, dass Pflanzenschutzmittel und Biozide grundsätzlich unterschiedliche Dinge sind. Bei Pflanzenschutzmitteln geht es um den Schutz von Pflanzen und Pflanzenprodukten. Bei den Bioziden geht es um andere Ziele, also zum Beispiel den Schutz der menschlichen oder tierischen Gesundheit, den Schutz der Landschaft oder den Schutz von Erholungs- oder Schutzfunktionen, die durch biologische Schadfaktoren bedroht sind. Pflanzenschutzmittel werden im sehr strengen Pflanzenschutzrecht geregelt, Biozide dagegen im Chemikalienrecht.

In Wäldern dürfen, im Gegensatz zu allen anderen Landnutzungsbereichen, Pflanzenschutzmittel nur angewendet werden, wenn eine drohende Gefahr nachgewiesen wurde, die anders methodisch, zeitlich oder ökonomisch nicht abgewehrt werden kann. Dafür gibt es entsprechende Überwachungs- und Prognoseverfahren sowie Schwellenwerte für zu erwartende Schäden. Diese Schwellenwerte sind zumeist sehr hoch, und oft wird erst gehandelt, wenn die betroffenen Bäume oder Waldprodukte so stark gefährdet sind, dass die Wälder in Struktur bis Existenz oder die Waldprodukte wesentlich in ihrem Wert gefährdet sind. Es erfolgt dabei eine Abwägung von Nebenwirkungen der Pflanzenschutzmittelapplikation, aber auch des Unterlassens der Applikation auf Nichtzielorganismen. Wegen der oft sehr hohen Schwellenwerte kann das Unterlassen der Gefahrenabwehr wesentlich höhere Nebenwirkungen auf Nichtzielorganismen haben, als wenn man die Abwehr vollzogen hätte. Wenn sich infolge der unterlassenen Gefahrenabwehr das Waldökosystem wesentlich wandelt, vielleicht sogar Freilandverhältnisse eintreten, kann dadurch der Lebensraum für Nichtzielorganismen verloren gehen, sodass diese möglicherweise verschwinden müssen.

Die größten Mengen und Anwendungsflächen von Pflanzenschutzmitteln in Wäldern dürften auf die Wildabwehrmittel entfallen, um zum Beispiel den Verbiss der Baumtriebe zu unterbinden. Danach folgen bereits die Insektizide. Jede Leserin sollte kurz mal aufblicken und schätzen, auf welchem Flächenanteil (in Prozent) der Wälder Deutschlands im jährlichen Durchschnitt Insektizide ausgebracht werden. Es sind 0,15 Prozent![3] Herbizide oder andere Pflanzenschutzmittel werden in noch viel selteneren Fällen oder nicht angewendet. Weil dem so ist, hat die chemische und biologische Industrie auch kein Interesse, für Wälder spezifische Mittel zu entwickeln und zuzulassen, obwohl es sehr zielspezifische und selektive Lösungen gibt. Im Vergleich dazu darf man wohl annehmen, dass in fast allen anderen Agrarbereichen (Ackerbau, Obst oder Gemüse) und egal welcher Ausprägung fast vollflächig mindestens ein Insektizid oder anderes Pflanzenschutzmittel pro Jahr angewendet wird. Wenn ein Waldbesitzer den Fraß durch Nadeln oder Blätter fressende Insekten in einem Ausmaß von über 50 Prozent Blatt-/Nadelverlust hinnimmt (und das tun diese Menschen im Interesse der Nichtanwendung von Pflanzenschutzmitteln regelmäßig), verzichten sie damit selbst auf geringwüchsigen Standorten mindestens auf ein Einkommen von 150 Euro pro Hektar in diesem Jahr des Befalls. Andere Landnutzer und wohl auch die meisten anderen Mitmenschen wären kaum bereit, auch nur annähernd solche Verluste ohne Ausgleich hinzunehmen. Den Waldleuten ist für einen derart zurückhaltenden und verantwortungsvollen Umgang mit ihren Wäldern zu danken, zumal wir die Wälder aller Eigentumsformen jederzeit und kostenlos betreten und uns dort sogar fremdes Eigentum in Form von Pilzen, Beeren und Handsträußen für den eigenen Bedarf aneignen dürfen.

Wie gesagt, Vergleiche hinken und Verharmlosungen drohen, aber mitunter ist Medizin im wirklichen Gefahrenfall auch eine verantwortbare Variante.

Anmerkungen

1 Knocke, T.; Ertsey, C.; Bödecker, K.; Friedrich, S. (2019): Einfluss überhöhter Wildbestände auf das Waldvermögen. AFZ-DerWald 74 (21): S. 26–30.

2 Müller, M. (2019): Waldbrände in Deutschland, Teil 1. AFZ-DerWald 74 (18): S. 27–31.

Müller, M. (2020a): Waldbrände in Deutschland, Teil 2. AFZ-DerWald 75 (1): S. 29–33.

Müller, M. (2020 b): Waldbrände in Deutschland, Teil 3. AFZ-DerWald 75 (23): S. 42–46.

3 Schnabl, S. (2016): Anwendung von Insektiziden im Wald: Eine Gegenüberstellung der tatsächlichen Anwendungsfälle mit dem Wissenstand der Bevölkerung am Beispiel ausgewählter Insekten und deren Bekämpfung in den letzten 10 Jahren. Masterarbeit, Universität Rostock.

Die Suche nach der Wahrheit über den Wald

Waldinventur und -monitoring in Deutschland

HEINO POLLEY

Wahrheit ist ein schwieriger Begriff. Wenn wir sie als Übereinstimmung von Erkenntnis und Wirklichkeit definieren, kann die Wahrheit über den Wald wegen seiner komplexen Natur nur eine verschwommene Gestalt im Nebel sein. Es ist die ewige Aufgabe der Wissenschaft, diesen Nebel zu lichten. Der Beitrag gibt einen Überblick zum Waldmonitoring in Deutschland und erläutert Hintergründe der Bundeswaldinventur.

Zur Vorgeschichte

Wer förderliche Rahmenbedingungen für die nachhaltige Nutzung und den Schutz der Ressource Wald gestalten will, braucht Informationen. So wurden bereits im Jahr 1878, wenige Jahre nach der Gründung des Deutschen Reiches, als Bestandteil der »Ermittlung der landwirtschaftlichen Bodennutzung« neben den Acker- und Gartenländereien sowie Weiden und Weinbergen auch die Forsten und Holzungen in einer aufwendigen Fragebogenaktion bei Behörden und Grundeigentümern erfasst. Später beschloss der »Deutsche Bundesrath«, dass solche Erhebungen »im Jahre 1893 und künftig von zehn zu zehn Jahren stattfinden« sollen.[1] Und so ist es im Wesentlichen auch gekommen: Trotz Kriegen und Krisen wurden insgesamt neun Forsterhebungen durchgeführt. Die Forsterhebung 1961 war schließlich mehr als 30 Jahre lang die letzte »aktuelle« Datenquelle über den Wald in der Bundesrepublik Deutschland. Die »eingeschränkte Forsterhebung 1972« hat keine neuen Daten zu den Waldverhältnissen erfasst, und die für Anfang der 1980er-Jahre vorgesehene Forsterhebung war schließlich obsolet.[2] Inzwischen waren nationale Waldinventuren auf Stichprobenbasis in verschiedenen europäischen Ländern etabliert. Den Anfang haben die skandinavischen Länder Norwegen, Finnland und Schweden in den Jahren 1921 bis 1923 gemacht. Auch die DDR hatte nach Pilotaufnahmen in den Jahren 1956 und 1957[3] von 1961 bis 1970 eine »forstliche Großrauminventur« durchgeführt, die wieder eingestellt wurde, nachdem fast die gesamte Waldfläche in staatliche Bewirtschaftung übernommen und in einem umfassenden Forsteinrichtungsdatenspeicher erfasst war.

Der lange Weg zur Bundeswaldinventur

Schließlich reifte auch in der Bundesrepublik die Erkenntnis heran, dass Stichprobenerhebungen zuverlässigere Daten über die großräumigen Waldverhältnisse liefern können als die bislang üblichen Forsterhebungen. Erstmals haben auf der Jahrestagung 1974 der Arbeitsgemeinschaft Forsteinrichtung Fachleute im größeren Kreise Optionen für eine Großrauminventur in der Bundesrepublik Deutschland diskutiert.[4] Dabei wurde der Begriff »Nationale Waldinventur« vermieden, um mögliche Konflikte bezüglich der deutschen Zweistaatlichkeit zu umgehen. Auch der Begriff »Bundeswaldinventur« war noch nicht im Gebrauch. Dieser wurde erst ab 1978[5] verwendet. Manchmal führt der Begriff zu Missverständnissen: Es ist eben keine »Bundeswald-Inventur«, sondern eine »Bundes-Waldinventur«.

Die Diskussion war anfangs sehr kontrovers, es überwog eher die Skepsis gegenüber einer bundesweiten Großrauminventur. Im Gespräch war eine »durch Bestandszusammenfassung summierte Information, justiert und ergänzt durch eine Großrauminventur«, und es zeichnete sich eher ein länderweise verschiedenes Vorgehen ab. Möglicherweise hat dabei auch eine Rolle gespielt, dass die Forsteinrichtungsexperten einen Bedeutungsverlust ihrer Arbeit befürchteten. Kolportiert wurde ein »Rütlischwur« dreier Hauptgegner (deren Namen wir hier verschweigen), niemals eine Bundeswaldinventur in ihren Ländern zu akzeptieren. Zum Glück ist es schließlich anders gekommen. Impulse für eine einheitliche Großrauminventur auf Stichprobenbasis haben vor allem die Bayerische Waldinventur 1970/71, die Österreichischen Forstinventuren sowie der gerade erschienene zweite Band des Lehrbuches zur Waldinventur von Lötsch, Zöhrer und Haller[6] geliefert. Weitere Vorbilder waren später auch die Schwedischen Waldinventuren 1972 bis 1976 und 1977 bis 1982 und auch die 1982 angelaufene Schweizerische Forstinventur.[7]

Anfang 1977 haben die zuständigen Fachministerien des Bundes und der Länder schließlich einer Waldinventur auf Bundesebene grundsätzlich zugestimmt.[8] Die Notwendigkeit besserer Daten zum Wald war also bereits erkannt, bevor um 1980 die Waldschadensdiskussion begann. Die wichtigste Motivation für die Bundeswaldinventur war die Sorge um die Rohstoffversorgung für die boomende Holzindustrie in Deutschland. Es hat jedoch noch bis 1984 gedauert, bis mit dem Bundeswaldgesetz § 41a die gesetzliche Grundlage für die Bundeswaldinventur geschaffen war. Dort ist festgelegt, dass für das gesamte Bundesgebiet ein einheitliches Verfahren anzuwenden ist, dass die Länder für die Erhebung der Daten zuständig sind und der Bund für die Auswertung verantwortlich zeichnet. Eine Wiederholung war mit der vagen Formulierung »bei Bedarf« in Aussicht gestellt. Im Jahre 1986 konnten dann die Feldaufnahmen beginnen, deren Ergebnisse schließlich 1992 veröffentlicht wurden. Inzwischen war Deutschland wiedervereinigt, und die erste Bundeswaldinventur konnte ihren gesetzlichen Anspruch als »auf das gesamte Bundesgebiet bezogene forstliche Großrauminventur« nie erfüllen. Die Ergebnisse wurden in einem Inventurbericht[9] und einem Tabellenband[10] mit dem sperrigen Zusatz »für das Bundesgebiet nach dem Gebietsstand vor dem 3. 10. 1990 einschließlich Berlin (West)« und jeweils einem Tabellenband für jedes Bundesland[11] gedruckt. Ein kompletter Tabellensatz bringt insgesamt zwölf Kilogramm auf die Waage. Das Internet war als Informationsmedium noch nicht etabliert, und die Vielfalt der Ergebnisse wurde wahrscheinlich niemals richtig erschlossen.

Die Entscheidung für eine Wiederholungsinventur fiel dann auch sehr zögerlich. Für eine zunächst angestrebte Wiederholung nach zehn Jahren (1997) und auch für eine »Millenniumsinventur 2000« war die Zeit noch nicht reif. Erst 15 Jahre nach der ersten kam dann die zweite Bundeswaldinventur zum Jahr 2002 als Wiederholungsinventur in den alten und Erstinventur in den neuen Bundesländern. Danach wurde die Fortführung der Bundeswaldinventur nicht mehr infrage gestellt, und sie hat sich mit einem zehnjährigen Turnus und Zwischeninventuren auf einer Unterstichprobe fest etabliert.

Der schnelle Weg zum Waldmonitoring

Während noch um das Wie und Wann der Bundeswaldinventur gerungen wurde, kam mit den großflächig auftretenden »neuartigen Waldschäden« infolge der Luftverschmutzung seit etwa 1980 eine neue große Herausforderung auf die Waldpolitik zu. Die Angst vor einem »Waldsterben« hatte die gesamte Gesellschaft erfasst. Neben der Ursachenforschung mussten auch Instrumente zum Monitoring der Waldschäden entwickelt werden, um zielgerichtete Gegenmaßnahmen zu ermöglichen und deren Wirksamkeit zu überwachen. Dabei war Eile geboten, und schnell wurde klar, dass die konzipierte Bundeswaldinventur dafür nicht geeignet ist. Gefragt war ein Monitoringverfahren, das mit begrenztem Aufwand jährlich durchgeführt werden kann. Entsprechend der festgestellten Symptomatik wurden Schätzverfahren für Nadel-/Blattverluste (Kronenverlichtungen) und Verfärbungen (Vergilbungen) entwickelt. Das ist ein unspezifischer, aber einfach zu erhebender Vitalitätsweiser und wird manchmal als »Fieberthermometer am Patienten Wald« bezeichnet.

Schon im Jahre 1982 wurden erstmals Waldschäden von den Forstdienststellen der Länder unter Beteiligung der Waldeigentümer geschätzt. Das Erhebungsverfahren wurde 1983 verbessert und in vier Bundesländern ein Stichprobenverfahren eingeführt,[12] das dann ab 1984 mit landesspezifischen Varianten in allen Bundesländern und ab 1986 auch in vielen europäischen Staaten zur Anwendung kam und im Wesentlichen bis heute so fortgeführt wird. Nur der Name hat sich geändert: Was als »Waldschadenserhebung« gestartet ist, heißt seit 2004 »Waldzustandserhebung«. 30 Jahre lang ging das sogar ohne gesetzliche Grundlage. Diese wurde erst im Jahr 2013 mit der »Verordnung über Erhebungen zum forstlichen Umweltmonitoring (ForUmV)«[13] geschaffen.

Auch wenn die Aussagefähigkeit oder der jährliche Turnus immer wieder mal infrage gestellt wurde, konnte die Waldzustandserhebung weiterentwickelt und kontinuierlich fortgeführt werden. Neben den Nadel-/Blattverlusten und Verfärbungen werden heute auch spezifische Schadsymptome, Schadursachen, Fruktifikation und Mortalität der Probebäume detailliert erfasst.

Da Schadstoffe aus der Luft mit dem sauren Regen auch in den Boden gelangen, können Daten über die Situation der Waldböden viel zum Verständnis der Waldschäden beitragen. Deshalb wurde bald nach dem Beginn der Waldschadenserhebung auch über eine Bodenzustandserhebung im Wald nachgedacht. Die Feldaufnahmen haben 1989 begonnen. Dafür wurde das Stichprobennetz der Waldschadenserhebung genutzt. Die Aufnahmen haben bis 1993 gedauert und wurden – anders als die erste Bundeswaldinventur – auch in den neuen Bundesländern durchgeführt. Die Ergebnisse wurden 1997 veröffentlicht.[14]

Seit 1994 werden die flächenrepräsentativen Waldzustands- und Bodenzustandserhebungen durch ein Intensivmonitoring ergänzt, das vor allem der Erforschung von Ursache-Wirkung-Beziehungen dienen soll. Dazu wurden für alle bedeutenden Waldtypen Intensivmessflächen eingerichtet, die vielfältige Daten zu atmosphärischen Einträgen und Klima sowie deren Wirkungen auf Bäume, Vegetation und Boden liefern.

Ein zeitgemäßes System aus Waldinventur und Waldmonitoring ist etabliert

Damit war in der Mitte der 1990er-Jahre ein zeitgemäßes System aus Waldinventur und Waldmonitoring in Deutschland etabliert, bei dem Bund und Länder eng zusammenarbeiten. Seitdem wurden die Bundeswaldinventuren 2002 und 2012 sowie Zwischenerhebungen in den Jahren 2008 (Inventurstudie) und 2017 (Kohlenstoffinventur) durchgeführt, und die Bundeswaldinventur 2022 ist in Arbeit. Die zweite Bodenzustandserhebung fand von 2006 bis 2008 statt, und die dritte soll 2022 bis 2024 folgen. Die Waldzustandserhebung gewinnt mit der Länge der Zeitreihe jedes Jahr an Wert. Das Intensivmonitoring wurde zwar von 88 auf 68 Flächen reduziert, aber inhaltlich und technisch weiterentwickelt.

Seit 2010 ist das forstliche Umweltmonitoring zusätzlich zur Bundeswaldinventur auch im Bundeswaldgesetz verankert. Paragraf 41a heißt nun »Walderhebungen«, und das BMEL wurde ermächtigt, mit Zustimmung des Bundesrates entsprechende Rechtsverordnungen zu erlassen. Davon hat es 2013 mit der »Verordnung über Erhebungen zum forstlichen Umweltmonitoring (ForUmV)« und im Jahr 2020 mit der »Verordnung über Erhebungen zum Zustand des Waldbodens (BZE-Verordnung – BZEV)« [15] Gebrauch gemacht. Seit der Novellierung des § 41a sind nun für die Bundeswaldinventur auch ein zehnjähriger Turnus und eine Option für zusätzliche Erhebungen in den Jahren dazwischen gesetzlich festgelegt.

Das forstliche Umweltmonitoring ist über das 1985 gegründete International Co-operative Programme on Assessment and Monitoring of Air Pollution Effects on Forests (ICP Forests) international intensiv vernetzt, und die Bundeswaldinventur pflegt über das 2003 gegründete European National Forest Inventory Network (ENFIN) enge Kontakte zu den anderen nationalen Waldinventuren in Europa.

Daten und Algorithmen

Daten sind der Rohstoff und Algorithmen die Werkzeuge, mit denen die Wissenschaft die Wahrheit über den Wald zutage bringen will. Dabei gibt es verschiedene Wege, die sich nach Aufwand und Ertrag unterscheiden. Für nationale Waldinventuren haben sich im 20. Jahrhundert weltweit Stichprobenverfahren durchgesetzt. Das Grundprinzip ist einfach und immer dasselbe: Man verteile nach dem Zufallsprinzip Probepunkte im gesamten Inventurgebiet, wobei für jeden berechnet werden kann, wie viel Hektar er repräsentiert. Dann werden an jedem Probepunkt nach bestimmten Regeln zufällig Probebäume ausgewählt und vermessen, für die wiederum bekannt ist, wie viele Bäume je Hektar jeder repräsentiert. Und schließlich reichen die vier Grundrechenarten aus, um aus den Messwerten der Probebäume Schätzwerte für das Inventurgebiet zu berechnen. Dabei ist »Schätzwert« hier nicht abwertend gemeint, sondern ein Begriff aus der mathematischen Statistik, der besagt, dass der Wert für eine Grundgesamtheit aus einer Stichprobe ermittelt wurde. Wenn die Algorithmen stimmen, ist der Schätzwert »erwartungstreu«. Das bedeutet, dass er mit zunehmendem Stichprobenumfang dem wahren Wert der Grundgesamtheit immer näher kommt. Die Ergebnisse sind für das gesamte Bundesgebiet und die häufigsten Baumarten statistisch sehr gut abgesichert. Für die Bundesländer oder seltenere Baumarten hingegen sind sie wegen des kleineren Stichprobenumfanges weniger zuverlässig. In welchem Bereich um den Schätzwert der wahre Wert mit welcher Wahrscheinlichkeit zu erwarten ist, kann berechnet werden.

Die Probepunkte und Probebäume der Bundeswaldinventur sind permanent angelegt, weil es von Vorteil für die statistische Auswertung der Veränderungen zwischen den Inventurzeitpunkten ist, wenn identische Objekte wiederholt erfasst werden. Allerdings darf bei permanenten Stichproben die genaue Lage der Probepunkte im Gelände nicht ersichtlich sein. Zum Beispiel könnte es die Bewirtschaftung beeinflussen, wenn die Probebäume sichtbar markiert und damit möglicherweise in wohlmeinender Absicht von der Motorsäge verschont würden. Dann wäre die Stichprobe bald nicht mehr repräsentativ. Deshalb gibt es an den Probepunkten der Bundeswaldinventur keine sichtbaren Markierungen, und die exakten Koordinaten sind im Gegensatz zu allen anderen Daten »top secret«. Außerdem ist das ein wesentlicher Grund dafür, dass die Probepunkte von Waldinventur und Waldmonitoring nicht identisch sind. Ein Ausweg wäre eine Mischung von permanenten und temporären Probepunkten. Das erhöht zwar den Aufwand, könnte solche Störeffekte aber aufdecken und korrigieren. Das muss für die Bundeswaldinventur künftig auch in Betracht gezogen werden.

Die Bundeswaldinventur kommt fast vollständig mit eigenen Daten aus. Externe Hilfsinformationen wie zum Beispiel Ertragstafeln oder Formzahlen für die Vorratsschätzung werden nicht benötigt. Wenn nicht gemessene Daten modelliert werden, dann sind die Modelle, wie beispielsweise Einheitshöhenkurven, Schaftkurvenfunktionen und Wachstumsfunktionen, mit den eigenen Daten kalibriert. Damit werden möglicherweise unzulässige räumliche oder zeitliche Übertragungen von Modellen oder »Konstanten« vermieden.

Und weil für ein hochwertiges Produkt auch hochwertige Rohstoffe nötig sind, wird großer Wert auf die Datenqualität gelegt. Die wichtigsten Elemente für die Qualitätssicherung sind eine klare Aufnahmeanweisung, gründliche Schulungen der Inventurtrupps, Plausibilitätsprüfungen in der Software, Kontrollaufnahmen an mindestens fünf Prozent der Probepunkte und eine zur Sorgfalt motivierende Vertragsgestaltung für die Inventurtrupps sowie eine unabhängige Gegenrechnung zur Auswertungssoftware. Trotzdem treten bei Millionen von Messungen immer wieder mal unbemerkte Fehler auf. Wichtig ist vor allem, dass systematisch in eine Richtung weisende Fehler vermieden werden. So reduziert jeder nicht erkannte Waldprobepunkt die Waldfläche, jeder übersehene Probebaum mindert den Holzvorrat, und jedes gelängte Umfangsmaßband unterschätzt die Durchmesser für alle damit gemessenen Bäume. Weniger kritisch sind zufällige Messungenauigkeiten, die in beide Richtungen auftreten können. Das führt zu einem »zusätzlichen Rauschen« in den Daten und verringert die statistische Sicherheit, hat aber keinen Einfluss auf die Erwartungstreue der Ergebnisse.

Transparenz und Vertrauen

Da die Wahrheit über den Wald im Nebel unserer Unwissenheit verschwimmt, ist Vertrauen eine wichtige Voraussetzung für die Wirksamkeit von Waldinventur und Monitoring. Ihre Ergebnisse können Wirkung nur erreichen, wenn sie akzeptiert werden. Doch Akzeptanz braucht Vertrauen. Denn manchmal scheinen die Daten unserem subjektiven Empfinden zu widersprechen, oder sie stehen im Widerspruch zu anderen Informationen oder zu einem angestrebten Ziel.

So hat zum Beispiel die erste Bundeswaldinventur für das Jahr 1987 ungefähr doppelte Holzvorräte (298 Kubikmeter je Hektar) gegenüber der offiziellen Statistik für frühere Jahrzehnte ausgewiesen (1950 bis 1980 mit 147 bis 158 Kubikmeter je Hektar). Beim Holzzuwachs sind die Unterschiede noch größer: von 4,9 Kubikmeter je Jahr und Hektar im Jahr 1980 auf 12,6 Kubikmeter je Jahr und Hektar gemäß zweiter Bundeswaldinventur für die Periode 1987 bis 2002.[16] Auch der Holzeinschlag lag nach den Daten der Bundeswaldinventur 2012 um 35 Prozent über den Holzmarktberichten[17] des Bundesministeriums.

Zu einigen Details des Aufnahmeverfahrens gibt es auch Kritik.[18, 19] Das betrifft insbesondere verschiedene Merkmale von naturschutzfachlicher Bedeutung, für die es keine »genormten« Messverfahren gibt, wie zum Beispiel Naturnähe, Waldaufbau, Totholz oder auch Wildverbiss. Bemängelt werden auch unzureichende Informationen zur biologischen Vielfalt, zur Bodenvegetation, zu Waldrändern und zu den besonders geschützten Biotopen. Aus Gründen des Aufwandes kann die Bundeswaldinventur nicht alle Erwartungen erfüllen. Trotzdem wurden die Ergebnisse der Bundeswaldinventur kaum ernsthaft infrage gestellt. Sie werden von den verschiedenen Interessengruppen nur unterschiedlich interpretiert.

Das mit der Durchführung beauftragte Thünen-Institut (bis 2007 Bundesforschungsanstalt für Forst- und Holzwirtschaft) ist dem auf Bundesebene für den Wald zuständigen Bundeslandwirtschaftsministerium zwar direkt unterstellt, sieht sich aber keinem politischen Ziel, sondern der guten wissenschaftlichen Praxis verpflichtet.[20] Nur mit uneingeschränkter Gewissenhaftigkeit und Ehrlichkeit kann Wissenschaft langfristig erfolgreich und glaubwürdig sein. Nach den »Leitlinien für eine gute wissenschaftliche Politikberatung« werden Untersuchungen unvoreingenommen und ergebnisoffen durchgeführt. Methoden und Ergebnisse werden dokumentiert, auch wenn sie den Erwartungen und Interessen der Auftraggeber nicht entsprechen. Bei der Darstellung der Ergebnisse wird dargelegt, wie belastbar sie sind und wo die Grenzen der Interpretierbarkeit liegen. Glaubwürdigkeit entsteht aus wissenschaftlicher Kompetenz, Transparenz und Unabhängigkeit.

Bei der politischen Wertung der Ergebnisse sollte sich die Inventur jedoch zurückhalten. Das machen andere Akteure, und da sind die Sichtweisen mitunter sehr verschieden. Unmittelbar nach der Veröffentlichung der Bundeswaldinventur-Ergebnisse im Oktober 2014 gab es zwei ganz unterschiedliche Reaktionen. Die Arbeitsgemeinschaft Rohholz e. V. schrieb in einer Pressemitteilung: »Der deutsche Wald hat ein demografisches Problem: Er ist zu alt und zu dick.«[21] Der BUND hingegen meinte: »Der Deutsche Wald sei immer noch zu jung, (…) besitze zu wenige dicke und alte Bäume.«[22] Dieses Beispiel zeigt ganz zugespitzt die unterschiedlichen Anforderungen an den Wald – als Rohstofflieferant und als Naturrefugium.

Die Waldinventur kann immer nur die Vergangenheit beschreiben. Selbst die neuesten Daten sind nicht mehr ganz aktuell, wenn die Inventurergebnisse publiziert werden. Gleichwohl gibt es auch immer den Wunsch, einen Blick in die Zukunft zu werfen. Dazu werden Modelle genutzt. Während sich das Wachstum der Bäume recht zuverlässig modellieren lässt, ist das für das Verhalten der Waldbesitzer und zufällige (Schad-)Ereignisse schwierig, denn sie haben viel mehr Freiheitsgrade. Deshalb sind seriöse Prognosen für die Entwicklung der Wälder kaum möglich. Eine demütige Spielart der Prognosen sind Szenarien, bei denen Annahmen unterstellt und deren Konsequenzen modelliert werden. So wurden mit den Daten der Bundeswaldinventur 2012 drei Szenarien gerechnet:[23] Ein Basisszenario mit den Absichtserklärungen der Forstverwaltungen sowie ein auf Naturschutzziele und ein auf maximale Holzproduktion orientiertes Szenario. Alle drei konnten jedoch nicht vorhersehen, dass die Trockenjahre 2018 bis 2020 erhebliche Waldschäden verursachen würden, die auch in die Zukunft nachwirken. Solche unvorhergesehenen oder nicht treffsicher modellierbaren Ereignisse gehören für längere Modellzeiträume jedoch zur Normalität. Deshalb sollte sich der verantwortungsbewusste Modellierer nicht zu weit in die Zukunft wagen.

Vertrauen entsteht aus wissenschaftlicher Korrektheit, offener Kommunikation und Transparenz. Die Bundeswaldinventur wird im Internet über drei Kanäle kommuniziert: Auf www.bundeswaldinventur.de werden die wichtigsten Ergebnisse vorgestellt und erläutert, auf https://bwi.info sind sämtliche Ergebnisse als Tabellen, Grafiken oder Karten dargestellt, und aktuelle Kurzinformationen twittert die Bundesinventurleitung auf https://twitter.com/bwi_info. Die Inventur- und Auswertungsmethoden sind publiziert,[24] und auch die Einzeldaten sind öffentlich verfügbar.[25]

Die Bundeswaldinventur wird in der Waldpolitik, Forst- und Holzwirtschaft, Umwelt- und Naturschutz sowie in Wissenschaft und Medien vielfältig genutzt. Es gibt kaum eine Fachtagung oder Studie über den Wald in Deutschland, die nicht die Bundeswaldinventur zitiert. Eine Analyse der wichtigsten Fundstellen im Internet hat ergeben, dass 29 Prozent der Wissenschaft zuzuordnen sind, 21 Prozent der Fachpresse, jeweils 16 Prozent der Bundesregierung und den Landesforsten und 14 Prozent den Landesregierungen.

Kontinuität und Innovation

Daten aus Waldinventur und Monitoring werden mit der Länge der Zeitreihe immer wertvoller. Uneingeschränkt gilt das aber nur, wenn sich die Methodik nicht ändert. Ansonsten gefährden Methodenartefakte die Vergleichbarkeit. Deshalb wird der Brusthöhendurchmesser der Probebäume nach wie vor mit einem Durchmesserbandmaß gemessen, obwohl es inzwischen komfortable elektronische Kluppen gibt, denn die Messwerte sind nicht ganz identisch, wenn der Stammquerschnitt nicht kreisrund ist.

Jedoch muss bei Messprogrammen, die über Jahrzehnte laufen, auch immer mal auf neue Anforderungen oder Erkenntnisse reagiert werden. So wurden nach und nach Aufnahmen zu Totholz, Naturnähe, Waldlebensraumtypen und neuerdings Genetikproben in das Verfahren eingeführt. Dem Aufwand sind jedoch enge Grenzen gesetzt, denn jede zusätzliche Minute für die Datenerhebung summiert sich über alle Probepunkte insgesamt zu einem ganzen Personenjahr mit entsprechenden Kosten, die vor allem von den Ländern zu tragen sind. Eine deutliche Zeitersparnis wurde seit der Bundeswaldinventur 2002 mit der Nutzung der Satellitennavigation für das Aufsuchen der Probepunkte erreicht.

Oft wird auch hinterfragt, ob diese aufwendigen Messungen direkt an den Bäumen überhaupt noch nötig sind, wo doch Luftbilder und Satellitendaten die Wälder komplett abbilden und auch immer besser verfügbar werden. Solche Daten haben eine viel höhere räumliche und auch zeitliche Auflösung als terrestrische Stichprobeninventuren. Allerdings sind die aus Fernerkundungsdaten gewonnenen Angaben oft weniger präzise als terrestrisch gemessene Daten. Deshalb können Fernerkundungsdaten die terrestrische Stichprobeninventur nicht ersetzen, aber ergänzen. Ein bewährter Ansatz ist es, Pixelinformationen aus der Fernerkundung mit terrestrisch gemessenen Daten zu verschneiden und damit Klassifizierungsalgorithmen zu trainieren. Damit können dann Informationen für Fernerkundungspixel modelliert werden, für die es keine terrestrischen Messwerte gibt, und es entsteht eine viel höhere Datendichte. Und dann werden auch Auswertungen für kleinere Einheiten, wie zum Beispiel Landkreise und nicht nur Bundesländer, möglich. Solche »Kleingebietsschätzer« könnten künftig auch die Bundeswaldinventur aufwerten. Außerdem können mit Fernerkundungsdaten flächendeckende Karten erzeugt werden. Allerdings müssen stets die Grenzen der Interpretierbarkeit beachtet werden. So sind zum Beispiel die sehr anschaulichen »tree cover maps« von Global Forest Watch[26] keine Waldverteilungskarten, weil die Existenz von Wald nicht nur mit dem Vorhandensein von Bäumen erklärt werden kann. Im Jahr 2020 hat ein Beitrag im Wissenschaftsjournal *Nature*[27] auf der Grundlage von Satellitendaten über einen sprunghaften Anstieg der Waldverluste in Europa berichtet, zu dem es verschiedene kritische Gegendarstellungen gegeben hat, weil das vielfach im Widerspruch zu anderen Datenquellen steht.

Die durch Trockenheit und Borkenkäfer verursachten umfangreichen Waldschäden seit 2018 haben einen blinden Fleck von Waldinventur und -monitoring aufgezeigt: Keine der etablierten Erhebungen kann solche Schadereignisse nach Fläche, Holzmenge und Geldbetrag zeitnah und in ihrer räumlichen Verteilung erfassen. Abhilfe soll hier ein neues fernerkundungsbasiertes nationales Erfassungssystem für Waldschäden liefern, das gegenwärtig entwickelt wird. Auch für das Waldschutzmeldewesen und die Waldbrandstatistik wird an einer besseren Vernetzung der Länderdaten gearbeitet, um bundesweit besser über die Schadinsekten, Baumkrankheiten und Waldbrände informiert zu sein.

Welche Wahrheit?

Die typischen Fragestellungen für Waldinventur und -monitoring beziehen sich auf die Themen Nachhaltigkeit, Klimawandel und Klimaschutz, Vitalität und Waldschäden, biologische Vielfalt sowie Wasserhaushalt. Eine ganz elementare Frage ist, wie viel Wald es in Deutschland gibt und wie sich die Waldfläche entwickelt. Auch Holzvorrat, Holzzuwachs und Holznutzung sind wichtige Schlüsseldaten, weil sich daraus Schlussfolgerungen für die nachhaltige Waldbewirtschaftung, aber auch zur Kohlenstoffbindung ableiten lassen. Im Fokus steht auch die Verbreitung und Entwicklung der Baumarten, denn das gibt Hinweise auf die biologische Vielfalt und die Anpassung an den Klimawandel. Schadsymptome und Mortalität bei Waldbäumen zeigen Gefahren für die Waldentwicklung, und Informationen über Versauerung, Nährstoffversorgung und Schwermetalle in Waldböden können viel zum Verständnis der Vitalität der Wälder beitragen.

Zu all diesen Themen haben Waldinventur und -monitoring seit mehr als drei Jahrzehnten umfangreiche Daten für ganz Deutschland geliefert. Dafür braucht es einen langen Atem und eine gesicherte Finanzierung. Einen Wert bekommen diese Daten, wenn daraus die richtigen Schlussfolgerungen zum Nutzen des Waldes und der Gesellschaft abgeleitet und umgesetzt werden. Dabei spielt auch die Wissenschaftskommunikation eine wichtige Rolle.

Aber wie ist es nun mit der Wahrheit über den Wald? Kennen wir sie?

Mit den vorhandenen Daten können viele grundlegende Fragen zum Wald in Deutschland zuverlässig beantwortet werden. Doch für manche Fragestellungen gibt es methodisch bedingte Unsicherheiten, oder es fehlen Daten. Außerdem nagt ständig der Zahn der Zeit an der Aktualität, und die Suche nach der Wahrheit über den Wald kann somit nie fertig sein.

Anmerkungen

1 Bundesrath Drucksache Nr. 83, Berlin, 18. Juni 1892: Anlage C, »Bestimmungen für die Ermittlung der landwirtschaftlichen Bodennutzung« (Entwurf).

2 Entwurf eines Ersten Gesetzes zur Änderung des Bundeswaldgesetzes. Deutscher Bundestag, Drucksache 10/629 vom 22.11.1983.

3 Grossmann, H. (1959): Untersuchungen zur Durchführung von großräumigen Holzvorratsinventuren im Gebiet der DDR. Forst und Jagd, 9: S. 377–378.

4 Allgemeine Forst- und Jagdzeitung, Heft 1/1975, Sonderheft Großrauminventuren. Frankfurt am Main: Sauerländers Verlag.

5 Zöhrer, F. (1978): Organisatorische und methodische Aspekte von Verfahrensalternativen für die Bundeswaldinventur. BMEL-Sachverständigengutachten, 87 S.

6 Lötsch, F.; Zöhrer, F.; Haller, K. E. (1973): Forest Inventory, Vol. II, München-Bern-Wien: BLV-Verlag, 469 S.

7 Begründung zum Gesetzentwurf zur Änderung des Bundeswaldgesetzes, Deutscher Bundestag, Drucksache 10/629 vom 22.11.1983.

8 Schöpfer, W.: persönliche Information.

9 Bundeswaldinventur 1986–1990: Inventurbericht und Übersichtstabellen für das Bundesgebiet nach dem Gebietsstand vor dem 3.10.1990 einschließlich Berlin (West). Bundesministerium für Ernährung, Landwirtschaft und Forsten. Bonn, ohne Datum.

10 Bundeswaldinventur 1986–1990: Grundtabellen für das Bundesgebiet nach dem Gebietsstand vor dem 3.10.1990 einschließlich Berlin (West). Bundesministerium für Ernährung, Landwirtschaft und Forsten, Bonn, ohne Datum.

11 Bundeswaldinventur 1986–1990: Grundtabellen für das Bundesland ..., Bundesministerium für Ernährung, Landwirtschaft und Forsten, Bonn, ohne Datum.

12 Waldschäden in der Bundesrepublik Deutschland (Stand: August/September 1984). Schriftenreihe des Bundesministers für Ernährung, Landwirtschaft und Forsten. Reihe A: Angewandte Wissenschaft, Heft 309. Münster-Hiltrup: Landwirtschaftsverlag GmbH, 1985.

13 Verordnung über Erhebungen zum forstlichen Umweltmonitoring (ForUmV) [https://www.gesetze-im-internet.de/forumv/BJNR438400013.html; aufgerufen am 27.12.2021].

14 Deutscher Waldbodenbericht 1996. Ergebnisse der bundesweiten Bodenzustandserhebung im Wald von 1987 bis 1993 (Band 1 und Band 2). Bundesministerium für Ernährung, Landwirtschaft und Forsten, Bonn, Juni 1997.

15 Verordnung über Erhebungen zum Zustand des Waldbodens (BZEV) [https://dip.bundestag.de/vorgang/verordnung-%C3%BCber-erhebungen-zum-zustand-des-waldbodens-bze-verordnung-bzev/261208; aufgerufen am 27.12.2021].

16 Klein, C.; Kändler, G.; Polley, H.; Riedel, T.; Schmitz, F. (2021): The National Forest Inventory in Germany: Responding to forest-related information feeds. Allg. Forst- u. J.-Ztg., 191. Jg, 5/6, S. 97–118.

17 https://www.bmel-statistik.de/forst-holz/holzmarkt/holzmarktberichte/; aufgerufen am 27.12.2021].

18 Reif, A.; Wagner, U.; Bieling, C. (2005): Analyse und Diskussion der Erhebungsmethoden und Ergebnisse der zweiten Bundeswaldinventur vor dem Hintergrund ihrer ökologischen und naturschutzfachlichen Interpretierbarkeit, BfN-Skripten 158 [https://www.bfn.de/publikationen/bfn-schriften/bfn-schriften-158-analyse-und-diskussion-der-erhebungsmethoden-und; aufgerufen am 27.12.2021].

Heino Polley

19 Reise, J.; Hennenberg, K.; Winter, S.; Winger, C.; Höltermann, A. (2017): Analyse und Diskussion naturschutzfachlich bedeutsamer Ergebnisse der dritten Bundeswaldinventur. BfN-Skripten 427 [https://www.bfn.de/publikationen/bfn-schriften/bfn-schriften-427-analyse-und-diskussion-naturschutzfachlich; aufgerufen am 27.12.2021].

20 https://www.thuenen.de/de/ueber-uns/das-institut/; aufgerufen am 27.12.2021.

21 https://www.ag-rohholz.de/presse/pressemitteilungen/324-demographisches-problem-auch-im-deutschen-wald-er-wird-dick-und-alt; aufgerufen am 27.12.2021.

22 https://www.bund.net/service/presse/pressemitteilungen/detail/news/zur-bundeswaldinventur-bund-fordert-bessere-standards-fuer-waldwirtschaft/; aufgerufen am 27.12.2021.

23 https://www.weham-szenarien.de/; aufgerufen am 27.12.2021.

24 Riedel, T.; Hennig, P.; Kroiher, F.; Polley, H.; Schmitz, F.; Schwitzgebel, F. (2017): Die dritte Bundeswaldinventur: BWI 2012; Inventur- und Auswertungsmethoden. Berlin: Bundesministerium für Ernährung und Landwirtschaft (BMEL), 115 S. [https://literatur.thuenen.de/digbib_extern/dn060229.pdf; aufgerufen am 27.12.2021].

25 https://bwi.info/Download/de/; aufgerufen am 27.12.2021.

26 https://www.globalforestwatch.org; aufgerufen am 27.12.2021.

27 https://doi.org/10.1038/s41586-020-2438-y.

Biologische Vielfalt und Naturschutz im Wald

Ernst-Detlef Schulze

Einleitung

Die Nationale Strategie zur biologischen Vielfalt[1] sah vor, dass fünf Prozent der Waldfläche unter strengen Schutz zu stellen sind. Zur Zeit der dritten Bundeswaldinventur im Jahr 2012 waren etwa 5,6 Prozent der Waldfläche nicht bewirtschaftet,[2] aber nicht an den Umweltbereich übereignet worden und daher aus Sicht des Naturschutzes nicht nachhaltig gesichert. Nur etwa 3,1 Prozent der Waldfläche sind zurzeit aus dem Bereich der Forstwirtschaft in den Umweltbereich überführt worden.[3]

Die Maßnahmen der Nationalen Strategie zur Biologischen Vielfalt konnten bislang den globalen Artenrückgang nicht aufhalten,[4] daher wurde im Jahr 2021 auf der Ebene der Europäischen Union die Forderung nach mehr Land für den Artenschutz aufgenommen.[5] 30 Prozent der Landfläche der EU soll in Zukunft unter Schutz stehen, wobei auf zehn Prozent der Landfläche der EU keine Bewirtschaftung mit einem Export von Biomasse erlaubt sein soll. Dies entspricht der 30 × 30-Strategie in den Vereinigten Staaten,[6] nach der 30 Prozent der USA bis 2030 unter Schutz stehen sollen.

Im Augenblick ist nicht abzusehen, ob und wie diese Vorgaben der EU bis 2030 umgesetzt und ob diese Maßnahmen die erwünschte Wirkung zeigen werden. Es ist auch nicht abzusehen, ob im Jahr 2030 eine 50 × 50-Strategie gefordert wird (50 Prozent der Landfläche geschützt bis 2050), um den Forderungen von Wilson[7] gerecht zu werden.

In dieser Situation, die sowohl für den Naturschutz als auch für die Landeigentümer unbefriedigend ist, muss hinterfragt werden, ob Bewirtschaftung im Wald für die Artenvielfalt abträglich ist und wie gegebenenfalls die Situation im Wald verbessert werden könnte. Im Folgenden werden daher das Vorkommen und die Verbreitung von Arten im Wald analysiert, und es wird nach Wegen gesucht, wie ein Artenrückgang vermieden werden könnte.

Flora und Fauna im Wald und im Offenland

Bevor zehn Prozent der Landfläche unabhängig von der Art der Bewirtschaftung unter Schutz gestellt werden, wäre es notwendig zu klären, wie die Organismen insgesamt und wie geschützte und gefährdete Organismen im Speziellen auf der Landfläche verteilt sind.

In der folgenden Analyse wird davon ausgegangen, dass die meisten Organismen hinsichtlich ihrer Abundanz und Vielfalt mit der Zahl der Pflanzenarten positiv korrelieren (siehe Abbildung 1, entnommen aus Scherber et al. 2010). Die Artenvielfalt und die Abundanz der oberirdisch und unterirdisch lebenden Invertebraten steigen mit der Artenvielfalt der Pflanzen in einem Ökosystem. Nur invasive Arten nehmen mit steigender Zahl der Pflanzenarten in der Pflanzengesellschaft ab, das heißt, artenreiche Pflanzenbestände werden mit geringerer Wahrscheinlichkeit von invasiven Arten unterwandert. Analog kann man die Vielfalt der im Wald vorkommenden Pflanzenarten als Maßstab für die Vielfalt der anderen Organismen nehmen, wobei die Arten höherer trophischer Ebenen (Wolf, Bär, Mensch) weniger abhängig sind von der Vielfalt der Pflanzen als Invertebraten. Dennoch erscheint die Artenvielfalt der Pflanzen ein guter Indikator für die Artenvielfalt in einem Ökosystem zu sein, das heißt, der sogenannte Ökosystemschutz wird durch die Vielfalt in der Pflanzenwelt gewährleistet.

Nach Wisskirchen/Häupler[8] kommen in Deutschland 3.871 Farn- und Blütenpflanzen vor. Diese Zahl enthält alle Arten und Unterarten. Nur 346 Taxa (neun Prozent) davon sind typische Wald- und Waldrandpflanzen.[9] Sofern zehn Prozent der Landfläche unter besonderen Schutz zu stellen sind, müsste man diese Fläche entsprechend dem Vorkommen der Arten aufteilen, das heißt, bei 34,86 Millionen Hektar Fläche der Bundesrepublik Deutschland ständen 3,49 Millionen Hektar unter besonderem Schutz, 91 Prozent dieser Fläche müssten im Offenland und neun Prozent im Wald liegen. Das wären 0,31 Millionen Hektar Wald. Bei 11,4 Millionen Hektar Waldfläche in Deutschland wären dies 2,7 Prozent der Waldfläche, und damit weniger, als derzeit an den Umweltbereich übertragen wurden.

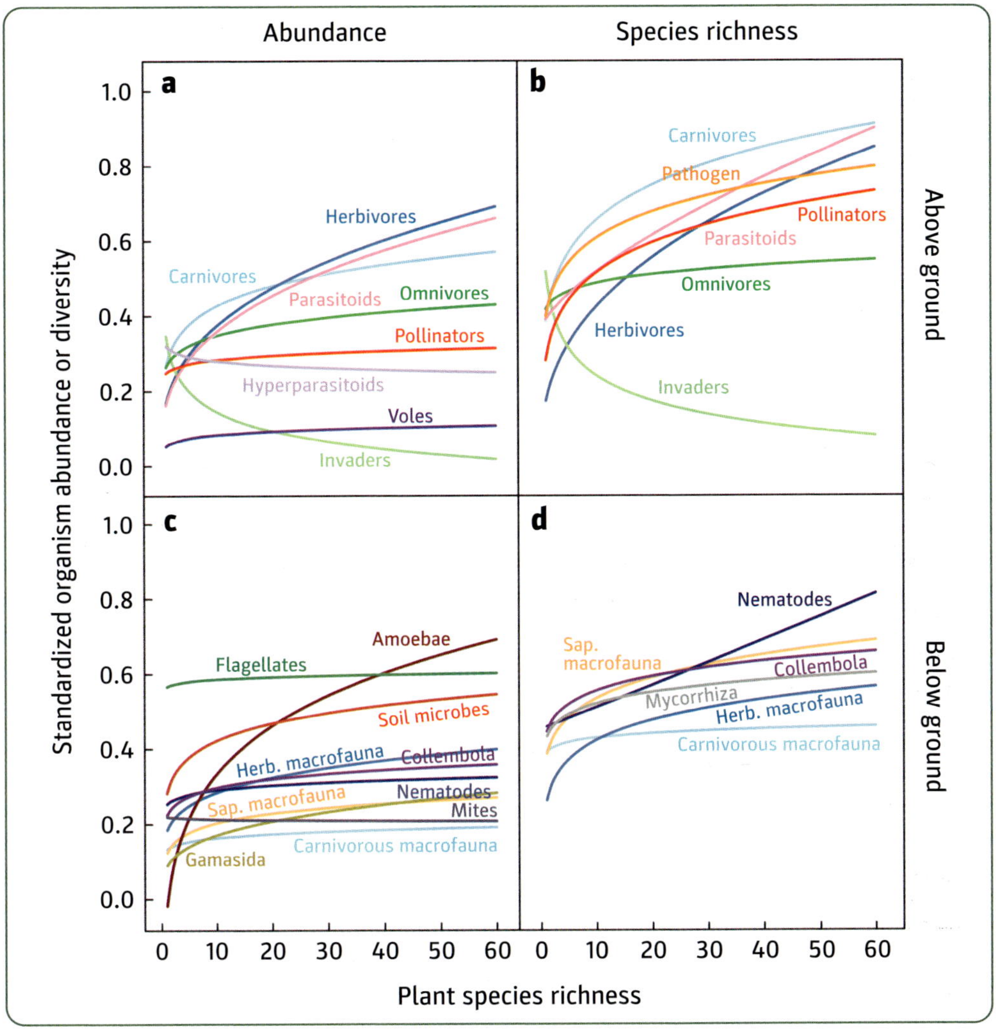

Abbildung 1:
Der Einfluss der Artenvielfalt der Pflanzen auf oberirdische und unterirdische Organismengruppen in einem Grasland-Ökosystem der gemäßigten Zone. a und c: Abundanz, b und d: Artenvielfalt, a und b: oberirdisch, c und d: unterirdisch. Alle Daten sind skaliert auf 0 bis 1.[10]

Im Naturschutz unterscheidet man die Schutzkategorien »geschützt«, »gefährdet« und »Verantwortung«. Bei den geschützten Arten handelt es sich um die Arten, die im Naturschutzgesetz bzw. der Bundesartenschutzverordnung aufgelistet sind. Es ist ein behördlich gesicherter Artenschutz. Die »gefährdeten« Arten werden in der sogenannten Roten Liste von qualifizierten Artenkennern subjektiv ausgewählt (Rote Liste 2021).[11] Für viele Arten gibt es keine Kontrolle. Die »Verantwortungsarten« werden vom Bundesamt für Naturschutz festgelegt.[12]

Betrachtet man die geschützten und gefährdeten Arten und die Verantwortungsarten, so betrifft dies 1.177 Farn- und Blütenpflanzen.[13] Davon sind nur 100 Farn- und Blütenpflanzen (acht Prozent) obligate Waldarten. Legt man die Arten mit Schutzstatus zugrunde, dann müssten nur 0,278 Millionen Hektar Wald oder 2,4 Prozent der Waldfläche unter strengen Schutz gestellt werden. Damit hat der Forst sein »Soll« bereits weit übererfüllt.

Die Kategorien »Geschützte Arten«, »Gefährdete Arten« und »Verantwortungsarten« sind fast unabhängige Schutzklassen mit geringem Überlappungsbereich. Nur fünf Waldarten sind sowohl geschützt als auch gefährdet, und Deutschland übernimmt für deren Vorkommen die Verantwortung. Unter diesen fünf Arten gibt es zwei Farne, *Asplenium adulterinum*, den Serpentinfarn, der auf besonnten Serpentinfelsen vorkommt (Oberfranken), und *Hymenoptera thunbergiense*, den Hautfarn, der in feuchten Sandsteinküften in der Sächsischen Schweiz wächst. Bei beiden Arten scheint die Klassifizierung als »Waldarten« fraglich. Schaut man auf die restlichen drei Arten mit dreifachem Schutzstatus, dann sind dies *Pulmonaria collina*, das Hügellungenkraut, *Chimophila umbellata*, der Dolden-Winterlieb, und *Epipogium aphyllum*, der Blattlose Widerbart. Sie kommen nach den Verbreitungskarten dieser Arten vornehmlich oder gar ausschließlich im Wirtschaftswald vor. Ebenso kommt die prioritäre Waldart der Natura-2000-Gebiete, *Cypripedium calceolus*, der Frauenschuh, der gesetzlich geschützt und gefährdet ist, vornehmlich in Süd- und Mitteldeutschland im Wirtschaftswald an Waldrändern und in ehemalig beweideten Beständen vor. Insofern wären Schutzgebiete zum Schutz dieser Pflanzen kaum nötig und würden vermutlich zu einem Rückgang der Artenvielfalt insgesamt führen, da die meisten Insekten ebenfalls an bestimmte Pflanzenarten gebunden sind.[14]

Art der Schutzgebiete und Schutzformen

In der Biodiversitätsstrategie der EU aus dem Jahr 2021 wird von »protected« und »strictly protected areas« gesprochen. »Geschützte« und »streng geschützte« Gebiete werden im deutschen Naturschutzgesetz nicht genannt.[15] Dafür gibt es etwa ein Dutzend Begriffe, die vom Landschaftsschutzgebiet bis zum Naturdenkmal reichen. Landschaftsschutzgebiete, die etwa 30 Prozent der Waldfläche abdecken, sind bei »protected area« vermutlich nicht gemeint. Vermutlich handelt es sich um Naturschutzgebiete, in denen unter Auflagen eine Bewirtschaftung möglich ist, zum Beispiel Natura-2000-Flächen. Bei den »strictly protected areas« sind vermutlich Waldflächen ohne jegliche menschlichen Eingriffe gemeint, zum Beispiel Kernzonen von Nationalparken. Würde man die Kernzonen der Nationalparke als Basis nehmen, würde sich die Gesamtfläche, die zum strengen Schutz als Übergangszone nötig ist, etwa verdreifachen (Verhältnis von Nationalparkfläche zu Kernzone).

Auswirkungen der Bewirtschaftung

Verfolgt man die Schriften zur Biodiversität,[16] dann könnte der Eindruck entstehen, dass die Erhaltung der Artenvielfalt nur durch Einrichtung von Schutzgebieten möglich ist. Der gesetzlich geschützte Wald sollte ein möglichst dichtes Kronendach haben und möglichst kühl sein.[17] Nun handelt es sich bei den geschützten und gefährdeten Arten vor allem um krautige Pflanzenarten, und die benötigen am Waldboden ausreichend Licht. Nachdem die Kronenbedeckung im Wirtschaftswald meist 0,8 oder weniger beträgt, ist es nicht verwunderlich, dass viele der geschützten und gefährdeten Pflanzen- und Tierarten vornehmlich im Wirtschaftswald auftreten.[18]

In einem Beitrag im *Holz-Zentralblatt* hat Schulze[19] (2021) die Leistungen des Wirtschaftswaldes hinsichtlich der Erhaltung der Artenvielfalt wie folgt zusammengefasst:

- Im Wald ist seit der Aufzeichnung von Floren keine Waldpflanzenart ausgestorben (Schulze/Ammer 2015).
- Gesetzlich geschützte, gefährdete und Verantwortungsarten sind im klassischen Altersklassenwald am häufigsten zu finden (Schulze et al. 2016).
- Untersuchungen an Pilzen zeigen, dass die Diversität der Pilze dort am höchsten ist, wo unterschiedliche Eigentumsformen eng verzahnt sind (Günther et al. 2019).
- Bei der Betrachtung der Landschaftsebene finden Heinrichs et al. (2019), dass die Artenvielfalt von Gefäßpflanzen, Moosen und Flechten bei einer Kombination von Buchenreinbeständen und Nadelholzreinbeständen höher ist als in den betreffenden Mischbeständen.

- In einer Fortführung dieser Auswertung zeigen Schall et al. (2020), dass der Altersklassenwald auf Landschaftsebene eine höhere Artenvielfalt hat als der bisher unter Schutz gestellte Wald oder der Plenterwald.
- Neff et al. (2021) zeigen, dass die Stabilität der Insektengemeinschaften im Wald von der Zahl der krautigen Blütenpflanzen auf dem Waldboden geprägt wird, und die ist am höchsten im Wirtschaftswald. In einem Vergleich der Baumarten beherbergen Kiefern-, Eichen- und Fichtenwälder mehr als doppelt so viele Organismen wie Buchenwälder.
- Die einzige »prioritäre« Waldpflanzenart in dem EU-Programm Natura 2000 ist der Frauenschuh, und der kommt vor allem in bewirtschafteten lichten Wäldern und an Waldrändern vor.

Ein Schwerpunkt der Artenvielfalt befindet sich im Kleinprivatwald,[20] auch wenn dort in den letzten Jahrzehnten große Veränderungen stattfanden.

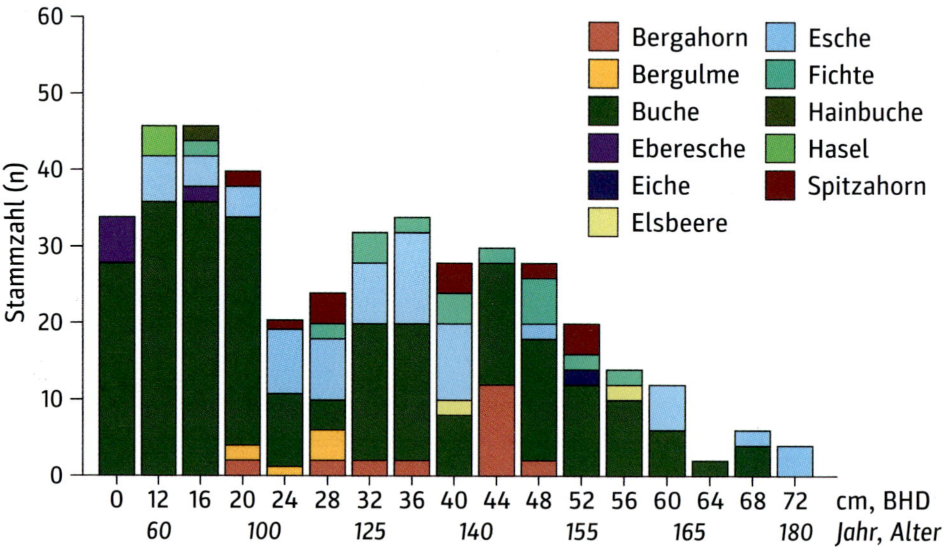

Abbildung 2:
Die Beziehung zwischen der mittleren Stammzahl pro Hektar, getrennt nach Baumarten, und dem mittleren Durchmesser in Brusthöhe (BHD, in Zentimeter), getrennt nach Durchmesserklassen für einen Bauernwald bei Rehungen, Nordthüringen, von Lüpke et al. 2011.
Der BHD ist ein Maß für das Alter, das je nach Baumart unterschiedlich ist. Die Esche mit 72,5 Zentimeter BHD ist circa 140 Jahre alt.

Als Beispiel wird in Abbildung 2 ein Kleinprivatwald aus Nordthüringen gezeigt, in dem in der Durchmesserstufe von 30 bis 40 Zentimetern noch sechs Baumarten vorkommen. Diese Artenvielfalt verringert sich erwartungsgemäß in alten Beständen, da Baumarten eine unterschiedliche Lebensdauer haben. Bedenklicher ist, dass Jungbestände nur noch zwei Baumarten enthalten, die Buche und die Esche. Alle übrigen Baumarten sind weitgehend verschwunden. Dies liegt aber nicht am Klimawandel, sondern an einer unzureichenden Jagd. Der Eigentümer hat zwar das Jagdrecht, darf es aber nicht ausüben, da die Fläche meist zu klein ist. Der Jagdpächter ist in diesem Falle an einer hohen Wildpopulation interessiert, aber nicht an der Baumartenvielfalt. Mit überhöhten Wildbeständen schwindet die Artenvielfalt. Somit bestimmt der Jagdpächter über die Artenvielfalt. Es bleibt die Buche übrig, die wegen des besonderen Wuchsverhaltens gegen den Verbiss der Gipfelknospe geschützt ist. Da in den Kernzonen der Nationalparke mit strengen Schutzmaßnahmen nicht gejagt wird, ist eine ähnliche Entwicklung auch bei Unterschutzstellung zu erwarten.

Auch wenn in der vorliegenden Arbeit der Fokus auf der Pflanzenwelt liegt, sollten einige Tiergruppen erwähnt werden.

Die stationären Waldvogelarten haben seit den 1970-Jahren in ihrem Bestand zugenommen.[21] Vogelarten wie Haselhuhn und Auerhahn werden in dem EU-Beobachtungsnetz nicht erfasst, benötigen aber offene Waldstrukturen.[22]

Großschmetterlinge sind an offene Wälder gebunden und verschwinden bei zu dichtem Kronendach.[23]

Auswirkung von Unterschutzstellung

Es ist bislang unklar, ob es überhaupt Arten gibt, die nur in Schutzgebieten vorkommen. Nach Walentowski (persönliche Mitteilung) sind dies in Bayern die endemischen Unterarten *Armeria maritima* subsp. *maritima* im Benninger Ried bei Memmingen und *Stipa pulcherrima* subsp. *bavarica* am Finkenstein bei Neuburg an der Donau.[24] Bei beiden endemischen Arten handelt es sich um Offenlandarten und nicht um Waldarten. Natürlich gibt es viele Funde seltener Arten in Schutzgebieten, da diese meist besser untersucht sind als der Wirtschaftswald und da Schutzgebiete häufig dann eingerichtet wurden, wenn auf diesen Flächen trotz Bewirtschaftung seltene Arten nachgewiesen wurden.

Im Wald sind die Käfer mit circa 6.500 Arten in Deutschland eine hinsichtlich der Artenvielfalt bedeutsame Gruppe.[25] Diese Arten verteilen sich anscheinend zu gleichen Teilen auf den Wald und auf das Offenland, aber nur im Wald werden Totholzkäfer gefunden. Insofern hat hinsichtlich der Totholzbesiedler der Wald eine besondere Stellung, und es ist wichtig festzustellen, ob der Wirtschaftswald für diese Organismen ausreichend Lebensraum bietet. Dabei ist auch zu berücksichtigen, dass die sogenannten Urwaldrelikte der Totholzkäfer vor allem in Südosteuropa vorkommen und damit an ein kontinentaleres sommerwarmes Klima angepasst sind. In Rumänien wurde in einem Wald, der durch Bergbau degradiert war, ein Schutzgebiet wegen des hohen Vorkommens von Totholzkäferarten eingerichtet.[26]

Ursprünglich war der Eremit (*Osmoderma eremita*) eine Art »Ikone« des Naturschutzes, bis gezeigt werden konnte, dass diese Art auch in der Streu am Waldboden lebt und im Wirtschaftswald weit verbreitet ist.[27] Das Hauptvorkommen in Thüringen ist eine Lindenallee, die von Napoleon in einem Stadtgebiet angelegt wurde. Der Fund der Flügeldecken des Veilchenblauen Wurzelhalsschnellkäfers (*Limoniscus violaceus*) war mit ein Grund für die Einrichtung des Nationalparks Kellerwald. Der Käfer lebte zu einer Zeit, als der Kellerwald noch bewirtschaftet wurde, und es ist unklar, ob diese Art auch noch im Zustand des Nationalparks lebt. In diesem Zusammenhang ist der neue Nachweis des Berliner Prachtkäfers (*Dicerca berolinensis*) im Bayerischen Wirtschaftswald von Bedeutung. Der Käfer galt seit Jahrzehnten als verschollen, und er wird nun nicht im geschützten Wald, sondern im Wirtschaftswald nachgewiesen.[28] Die Beispiele zeigen, dass im Wald die anthropogenen Einflüsse viele Arten begünstigen und nicht zwangsweise schädigen.

Ursprünglich wurde vonseiten des Naturschutzes proklamiert, dass die Menge an Totholz wichtig sei. Bei genaueren experimentellen Untersuchungen zeigt es sich aber, dass nicht die Menge an Totholz, sondern die Vielfalt der angebotenen Holzarten wichtiger ist.[29] In einem Totholzexperiment, in dem Stämme von zwölf Baumarten im Wirtschaftswald und im geschützten Wald ausgelegt wurden, fand man 617 Totholzkäferarten, nur 63 (zehn Prozent) dieser Arten wurden an Buchenholz nachgewiesen, 369 dieser Arten besiedelten Koniferen (Fichte, Kiefer, Lärche und Douglasie).[30] Diese Untersuchungen bestätigen Walentowski et al.[31] darin, dass die Buche nicht die Schlüsselbaumart ist, die die Biodiversität der Invertebraten trägt, sondern es sind die begleitenden Baumarten, die vornehmlich im bewirtschafteten Kleinprivatwald vorkommen.

Aus diesen Funden ergibt sich, dass Schutzgebiete für den Erhalt von Totholzkäfern nicht zwingend nötig sind. Die Baumart und das Mikroklima scheinen wichtiger als die Totholzmenge (Seibold et al. 2016).[32] Dies sollte bei der Auswahl von Artenschutzbäumen (Habitatbäume) berücksichtigt werden.

Die zweite große Artengruppe der Wälder sind die Pilze, die als Symbionten (Mycorrhizza) und als streu- und totholzabbauende Organismen Bedeutung haben. Allein die Pilze sind in der Lage, Lignin abzubauen. In Deutschland gibt es etwa 4.400 Pilzarten mit einem Hauptverkommen im Wald. Die Vielfalt der Pilzarten ist aber stark abhängig vom Vorhandensein einer Vielfalt an Baumarten. Purahong et al.[33] weisen 2014 in einem Experiment zum Holzabbau verschiedener Baumarten nach, dass die Buche nur von 63 der in diesem Experiment nachgewiesenen 903 holzabbauenden Pilzarten besiedelt wird (sieben Prozent). Selbst die häufig gescholtene Fichte wird von mehr holzabbauenden Pilzen besiedelt (91 Arten, zehn Prozent). Die Vielfalt der holzabbauenden Pilzarten in einem Wald ergibt sich aber erst durch die Vielfalt an Baumarten, die aus unterschiedlichen Pflanzenfamilien stammen sollten. So hatten die Fagaceae (Buche und Eiche) 160, die Betulaceae 122, die Malvaceae 68, die Oleaceae 79, die Salicaceae 105 und die Pinaceae 369 holzabbauende Pilzarten. Daraus wird die hohe Bedeutung der Koniferen für die Erhaltung der Artenvielfalt der Pilze deutlich.

In einer Auswertung eines Experimentes von 13 unterschiedlichen Artengruppen, das angelegt wurde, um Auswirkungen der Bewirtschaftung nachzuweisen, kommen Heinrichs et al.[34] 2019 für die Pflanzenwelt und Schall et al.[35] 2020 zu dem Ergebnis (Abbildung 3), dass reiner Fichtenwald eine höhere Artenvielfalt aufweist als reiner Buchenwald oder eine Mischung aus Buche und Fichte und dass der einschichtige Altersklassenwald mit unterschiedlichen Altersstufen auf Landschaftsebene eine höhere Artenvielfalt hat als ein ungleichaltriger Plenterwald oder ein unter Totalschutz gestellter Wald.

In der Öffentlichkeit kennen die meisten Bürger weder die Vielfalt bei den Pflanzen (außer bei den Orchideen) noch jene der Invertebraten. Umso heftiger wird über den Schutz von Wildkatze, Luchs und Wolf diskutiert. Alle drei Arten folgen dem Menschen.[36] Die Verbreitung des Luchses in Bayern hat einen Schwerpunkt im Nationalpark Bayerischer Wald, aber das geringere Vorkommen im Wirtschaftswald ist jagdlich bedingt.[37] Unter den bayerischen Bedingungen ist der Nationalpark nötig zur Erhaltung der Art. Im Thüringer Wald kommt die Wildkatze ebenso wie der Luchs unabhängig vom Schutzstatus auf der gesamten Waldfläche vor.[38] Der Wolf folgt auch in den Alpen dem Menschen und jagt Schafe auf der Alm (Kronen Anzeiger Salzburg vom 22. Juli 2021). Der Wirtschaftswald ist mit seinen Strukturen auch für diese Arten ein wesentliches Habitat zum Überleben.

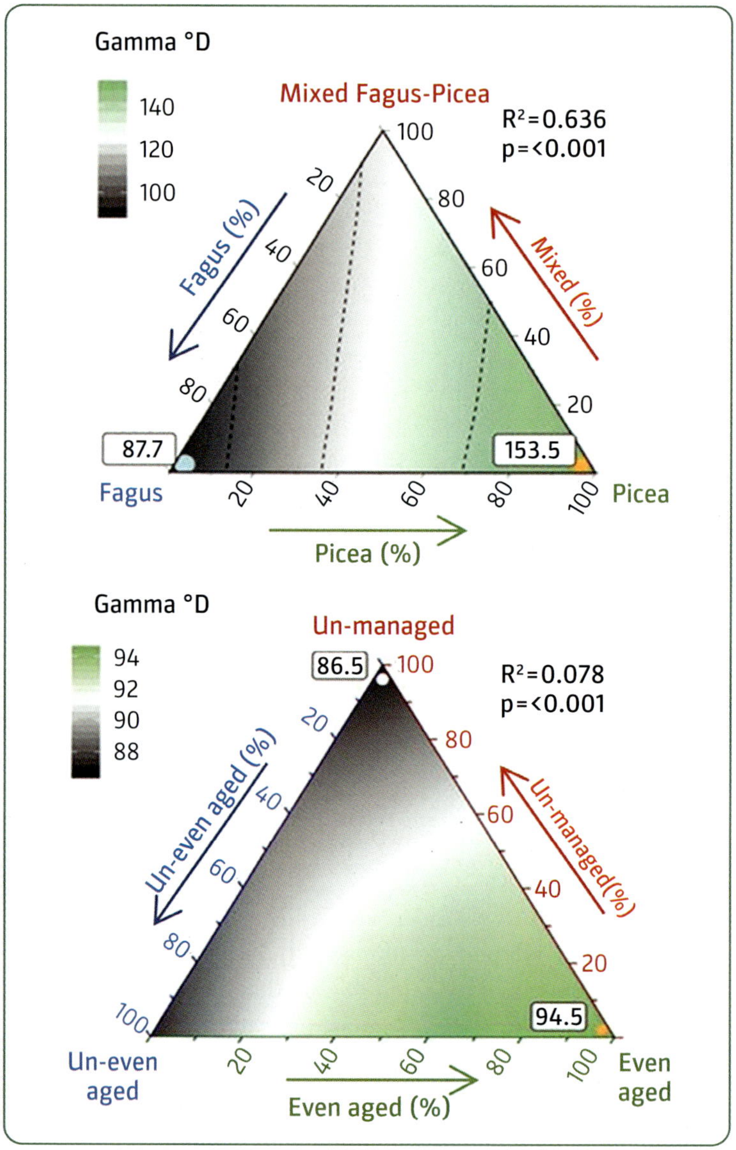

Abbildung 3:
Vergleich von Baumarten (oben, Heinrichs et al. 2019) und Bewirtschaftungsformen (unten, Schall et al. 2020) hinsichtlich der landschaftsbezogenen Diversität (Gamma-Diversität). Auf Landschaftsebene unter Einbeziehung aller Altersklassen im Altersklassenwald.

Zusammenfassung

Man kann die Ergebnisse wie folgt zusammenfassen:

- Die Untersuchungen zeigen, dass der Wald, unabhängig davon, ob bewirtschaftet oder nicht bewirtschaftet, relativ artenarm ist, bis auf die Gruppe der Käfer und Pilze. Bei der derzeitigen Diskussion um den Erhalt der Artenvielfalt kann man als Eigentümer fast davon sprechen, dass es günstig ist, nur eine geringe Artenvielfalt zu besitzen. Wenn es um die Erhaltung der Artenvielfalt geht, dann sind zunächst die Eigentümer von Offenland in der Pflicht. Gestört werden könnte diese Sichtweise durch die ungerechtfertigte Fixierung von Umweltverbänden auf den Schutz von Wald.
- Das Vorhandensein geschützter und gefährdeter Arten und das Vorkommen von Verantwortungsarten bleiben zunächst ein Nebenergebnis der Bewirtschaftung ohne wirtschaftliche Auswirkungen. Der Eigentümer kann sich an den Organismen erfreuen. Aber das Vorkommen bestimmter Arten, wie zum Beispiel des Frauenschuhs, zieht Schwärme von Erholungssuchenden nach sich, die für den Waldbesitzer eher eine Last als eine Freude sind. Die Erhaltung einer Vielfalt von Baumarten erfordert in erster Linie eine Regelung der derzeitigen Jagd, was erhebliche Mühe und Arbeit bedeutet.
- Eine wirtschaftliche Nutzung der Artenvielfalt bzw. die Nutzung einzelner Arten ist eher unsicher. Alle geschützten und gefährdeten Arten haben Verbreitungsgebiete, die weit über die nationalen Grenzen reichen. Auch wenn zum Beispiel Taxus, die Eibe, medizinisch genutzt wird, kann man aus dem Vorkommen von Eibe in einem Betrieb keinen Ertrag erwirtschaften.
- Die Erhaltung der Artenvielfalt ist ein gesellschaftliches Anliegen. Die bisherige Strategie des Umweltschutzes lag darin, immer größere Flächen unter strikten Schutz zu stellen. Die derzeitige Forderung, zehn Prozent der Landesfläche unter strengen Schutz zu stellen, besagt nicht, dass diese Strategie wirkungsvoll ist. In dieser Situation wäre eine Offensive nötig, die einen Paradigmenwechsel einleitet. Nicht der strikte Schutz, sondern artenschutzgerechte Bewirtschaftung dient der Erhaltung der Artenvielfalt. Daher wäre eine Honorierung des Eigentümers für den Erhalt geschützter und gefährdeter Arten und von Verantwortungsarten wohl der sicherste Mechanismus, um flächendeckend die Kenntnis um diese Arten zu erhöhen und um aus den aktiven Bemühungen um

einen Erhalt kritischer Arten auch einen Ertrag zu erwirtschaften. Nur in diesem Fall wäre das Vorkommen kritischer Arten ein Wirtschaftsfaktor.

- Schutzgebiete mit strengem Schutzstatus sind für den Artenschutz anscheinend nur bedingt erforderlich. Wissenschaftlich sind sie als Basis für einen Vergleich nötig, aber dazu müssten diese Gebiete standortrepräsentativ angelegt sein. Die Naturwaldreservate wären eventuell ein Muster, aber auch diese orientieren sich eher an Sonderstandorten. Die derzeitigen Nationalparke dienen vor allem der Förderung des Tourismus in entlegenen Gebieten. Dies kommt vor allem den Erholungssuchenden zugute.

Anmerkungen

1 BMU (2007): Nationale Strategie zur Biologischen Vielfalt. Berlin, 178 S.

2 BMEL (2015): The Forests in Germany. Berlin, 52 S.

3 NW-FVA (2021): https://www.forstpraxis.de/aktuelle-zahlen-zur-natuerlichen-waldentwicklung-in-deutschland/.

4 CBD (2020): Global Biodiversity Outlook 5. Montreal, 211 S.

5 EU (2021): EU biodiversity strategy for 2030: Bringing nature back into our lives. P9_TA (2021) 0277. Brüssel, 43 S.

6 US-order (2021): https://www.forest2market.com/blog/what-does-president-bidens-3030-order-aim-to-protect?utm_medium=email&_hsmi=113164715&_hsenc=p2ANqtz-8XEDP65adOe5csfob9CI6QSY-sglpLAtKw9lRxUPhSf8ccYSMEnmCtxrNu2yxVdlbHDEOgWEe-3roN45u1C8XhQBlNshCAtVs69r2TccuDDLNQuCc&utm_content=113164715&utm_source=hs_email.

7 Wilson, E. O. (2016): Die Hälfte der Erde. Ein Planet kämpft um sein Leben. München: Beck, 256 S.

8 Wisskirchen R.; Haeupler, H. (1998): Standardliste der Farn- und Blütenpflanzen Deutschlands. Stuttgart: Eugen Ulmer.

9 Schmid, M.; Ewald, J. (2011): Waldartenlisten der Farn- und Blütenpflanzen, Moose und Flechten Deutschlands. Einführung und methodische Grundlagen [https://www.researchgate.net/publication/267233846; aufgerufen am 20.08.2021.]

10 Scherber, C.; Eisenhauer, N.; Weisser, W.; et al. (2010): Bottom-up effects of plant diversity on multitrophic interactions in a biodiversity experiment. Nature 468:553-556.

11 Rote Liste (2021): Rote Liste gefährdeter Tiere, Pflanzen und Pilze Deutschlands. BfN Bd. 7: Pflanzen, 784 S.

12 Gruttke, H. (Bearb.) (2004): Ermittlung der Verantwortlichkeit für die Erhaltung mitteleuropäischer Arten. Münster (Landwirtschaftsverlag). Naturschutz und Biologische Vielfalt 8: 280 S.

13 Schulze, E. D.; Ammer, C. (2015): Konflikte um eine nachhaltige Entwicklung der Biodiversität: Spannungsfeld Naturschutz und Forstwirtschaft. BIUZ 45: S. 304-314.

14 Kunz, W. (2021a): Die Ausweitung von mehr Naturwald ohne forstliche Eingriffe ist kein Artenschutz. Artenschutzreport 45/2021: S. 33-43.

15 Bundesgesetzblatt (2009): Gesetz zur Neuregelung des Rechtes des Naturschutzes und der Landschaftspflege. Bundesgesetzblatt 51 vom 6. 8. 2009.

Ernst-Detlef Schulze

16 SRU (2017): Für eine bessere Finanzierung des Naturschutzes in Europa nach 2020. Berlin, 17 S.

17 Scherzinger, W. (1996): Naturschutz im Wald. Stuttgart: Eugen Ulmer; und Kunz, W. (2021b): Waldschutz versus Artenschutz. BIUZ 4/2021: S. 7–8.

18 Kunz, W. (2021a): Die Ausweitung von mehr Naturwald ohne forstliche Eingriffe ist kein Artenschutz. Artenschutzreport 45/2021: S. 33–43.

19 Schulze, E. D. (2021) Schutz vieler Arten verlangt Einbeziehung des Wirtschaftswaldes. Holz Zentralblatt 147/23: S. 401.

20 Lüpke, N. von; et al. (2011): Bestandesvorrat, Baumartenvielfalt und Struktur kleinparzellierter Privatwälder im Hainich. Forstarchiv 82: S. 203–215.

21 Schulze, E. D.; et al. (2016): Seltene und gefährdete Pflanzen wachsen im Laubwald überall. AFZ-Der Wald 13/2016: S. 35–38.

22 Kunz, W. (2021b): Waldschutz versus Artenschutz. BIUZ 4/2021: S. 7–8.

23 Kunz, W. (2021a): Die Ausweitung von mehr Naturwald ohne forstliche Eingriffe ist kein Artenschutz. Artenschutzreport 45/2021: S. 33–43.

24 Walentowski, H.; Zehm, A. (2010): Reliktische und endemische Gefäßpflanzen im Waldland Bayern – eine vegetationsgeschichtliche Analyse zur Schwerpunktsetzung im botanischen Artenschutz. Tuexenia 30: S. 59–81.

25 Schulze, E. D.; et al. (2009): Artenvielfalt in Thüringen. Zustand, Ursachen, Funktion und Zukunft. Natur- und Landschaftsplanung 41: S. 365–374.

26 Bussler, H.; Müller, J.; Dorka, V. (2013): European Natural Heritage: The saproxylic beetles in the proposed Parcul National Defileul Jilui. Annals ICAS 48, Bucarest, 17 S.

27 Ranius, T.; Sguado, L. O.; Antonsson, K.; et al. (2005): Osmoderma eremita (Coleptera, Scarabidae, Cetoniida) in Europe. Animal Biodiversity and Conservation 28.1: S. 1–44.

28 Bayerische Landesanstalt für Wald- und Forstwirtschaft (2021): Aufsehenerregender Nachwuchs im Labor. Rote-Liste-Prachtkäfer wiederentdeckt. Pressemitteilung vom 18. 8. 2021.

29 Heidrich, L.; et al. (2020): Heterogeneity – diversity relationships differ between and within trophic levels in temperate forests. Nature Ecology and Evolution 4: S. 1204–1212. Dazu auch Seibold, S.; et al. (2016): Microclimate and habitat heterogeneity as the major drivers of beetle diversiy in dead wood. J appl. Ecology 53: S. 934–943.

30 Gossner, M. M.; et al. (2016): Deadwood enrichment in European forests. Which tree species should be used to promote saproxylic beetle diversity? Biological Conservation 201: S. 92–102.

31 Walentowski, H.; et al. (2014): Fagus sylvatica forests and their faunal diversity: A regional and European perspective. Annals of Forest Research, DOI 10.15287/afr.2014-17.

32 Seibold, S.; et al. (2016): Microclimate and habitat heterogeneity as the major drivers of beetle diversitty in dead wood. J appl. Ecology 53: S. 934–943.

33 Purahong, W.; et al. (2014): Changes within a single land-use category alter microbial diversity and community structure: Molecular evidence from wood-inhabiting fungi in forest ecosystems. J. Environmental Management 139: S. 109–119.

34 Heinrichs, S.; et al. (2019): Landscape-scale mixtures of tree species are more effective than stand-scale mixtrures for biodiversity of vascular plants, bryophytes and lichens. Foersts 10, 73 DOI 10.3390/f10010073.

35 Schall, P.; et al. (2020): Can multi-taxa diversity in European beech forest landscapes be increased by combining different management systems? J Applied Ecology;00:1-13. DOI: 10.1111/1365-2664.13635.

36 Stefen, C.; Görner, M. (2009): Die Wildkatze (Felis silvestris Schreber, 1777) in Deutschland und Mitteleuropa. Säugetierkundliche Information 7 Heft 38, S. 3–216; Müller J, et.al. (2014): Protected areas shape the spatial distribution of a European lynx population more than 20 years after reintroduction. Biological Conservation 177: S. 210–217; sowie Okarma, H.; Herzog, S. (2019): Handbuch Wolf, Stuttgart: Kosmos.

37 Müller, J.; et al. (2014): Protected areas shape the spatial distribution of a European lynx population more than 20 years after reintroduction. Biollogical Conservation 177: S. 210–217.

38 TMUEN (2020): Nach- und Hinweise von Wolf (Canis lupus) und Luchs (Lynx lynx) in Thüringen. Bericht des Kompetenzzentrums Wolf, Biber, Luchs im TMUEN zum Wolfs- und Luchsmonitoring im Freistaat, 23 Seiten.

Ein einfaches Rezept wird es nicht mehr geben!

Über den Nachhaltsumbau der Wälder

Sven Wagner

Ich bin in Schleswig-Holstein geboren, einem Land, in dem es nicht viel Wald gibt. Vor 50 Jahren wurden dort im Wesentlichen Sitkafichten und Japanische Lärchen für die Holzproduktion aufgeforstet. Als Jugendlicher mit Interesse an Natur, Naturschutz und Ökosystemen dachte ich ganz naiv – ich komme aus keiner Forstfamilie, mein Vater war Lehrer für Deutsch und Geschichte –, es könnten doch mehr und schönere Wälder begründet werden. Dieses Thema ließ mich nicht mehr los. Während meines Forstwissenschaftsstudiums in Göttingen begeisterten mich Fragen der Waldgestaltung, also des Waldbaus, wie es forstlich heißt. Nach dem Studium ging ich in die experimentelle Forschung und arbeitete an der Forstlichen Versuchsanstalt in Göttingen an Möglichkeiten für eine bessere Steuerung der Naturverjüngung in Waldbeständen.

Gegen Ende der 1990er-Jahre wurde die Professur für Waldbau in Tharandt ausgeschrieben, und ich bewarb mich. Auf diesen traditionsreichen Lehrstuhl berufen zu werden war für mich eine sehr große Überraschung. Es ist eine Freude, hier zu lehren und zu forschen. Unter den jungen Leuten, mit denen ich arbeiten darf, sind wirklich tolle Menschen.

Forschungsfelder im Waldbau

Unter der Überschrift »Wie können wir die Nachhaltigkeit im Wald gewährleisten« bin ich in den letzten Jahren mit zwei großen Arbeitsbereichen befasst. Zum einen haben wir sehr viel zur Naturverjüngung der Pionierbaumarten gearbeitet, zu Weiden, Aspen, Birken, Erlen, Vogelbeere. Das sind Baumarten, die eine größere Bedeutung bekommen durch das teilweise flächige Absterben der Fichtenbestände. In Deutschland sterben gerade über 285.000 Hektar Fichtenbestände ab.

Die Frage ist, was kommt nach auf diesen Flächen? Eine Option ist es, der Natur auf einem Teil die Verjüngung und Begrünung zu überlassen. Das geht im Vergleich zur Aufforstung schnell. Früher wurden die genannten Baumarten teilweise als Unkräuter betrachtet, die die forstliche Holzproduktion behindern. Die Wertschätzung ihnen gegenüber hat sich aber geändert, hinsichtlich der Diversitätsaspekte im Wald etwa. An Weiden und Birken leben eine Vielzahl von Insekten, die gleich mitkommen, wenn man solche Kahlflächen mit diesen Gehölzen begrünen lässt. Wir geben Hinweise und bieten Fortbildungen an, wie diese Baumarten in der waldbaulichen Praxis gefördert werden können. Zum Beispiel indem man nicht alles wegräumt, was dort bisher gestanden hat, sondern Ansitze für Vögel belässt, die dann über ihren Kot die Samen verbreiten, oder Bodenverwundungen zulässt, in denen diese Baumarten sich gut verjüngen können.[1]

Das zweite große Feld unserer Forschung sind die heute so genannten Ökosystemleistungen des Waldes. Vor 15 Jahren hat man noch den Begriff der Waldfunktionen dafür verwendet. Neben der Holzproduktion sind Erholung, Naturschutz, Bodenschutz, Trinkwasserschutz als die wichtigsten zu nennen. Dass ein Wald überall allen Funktionen entsprechen soll, ist eine Forderung, die nicht nur unrealistisch ist, sondern auch nicht zu den besten Ergebnissen führt. Wir haben Überlegungen entwickelt, wie der Wald zielgerichteter bewirtschaftet und behandelt werden kann, indem bestimmte Teile des Waldes genauer mit Bezug auf einzelne Funktionen (Ökosystemleistungen) ausgewiesen werden: Wo werden Erholungsleistungen nachgefragt, wo Naturschutzleistungen, und wie können dort vonseiten der Waldbehandlung und Waldgestaltung entsprechende Akzente gesetzt werden? Wenn wir uns zum Beispiel auf Erholung, kombiniert mit Biotopschutz oder Trinkwasserschutz, oder auf Holzproduktion, kombiniert mit Trinkwasserschutz, konzentrieren, bekommen wir bessere Ergebnisse für die nachgefragten Leistungen, als wenn der Wald nach einem bestimmten Rezept erzogen oder verjüngt wird, um die Holzproduktion zu maximieren. Mit solchen Strategieentwicklungen abgestimmter Ökosystemleistungen und den mit ihnen verbundenen Konflikten beschäftigen wir uns.

Nachhaltigkeit als zentrales Thema

Nachhaltigkeit war einmal ein Begriff, mit dem niemand außer den Forstleuten etwas anfangen konnte. Traditionell meint er im Grunde, nur so viel Holz in einem Zeitraum einzuschlagen, wie in diesem Zeitraum auch nachwächst. Das ist das simple Verständnis dieses Begriffes von vor 200 bis 300 Jahren. Da hat sich in den letzten 30 Jahren seit der Umweltkonferenz von Rio doch einiges getan. Schlüssig übersetzt, bedeutet Nachhaltigkeit heute: Optionen für die Zukunft zu wahren. Das ist auch der Stand der Lehre in den Forstwissenschaften heute.

Ich will ein einfaches Beispiel geben. In einem Fichtenreinbestand, im Kahlschlag bewirtschaftet, besteht keine andere Option für die Zukunft, als das Holz der Fichte zu produzieren. Hat der nächste Waldeigentümer andere Vorstellungen – Nachhaltigkeit hat immer etwas mit Generationenverträgen zu tun – und möchte sich in seinem Wald erholen, Rehe, Spechte sehen, gegebenenfalls mit dem regionalen Trinkwassererzeuger einen Dienstleistungsvertrag abschließen, ist er mit diesem einfach strukturierten Bestand wenig flexibel. Von der Komposition des Waldes, der Baumartenzusammensetzung her ein breiteres Angebot zu haben würde ein Mehr an Optionen für die Zukunft bedeuten. Die meisten Baumarten besitzen ein gutes Ausbreitungsvermögen, die Samen wehen weg vom Baum, und die Bäume verjüngen sich im weiteren Umfeld. Wenn ich ältere Bäume verschiedener Arten auf der Fläche vorhalte, habe ich per se die Zukunftsoption, von diesen Baumarten mehr Verjüngung zu bekommen und auf diese Weise die Anteile der Baumarten über die Generationen abzuwandeln. Das würde schon eine enorme Optionsvielfalt bringen. Denn durch eine solche Strukturvielfalt, durch Ungleichaltrigkeit und Artenmischung in den Flächen erreiche ich mehr Produktionsflexibilität. Ich kann immer ein Angebot machen: Wird Fichte nachgefragt, dann verkaufe ich sie, und wenn es in Zukunft mehr Buche ist, kann ich auch die liefern. Diese und andere Optionen zu schaffen, das nenne ich Nachhaltsumbau.[2] Die Forstpraxis hat signalisiert, dass sie solche Ideen braucht, gut findet und auch umsetzt. Es geht dabei um Strategien für mittlere und größere Waldbestände und nicht um fertige waldbauliche Rezepte.

Nehmen wir einen Wald von 1.000 Hektar. Zu einer Waldfläche solcher Größe gibt es unterschiedlichste Nachfragen. In Wäldern, die der öffentlichen Hand gehören, ist dies meist offensichtlich: In der Nähe des Waldparkplatzes ist die Nachfrage nach Erholungsleistungen höher als im letzten Eck des Waldes, wohin sich kaum jemand verirrt. Liegt eine Waldfunktionenkarte vor, spiegelt sie das auch. Was spricht dagegen, in einem solchen Areal vermehrt die Erholungsleistung zu berücksichtigen, auf Waldinnenrandgestaltung, Baumartenvielfalt, blühende Baumarten oder auf Bäume mit interessanter Herbstfärbung und auf Laubbaummischbestände zu achten? Wenn ich weiß, mein Wald liegt im Trinkwasserschutzgebiet, muss ich mir in Absprache mit der Wasserwirtschaft Gedanken über stabile Waldbestände machen, die nicht anfällig sind für katastrophische Ereignisse. Ein Musterbeispiel sind die von Fichtenreinbeständen umgebenen Trinkwassertalsperren in Sachsen. Mit dem Absterben der Fichten ist genau das eingetreten, was hätte vermieden werden können: ein Nitratschub aus den Kahllagen über das Sickerwasser in das Wasserreservoir. Solche Probleme sind vorausdenkbar. Wir brauchen in diesen Bereichen Waldbestände, in denen die Wahrscheinlichkeit eines katastrophischen Zusammenbruchs wesentlich geringer ist. Die Antwort liegt fast schon auf der Hand: In solchen Fällen sind ungleichaltrige Mischbestände wesentlich besser geeignet als die Fichtenreinbestände.

In den Waldbereichen, wo keine Spaziergänger, nicht mal Pilzsammler unterwegs sind, wo sich kaum Hinweise auf wertvolle Biotope finden, warum soll dort nicht intensiv Holz produziert werden, um den Betrieb ökonomisch zu stützen? Ob das immer Fichte und immer in Reinbeständen sein muss, ist diskutabel, aber den Schwerpunkt der Holzproduktion würde ich hier sehen.

Die Empfehlung aus diesen Beispielen ist, in der Fläche stärker nach Leistungen zu differenzieren. Eine Vielfalt an Waldleistungen ist aber nur über eine Vielfalt an Waldstrukturen zu haben. Leistungen und Strukturen stärker als bisher aufeinander abzustimmen, das ist eine Idee, die die Forstpraxis zunehmend umtreibt.

Durch die Diskussion um die Honorierung von Ökosystemleistungen kommt in den Waldbau ein anderer Schwung hinein. In der Vergangenheit hieß es immer, die Holzproduktion müsse die anderen Leistungen mitfinanzieren. Solang dies so ist, kann keinem der privaten Waldeigentümer vorgeworfen werden, dass er keinen naturschutzwertvollen Wald mit 50 Totholzbäumen pro Hektar hat. In dem Moment, wo die Politik – und ich sehe das tatsächlich als Gegenstand und Aufgabe einer öffentlichen Diskussion – mehr Verständnis für den Wert solcher Leistungen aufbringt und bereit ist, sie zu honorieren, kommen all diese Strategien ganz anders zum Zuge.

Nachhaltigkeit ja; aber was ist mit den Leistungen, die wir hier und heute brauchen?

Hier ist auf die Unterscheidung zwischen Funktionsumbau und Nachhaltsumbau hinzuweisen.[3] Ein Funktionsumbau in einem Erholungswald würde bedeuten, schön blühende Bäume müssen eingebracht werden, weil hier die Besucher sind. Ein Nachhaltsumbau, der Zukunftsoptionen sichern will, würde betonen, dass es aber nicht nur die schön blühenden Bäume einer Art sein dürfen, sondern zusätzlich auch Arten, die vielleicht nicht heute, aber in der Zukunft eine größere Bedeutung haben könnten, wie die Buche etwa, die nicht schön blüht.

Als es in den 1990er-Jahren bundesweit mit dem Waldumbau begann, hat es, verkürzt gesagt, geheißen: Buchen unter die Fichten und Eichen unter die Kiefern. Diese Bilder sind zu einfach. Wir müssen versuchen, mit Blick auf die Waldfunktionen die großen Bedarfe der Zukunft abzubilden. In diesen Kontext muss der Waldbau eingepasst werden. Das können und sollten die Waldbauer nicht allein machen, es braucht gesellschaftspolitische Diskussion, von vielen Seiten Informationen und Hilfestellungen.

Wir müssen in den Waldsystemen Anker belassen, die Optionsvielfalt garantieren. Es geht zum Beispiel um Quellen von Baumsamen oder auch generell um den Überhalt von Strukturen, die die Tradition im Ökosystem gewährleisten. Wir haben sehr viele Waldorganismen, die sind wenig mobil, Schnecken zum Beispiel oder holzbewohnende Käferarten.[4] Wenn im Extrem einer Kahlschlagswirtschaft, die es heute in Deutschland nicht mehr gibt, alle 100 Jahre die Waldtradition an einer bestimmten Stelle beendet wird, verwundert es nicht, dass solche Organismen aus dem Rennen ausscheiden. Kerne von Waldtradition in der Fläche zu halten – also nicht den gesamten Bestand gleichzeitig zu ernten, sondern gegebenenfalls Teile des alten Baumbestandes zu belassen – ist ein wichtiger Baustein für einen Nachhaltsumbau. Früher wurde mit Verweis auf die Kielwassertheorie gesagt, »in der Folge einer normalen Holzproduktion kommen alle anderen Leistungen des Waldes automatisch mit«. Das war ein Trugschluss, der in der Forstwissenschaft lange erkannt ist. Heute gilt es aber aufzupassen, dass das Pendel im Namen des Funktionsumbaus nicht vollständig zurückschlägt und nur noch gesagt wird, »diese Fläche brauchen wir hierfür, diese dafür und die dort dafür«. So blieben keine Spielräume mehr. Mit diesem Spannungsfeld – nach Leistungen differenzieren, aber nicht jeder Fläche nur eine Leistung zuzuordnen – sensibel umzugehen, es in die Fläche und in die Forstbetriebe zu bringen, dafür braucht es unbedingt eine gute Forstplanung und Forsteinrichtung.

Im öffentlichen Wald Deutschlands sollen zehn Prozent der Fläche stillgelegt, nicht mehr genutzt werden. Was dies für den Holzmarkt bedeutet, ist eine viel diskutierte Frage. Es ist aber auch zu klären, wo diese Flächen sein sollen. Wo liegen dann die Flächen mit anderen Prioritäten? Wir sprachen bereits über Waldparkplätze und Erholung, über Trinkwassereinzugsgebiete. Ich glaube, in einem so dicht besiedelten Gebiet wie Deutschland, in dem diese Vielfalt unterschiedlicher Leistungen teilweise auch überlappt – der Überlappungsfaktor in der Waldfunktionenkarte drückt dies aus –, ist viel von der gesamten Waldfläche sofort erkennbar beansprucht. Nichtsdestotrotz kann man auf forstbetrieblicher Ebene Leistungsschwerpunkte ausweisen, hier diese zwei Funktionen, dort zwei, vielleicht auch drei ganz andere. Es muss nicht mehr mit der Idee hantiert werden, überall Multifunktionalität zu gewährleisten (was ohnehin nicht möglich ist).

Baumarten für die Nachhaltigkeit und die Bedeutung von Mischungen

Über die Baumarten, die für einen Nachhaltsumbau zur Verfügung stünden, könnten wir lange reden. Wir müssen den Waldbau breiter angehen und dürfen uns mit ökonomischen Optimierungsperspektiven, was einzelne Baumarten angeht, egal ob Fichte oder Douglasie, nicht mehr zufriedengeben. Dass es ohne Mischung von Baumarten nicht mehr geht, verbindet die, die in Waldbau, Forstplanung, Forsteinrichtung wissenschaftlich unterwegs sind. Ein Forstbetrieb kann zwar mit verschiedenen Reinbeständen eine Angebotsvielfalt gewährleisten. Aber wenn es um die innere Stabilität und Flexibilität der Bestände geht, sind Mischungen das Mittel der Wahl.

Bei den Baumarten fangen wir – mit Blick auf den Klimawandel und die Leistungsvielfalt – jetzt an, sie viel mehr nach ihren ökologischen und ökonomischen Eigenschaften zu betrachten, als das früher gemacht wurde. Nehmen wir die Roteiche als Beispiel: Sie wächst zwar relativ schneller als unsere einheimischen Eichenarten, hat aber bestimmte Nachteile bei der Holzverwertung, weil man aus ihr nicht all das machen kann, was aus der Traubeneiche möglich ist. Dafür hat sie ein wunderschönes Herbstlaub, aber leider eben auch eine sehr schwer zersetzliche Streu. Werden diese Eigenschaften mit den Anforderungen aus der Leistungsvielfalt der Wälder abgeglichen, entstehen Gegenüberstellungen von Anforderungen und Möglichkeiten (Matrizen, wie es in der Fachsprache heißt). Und dann stellen wir fest, dass diese oder jene Baumart für diesen oder jenen Zweck geeignet oder eben auch nicht geeignet ist und dass wir oft gar nicht alles über die relevanten Eigenschaften unserer Baumarten wissen. Das ist nicht nur ein Impuls für wunderbare neue Waldforschung, sondern sollte uns auch etwas bescheidener werden lassen.

Wir sollten die Vielfalt zum Prinzip erheben. Nicht nur, weil wir wissen, dass Mischbestände stabiler und leistungsvielfältiger sind, sondern weil wir uns auch mit dem Vorsorgeprinzip auseinandergesetzt haben. Im Hinblick auf den Klimawandel brauchen wir Baumarten, die spezialisiert sind auf das, was vermutlich kommt, nämlich Trockenheit und größere Wärme. Wir brauchen vielleicht aber auch Baumarten, die besonders breite Nischen abdecken, die in der Lage sind, sowohl Starkregen wie Trockenheit zu ertragen (und nicht nur das eine oder das andere). Wir brauchen Baumarten, die die Fähigkeit besitzen, nach Katastrophenfällen wieder zu erscheinen. Die Pionierbaumarten hatte ich schon erwähnt. Von den 40 bis 50 von Natur aus in Europa vorkommenden Baumarten brauchen wir wahrscheinlich 20 bis 30 wirklich. Und das ist eine völlig andere Dimension als die zwei, drei oder vier, mit denen wir bisher gearbeitet haben, und das dann noch meist in Reinbeständen. Es geht auch darum, ob wir unser Baumartenensemble um nicht standortsheimische Baumarten ergänzen. Douglasie, Roteiche, Esskastanie, das sind Baumarten, die unser Spektrum an Reaktionsmöglichkeiten erweitern – aber selbstverständlich nicht im Reinbestand. Wir müssen noch lernen, wie wir diese Baumarten in jeder Beziehung zur Höhe ihrer Leistungen bringen. Die Standortszuweisungen sind noch nicht so ganz klar, zum Beispiel bei der Esskastanie. Aber auch, zu welchen heimischen Arten sie am besten passen. Douglasie mit Buche ist zum Beispiel eine super Kombination: Wird befürchtet, dass die wuchskräftige Douglasie sich »selbstständig macht« und zur invasiven Art wird, ist die Umfütterung und Einbeziehung von Buche nach allem, was wir in der Forschung schon wissen, eine sehr gute Möglichkeit, dies zu verhindern. Die Douglasie ist weder in der Lage, unter der Buche zu wachsen, noch können ihre Samen auf Buchenstreu keimen. Douglasiensamen können in unseren Wäldern um die 60 bis 80 Meter weit vom Samenbaum wegfliegen, Birkensamen fliegen doppelt so weit, Buchensamen schaffen nur um die 20 Meter. Wenn wir uns vorstellen, wir wollen von Kernen einzelner Baumarten aus später größere Flächen verjüngen, dann ergeben sich logischerweise sofort auch definierte Abstände zwischen den Kernen. Ich brauche also nur alle 100 Meter eine Douglasie, um auf der gesamten Fläche eine Verjüngungsoption zu haben. Wenn ich jedoch befürchte, dass die Baumart invasiv wird, muss ich bestimmte Flächen meiden, Vorrangflächen für den Naturschutz zum Beispiel. Mit der Kenntnis über die Flugweite der Samen weiß ich dann auch, wie weit entfernt ich von diesen Schutzflächen bleiben muss.

Wenn wir uns eine Fläche vorstellen, die dauerhaft Wald ohne Kahlschlag sein soll, die von den Baumarten gemischt ist sowie die Option zu natürlicher Verjüngung bietet, läuft das nicht zwingend auf eine einzelstammweise zu bewirtschaftende und ungleichaltrige Waldstruktur hinaus. Warum sollten Anbauten in der Größe vom Trupp über die Gruppe bis zum Horst[5] ein Problem sein? Hier haben die Forstbetriebe alle Möglichkeiten. Ein Treiber für die Simplifizierung der Waldstrukturen war und ist schlicht und ergreifend der menschliche Geist, unsere Fähigkeit, Komplexität zu denken. Komplexität findet aber auf verschiedenen räumlichen Skalenebenen statt: vom Einzelbaum über die kleine Baumgruppe zum Bestand und bis zur Waldlandschaft.

Machbarkeit einer diversifizierten Waldbewirtschaftung

Wenn wir uns vorstellen, dass ein Förster oder eine Försterin, der/die über 1.500 Hektar bewirtschaftet, sich jeden Tag neu überlegen muss, was auf jeder einzelnen Fläche wann zu berücksichtigen ist, dann kommen wir schnell dahinter, dass er/sie das gar nicht leisten kann. Insofern kann ich den Wunsch nach Rezepten und einem Plan (in fünf Jahren machst du hier dieses, dort jenes) verstehen. Auch ein Nachhaltsumbau muss in die Lebenswelt der Menschen passen. Aber die im Wald Arbeitenden sind ja nicht allein. Es gibt nicht nur den Förster/die Försterin. Er/sie hat einen Chef, eine Chefin, ein Forstplanungsamt, assoziiert die Standortskartierung: Ich weiß nicht, wie viele Leute sich mit ein und derselben Waldfläche inhaltlich beschäftigen, bevor auf dieser Waldfläche wirklich etwas »gemacht« wird. Und diese hoch qualifizierten Leute, in Deutschland im weltweiten Vergleich wahrscheinlich mit dem besten Ausbildungsstandard (und ich nehme ausdrücklich Leute mit dazu, die als Spezialisten etwas von der Trinkwasserproduktion, vom Naturschutz, vom Tourismus etc. verstehen), sind alles Fachleute, die wir einbeziehen müssen. Wenn wir uns dies auf die Fahne schreiben, dann können wir diese Vielfalt, nennen wir sie ruhig Komplexität, auch bewältigen. Wenn wir das bei dem einzelnen Förster/der Försterin abladen und noch mit der Stoppuhr in der Hand hinter ihm/ihr stehen, und die Erntemaschine (der Harvester) brummt schon, und es soll mal schnell ausgezeichnet werden, was zu ernten ist, dann wird es schwierig. Dieses letzte Bild ist aber für einen Waldbauer nicht die erstrebenswerte Vision. Die erstrebenswerte Vision ist die Umsetzung eines von einem Team von Fachleuten entwickelten Plans für einen Wald, in den die besten verfügbaren Informationen eingeflossen sind, durch sehr gut ausgebildete Fachkräfte (FörsterInnen) und mit für den Wald angepassten Verfahren (inklusive Maschinen). Auch der Harvester kann heute viel mehr als einen Kahlschlag hinlegen. Sollten Harvester aber vielfältige, strukturreiche Bestände noch nicht ökonomisch effektiv genug durchforsten können, dann sind diese Maschinen zu entwickeln.

Die Bedeutung von Forstplanung und von der Honorierung der Waldleistungen

Es gibt auf Bundes- und Landesebene etablierte Werkzeuge des Monitorings, auf die politisch und wissenschaftlich zurückgegriffen wird, um Zukunftsstrategien zu diskutieren. Eines ist die Bundeswaldinventur, andere die jährlichen Wald- und Bodenzustandserfassungen.

Wenn es kleinräumiger wird, haben wir in der Forstwirtschaft das altbewährte Instrument der Forsteinrichtung, die in größeren Betrieben alle zehn Jahre zum Einsatz kommt. Die Herausforderung in den nächsten 20 Jahren ist, auch hier auf dem Campus, diese Fragen mit der Leistungsfähigkeit der Wälder zu verknüpfen. Es geht nicht mehr nur um das klassische ökonomische Monitoring. Jetzt geht es in der Forsteinrichtung auch darum, Strukturen zu erfassen, die für die komplette Leistungsvielfalt bedeutsam sind: die Zahl der Mikrohabitate, zum Beispiel Wassertöpfe an Buchen, die Menge an Totholz/Habitatbäumen pro Hektar oder die Erfassung der Lückenstrukturen im Kronendach des Waldes und so weiter. Teilweise haben wir dafür noch keine Instrumente. Machen wir das zum Beispiel per Drohnenbefliegung oder einem Laserscanning, terrestrisch gestützt, wie interpretieren wir die dabei anfallenden riesigen Datenmengen? Haben wir diese Daten gelesen und einen Befund, schließt sich die noch viel spannendere Frage an: Was bedeutet dies für die Leistungen des Waldes? Wir brauchen verlässliche Beziehungen, welche Waldstruktur welche Leistung liefert.

Die Habitatleistungen sind im Vergleich zu anderen Leistungen extrem gut untersucht und modelliert. Ein Experte für den Schwarzspecht kann ziemlich genau sagen, was der Vogel im Habitat braucht. Werden im Rahmen einer Waldinventur auch weitere Daten zu Mikrohabitaten abgeglichen, dann kann die Passfähigkeit festgestellt werden, und wir haben die 80-prozentige Wahrscheinlichkeit, dass der Schwarzspecht auch vorkommt. In diese Richtung muss es gehen, und bezogen auf Lebensräume und Organismen, sind wir schon relativ weit.[6] Aber was will der sich erholende Mensch? Ist das, was ich an Strukturbeschreibung aus meinen Messinstrumenten und Modellierungen herauslesen kann, der schöne Wald? Ich bin nicht der Meinung, dass dies so subjektiv ist, dass man es nicht beschreiben kann. Es geht ja nicht darum, ob der oder die Einzelne dieses oder jenes Waldbild nun superschön findet. Wir müssen uns hier an einem Mittelwert ausrichten oder auch wieder über mehr Variationen nachdenken. Was wird von der sächsischen Bevölkerung, die im Tharandter Wald spazieren geht, als schön empfunden?[7]

In diesem Bereich sind wir noch nicht so gut. Beim Trinkwasser sind wir ziemlich gut, im Bodenschutz, hinsichtlich Hangrutschungen und solchen Dingen, auch.

Was den Menschen an Waldleistungen wichtig und wertvoll ist, dazu gibt es ebenfalls eine grundlegende Forschung. Das ist ja für die Fragen einer Honorierung wichtig. Aber generell gibt es noch einiges zu tun, um Struktur und Leistung von Wäldern zu verknüpfen.

Weitergedacht sollte es irgendwann möglich sein, einem Waldbewirtschafter, der im letzten Turnus starke Bäume geerntet hat, relativ zügig zu verdeutlichen, was das für die Leistung seines Betriebes bedeutet. Übersetzt in die Leistung deines Betriebes, heißt es für die Erholungsleistung dies, für die Ertragsfunktion jenes. Wenn wir dahin kommen, haben wir eine ideale Verknüpfung und ein Instrument, um alle zehn Jahre zu adjustieren, also den nächsten Eingriffszyklus zu gestalten und gegebenenfalls gegenzusteuern, weil zum Beispiel Defizite in der Erholungsfunktion vorhanden sind, der Betrieb aber auch hier ein gutes Geschäft machen sollte. Ich erwarte nicht, dass es dabei ohne Konflikte zwischen den verschiedenen Zielen eines Betriebes abläuft.[8]

Ich möchte, dass sich ein Bewusstsein entwickelt bei den ForststudentInnen und den Forstpraktikern, dass die Strukturen des Waldes, also die physische Konstitution und die Komposition der Baumarten, im Spiegel der Leistungen gesehen werden müssen. Vor 50 Jahren wurde das nicht gelehrt. Ich sehe, dass wir viel nachholen müssen, gleichzeitig aber auch unglaubliche Möglichkeiten haben, die Leistungen des Waldes für die Gesellschaft und den einzelnen Waldeigentümer noch deutlich zu verbessern. Und das stimmt mich positiv. Das ist es, was ich mir unter »Wald gestalten« vorstelle. Das muss aber nicht in Aktionismus münden, wo ich dann an jeder Ecke etwas mache, weil es angeblich das Beste für die Schönheit des Waldes sei. Es gibt gute Gründe dafür zu sagen, in jedem Betrieb sollen fünf Prozent stillgelegt werden. Allein schon die Frage, wo sie liegen sollen, ist so spannend! Welche Auswahlkriterien haben wir, ist eine Stilllegung wirklich effektiv und bringt den gewünschten Effekt – wo wir wieder beim Monitoring sind. Ich bin überzeugt davon, dass die Stilllegungsflächen derzeit häufig nach anderen Kriterien ausgesucht werden, als für die Erreichung des gesteckten Ziels der Stilllegungen nötig wären. Die Zeit für die Ausweisung der Stilllegungsflächen nach dem Plan der Bundesregierung ist ja bereits abgelaufen und das Ziel nicht erreicht worden. Da tauchte dann zwischenzeitlich natürlich die Frage auf: Was ist an Flächenreserve noch zu aktivieren? Bei der Suche ist deutlich geworden, dass man sich bis dahin völlig verliebt mit alten, teilweise regelrecht exotischen Waldbeständen beschäftigt hatte und die Karte diesbezüglich ausgereizt war. Die für die Organismenvielfalt extrem wichtigen jüngsten Waldstadien, also die, die wir jetzt bekommen, wo die Fichtenbestände alle absterben, wo sich die Pionierbaumarten ansiedeln und die nächsten Jahre extrem viel geschehen wird, was zum Beispiel Insekten angeht, sind dabei aus dem Blickfeld geraten. Für die Böden wird es ein Jungbrunnen werden, wenn die Laubstreu der Vogelbeere und Birke auf den Boden gelangen. In der Broschüre *Naturschutz im Wald*[9] haben wir sehr dafür votiert, neu zu denken, wo diese Flächen hingelegt werden, und dies stärker mit dem Effektivitätsgedanken auch im Naturschutz zu verknüpfen. Waldfläche in Deutschland ist knapp, und man muss sich gut überlegen, wie viel und welcher Wald für welche Leistungen am besten geeignet erscheint. Erst mal vorrangig alte Baumbestände zu schützen war richtig, aber da darf man nicht stehen bleiben.

Schlussbemerkung

Machen wir unsere Köpfe frei für Optionsvielfalt und funktionale Kombinationsmöglichkeiten, werden wir sehr große Möglichkeiten für den Waldbau gewinnen. Davon bin ich überzeugt. Wir sehen ja schon heute eine spürbar veränderte Nachfrage nach diesen Leistungen jenseits der Holzproduktion. Ohne eine dauerhafte Zuführung von Mitteln in die Betriebe wird eine solche Differenzierung nach Leistungen jedoch nicht gelingen. Dazu sind derzeit die Reviergrößen und der ökonomische Druck, unter dem die FörsterInnen agieren müssen, zu groß. Aber sollte es gelingen, weitere Mittel der Forstwirtschaft zuzuführen, muss natürlich auch eine entsprechende Reaktion durch die Forstpraxis erfolgen. Ein gutes Fortbildungsangebot – auch seitens der Hochschulen – sollte dies flankieren. Merkblätter reichen nicht mehr. Wissenschaft und Praxis enger zusammenzubringen wäre von beiderseitigem Nutzen. In Zeiten des Klimawandels ist es nicht mehr vertretbar, die FörsterInnen und WaldeigentümerInnen ohne fachliche Impulse noch 30 Jahre weiterarbeiten zu lassen. Und wer weiß, vielleicht birgt ein leistungsbezogener Nachhaltsumbau auch eine Waldmehrungsoption für Schleswig-Holstein?

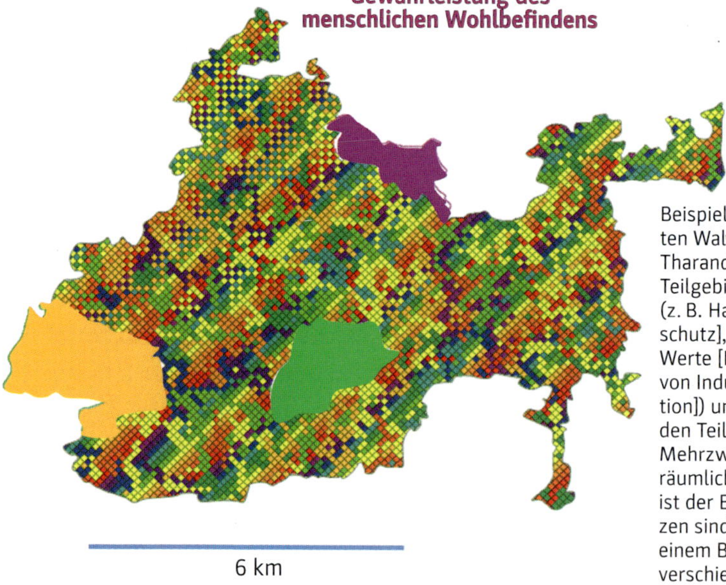

Beispiel einer fiktiven, digitalisierten Waldfunktionenkarte des Tharandter Waldes mit (a) drei Teilgebieten eindeutiger Präferenz (z. B. Habitat für Fauna [Prozessschutz], Bereitstellung kultureller Werte [Erholung], Bereitstellung von Industrieholz [Holzproduktion]) und (b) dem überwiegenden Teil der Waldfläche mit Mehrzweckforstwirtschaft. Die räumliche Einheit der Wirtschaft ist der Bestand. Bestandesgrenzen sind nicht eingezeichnet; in einem Bestand sind in der Regel verschiedene Waldleistungen miteinander kombiniert.

Abbildung 1:
Im Turnus von zehn Jahren könnten digitale Karten in der Forsteinrichtung helfen, die ganze Vielfalt der Ökosystemleistungen (einschließlich der Ertragsperspektiven) im Rahmen des Nachhaltsumbaus umzusetzen *(Grafik: Prof. Dr. Sven Wagner und Dr. Franka Huth)*.

Anmerkungen

1 Tiebel, K.; Karge, A.; Huth, F.; Wehnert, A.; Wagner, S. (2017): Strukturelemente fördern die Samenausbreitung durch Vögel. AFZ-Der Wald 20: S. 24–27.

Tiebel, K.; Wehnert, A.; Huth, F.; Erefur, C.; Bergstens, U.; Wagner, S. (2019): Fruktifikation der Salweide am Beispiel Nordschwedens. AFZ-Der Wald 12: S. 25–27.

Tiebel, K.; Leinemann, L.; Hosius, B.; Schlicht, R.; Frischbier, N.; Wagner, S. (2019): Seed dispersal capacity of *Salix caprea* L. assessed by seed trapping and parentage analysis. European Journal of Forest Research 138(3): S. 495–511. doi.org/10.1007/s10342-019-01186-2.

Tiebel, K.; Huth, F.; Frischbier, N.; Wagner, S. (2020): Verjüngung auf Störungsflächen 1: Wie weit fliegen Birkensamen? AFZ-Der Wald 19: S. 44–47.

Tiebel, K.; Huth, F.; Frischbier, N.; Wagner, S. (2020): Restrictions on natural regeneration of storm-felled spruce sites by silver birch (*Betula pendula* Roth) through limitations in fructification and seed dispersal. European Journal of Forest Research 137(5): S. 731–745. doi.org/10.1007/s10342-020-01281-9.

Tiebel, K.; Leinemann, L.; Hosius, B.; Frischbier, N.; Wagner, S. (2021): Verjüngung auf Störungsflächen 2: Wie weit fliegen Salweidensamen? AFZ-Der Wald 5: S. 28–31.

2 Wagner, S. (2004): Möglichkeiten und Beschränkungen eines funktionsorientierten Waldbaus. Forst und Holz, 59 (3), S. 105–111.

Wagner, S. (2004): Klimawandel — einige Überlegungen zu waldbaulichen Strategien. Forst und Holz 59(8) S. 394–398.

3 Wagner, S. (2007): Rationaler Waldumbau — Fragen und Anregungen. Forst und Holz 62 (8), S. 12–17.

4 Strätz, C.; Wagner, S.; Müller, J. (2009): Räumliche Effekte von Totholzstrukturen bei Landschnecken (Mollusca: Gastropoda). Forst und Holz. 64 (2), S. 22–27

5 Das sind Flächengrößenangaben für Mischungen. Ein Trupp hat etwa 15 Meter, eine Gruppe etwa 30 Meter Durchmesser, und ein Horst geht bis zu 0,1 Hektar.

6 Wehnert, A.; Wagner, S.; Huth, F. (2021): Effects of pure and mixed pine and oak forest stands on Carabid beetles. Diversity 13, 127. doi.org/10.3390/d13030127.

7 Füger, F.; Huth, F.; Wagner, S.; Weber, N. (2021): Can visual aesthetic components and acceptance be traced back to forest structure? Forests 12, 701. doi.org/10.3390/f12060701.

8 Huth, F.; Wagner, S. (2013): Ökosystemleistungen von Dauerwäldern — eine aktuelle Analyse des Waldbaus. Schweizerische Zeitschrift für Forstwesen, 2, S. 27–36.

Wagner, S.; Nocentini, S.; Huth, F.; Hoogstra-Klein, M. (2014): Forest Management Approaches for Coping with the Uncertainty of Climate Change: Trade-Offs in Service Provisioning and Adaptability. Ecology and Society 19, S. 1–32.

9 Wissenschaftlicher Beirat Waldpolitik und Wissenschaftlicher Beirat Biodiversität und genetische Ressourcen beim BMEL (Hrsg.) (2020): Wege zu einem effizienten Waldnaturschutz in Deutschland. Stellungnahme. Berlin, 62 S.

Teil V

Erlebnisraum Wald

Fotoessay von Michael Anker

Licht und Schatten

Über die Transformation von Waldbildern

Einst war ich ein eingefleischter Stadtmensch, der das Leben in Berlin vorzog. Seit zwei Jahrzehnten lebe ich in einer waldreichen Gegend Brandenburgs, und inzwischen zählt der Wald zu meinen Lieblingsorten. Ja, Wald, nicht Urwald, Forst, Kiefernplantage oder sonst eine Begrifflichkeit, des derzeit polarisierten Diskurses. So oft wie möglich bin ich im Wald unterwegs und mache mir, im wahrsten Sinn des Wortes, selbst ein Bild. Mit offenen Augen finde ich in diesem Naturraum szenische Kulissen für die eigene Fantasie: der Wald als ästhetisches Erlebnis, als Projektionsraum für Gefühle, Emotionen und Kindheitserinnerungen, als Reservoir für fotografische Motive. Ist man regelmäßig im Wald unterwegs und passt sich in den Rhythmus der Natur ein, dann wird man mit berauschenden Erlebnissen belohnt. Es offenbart sich seine Schönheit, und er wird als mythischer Resonanzraum erlebbar. Mindestens ebenso bedeutend für mich ist der Entschleunigungseffekt beim Fotografieren im Wald. Ich genieße die Ruhe und schätze den sommerlichen Harzduft der Kiefernwälder genauso wie den kühlen Schatten der Misch- und Buchenwälder. In den letzten beiden Jahrzehnten konnte ich zudem eine Transformation in Brandenburgs Wäldern erleben: Waldbilder werden abwechslungsreicher.

Wer sich tagespolitischen Profit mit der Angst der Deutschen um ihren liebsten Mythos erhofft, verschweigt, dass Waldbau schon immer ein Generationenvertrag war. Veränderungen sind frühestens nach Jahrzehnten sichtbar. »Der Großvater pflanzt, sein Sohn pflegt den Wald, und der Enkel erntet«, sagt Dietmar Discher. Der Revierförster ist verantwortlich für den Brandenburgischen Landeswald rund um das Zisterzienserkloster in Chorin. Fast alle Fotos für diesen Essay sind 2021 in seinem Revier entstanden. Durch das eiszeitlich geprägte geologische Relief bietet es diverse kleinräumige Waldbilder. »Früher, in seinem natürlichen Zustand, war es ein Eichen- und Buchenwald mit ganz starken Eichen. Im 17. und 18. Jahrhundert verkauften die Preußenkönige die Eichen, um Kriege zu finanzieren. Ersetzt wurden sie oft durch Kiefern als Wirtschaftsbäume. Heute ist das Areal zu einem durch Buchen dominierten Mischwald herangewachsen«, erzählt Dietmar Discher, als er mich durch den Wald führt. In seinem Revier lässt sich, wie sonst kaum in Deutschland, erkennen, in welchen Zeiträumen die Transformation der Waldwirtschaft gedacht werden muss.

Der Choriner Wald kann auf eine über 200-jährige wissenschaftliche Begleitung zurückblicken. In der benachbarten Forsthochschule Eberswalde (heute Hochschule für nachhaltige Entwicklung) wurden seit jeher Wirtschaftlichkeit und Nachhaltigkeit zusammengedacht. Chorin war ein Ort der praktischen Erprobung. Bereits vor zwei Jahrhunderten legten Forstwissenschaftler dort Versuchsanpflanzungen mit nicht heimischen Gehölzen an, die heute wichtige Erkenntnisse zum Waldumbau liefern. Anfang des 20. Jahrhunderts startete in diesem Bereich ein Anbauversuch mit Kiefernsaat aus acht Regionen Europas. Im benachbarten Plagefenn entstand etwa zur gleichen Zeit auf Initiative des Forstmeisters Max Kienitz das erste Naturschutzgebiet in Norddeutschland. Auch für Dietmar Discher stellen die Nutzung einer ökologisch wertvollen Ressource und der nachhaltige Schutz des Naturraums keinen Widerspruch dar. Vor 30 Jahren pflanzte er Buchen unter seine Kiefernbestände und fördert seit dieser Zeit die Naturverjüngung. Inzwischen sind diese Pflanzungen zu einem dichten Unterbau herangewachsen. Dies stellt eine echte Herausforderung für den Fotografen dar, lassen sich doch dort im Dickicht nur schwer einzelne Formen freistellen. Heerscharen junger Bäume konkurrieren um Licht und Nährstoffe. Die Stärksten unter ihnen setzen sich durch und erfreuen eines Tages die Urenkel des Revierförsters. Unter seiner Obhut können ausgewählte Gehölze in ihrem Jahrhunderte währenden Lebenszyklus wachsen, ohne dass ein Mensch Hand an sie legt. Sie sind ein wertvoller Genpool für spätere Generationen von Bäumen. Sterben diese sogenannten Methusalembäume eines Tages ab, verbleiben sie im Wald und bieten anderen Lebensformen Schutz und Nahrung. Zu Lebzeiten wuchsen unter ihren Kronen Wirtschaftsbäume auf. Tausende ihrer Samen sorgten unter dem Schirm der »Alten« für die gewünschte Naturverjüngung. Wind und Vögel, besonders die Eichelhäher, verbreiten die Saat, erzählt Dietmar Discher. Er müsse nur eingreifen, wenn sich Lücken im Bestand auftun. Das sei besonders dann erforderlich, wenn starke Stürme die großen Buchen mit ihren mächtigen Kronen umwerfen.

Der Wald und die Fotografie haben eines gemeinsam, sie benötigen Licht zu ihrer Existenz. Dietmar Discher nimmt durch gezieltes Freistellen von Gehölzen Einfluss darauf, wie viel Licht den Waldboden erreicht. Gleichmäßiger Freiraum um den Stamm auserwählter Zukunftsbäume sorgt zudem für einen geraden Wuchs und den Aufbau regelmäßiger Jahresringe. Das sichert später einen guten Ertrag seiner Werthölzer: Buchen, Eichen, aber auch mächtige Douglasien stehen für die wirtschaftliche Kraft seines Reviers.

Für den Fotografen sind die durch das geschlossene Kronendach brechenden Sonnenstrahlen die Spots seines Bühnenbildes. Nimmt man sich genügend Zeit, kann man beobachten, wie Lichtkegel der Sonne über den Waldboden wandern und im Minutentakt neue Szenen entstehen lassen. Im Rampenlicht stehen dann die Solisten des Hains. Einen Effekt, den ich auch in den Feuchtgebieten des Waldes, die dem Wasserrückhalt dienen, beobachten konnte. Wasserlinsen, auch Entengrütze genannt, wachsen dort aus vielen kleinen Einzelpflanzen oft zu Teppichen zusammen und bilden den grünen Theaterboden für unglaubliche Bühnenbilder.

Wasser ist ebenso essenziell für das Wachstum im Wald wie Licht. Forstwissenschaftler haben bereits vor Jahrzehnten erkannt, dass die ehemals praktizierte Melioration dem Wald mehr schadet als nutzt. Seit dieser Zeit wurden viele Entwässerungsgräben im Choriner Revier wieder geschlossen und Staue errichtet. Kleine und größere Feuchtgebiete entstanden und bilden heute Reserven für den Fall, dass der Regen ausbleibt. Sie sind der Lebensraum unzähliger Tiere, Pflanzen und Pilze geworden. Der Biber ist dort wieder heimisch und hilft beim Wasserrückhalt im Wald. Nebenan liegen verrottende Bäume und wirken mit urigen Formen, ihren dicken Moosschichten oder Pilzkolonien wie Fabelwesen. Der Mythos Grimm'scher Märchen, dort lebt er noch. »Unter den sich verändernden klimatischen Bedingungen kann man gar nicht genug Totholz im Wald haben«, sagt Dietmar Discher. Erst dadurch entstünden wieder funktionierende Kreisläufe. Wichtigstes Argument sei aber ihr Speichervermögen von Wasser. Das verrottende Holz saugt sich voll und verdunstet das lebenspendende Nass in Trockenzeiten.

Würziger, harziger Duft im Wald zeugt davon, dass kürzlich Holz geerntet wurde. Trotz seiner vielfältigen und romantischen Waldbilder mache ich mir klar, dass das beschriebene Revier wirtschaftlich genutzt wird. Holz ist seit Menschengedenken eine nachwachsende, ökologische und wertvolle Ressource. Die Nachhaltigkeit ihrer

Nutzung stand allerdings über Jahrhunderte nicht im Fokus der Menschen. Das hat sich vielerorts geändert. Aufforstungsprogramme und der wissenschaftlich begleitete Waldumbau lassen hoffen. Ambivalente Gefühle kommen in mir allerdings auf, wenn ich Harvester im Wald sehe. Sie werden im Choriner Revier vorwiegend zur Ernte von Nadelholz eingesetzt. Wirtschaftlicher Druck und Effizienz sind auch dort angekommen. Der Revierförster kennzeichnet spezielle Rückegassen, die über Jahre immer wieder von den Holzfällern genutzt werden, und mahnt sie zu schonendem Umgang. Der Boden soll geschützt und die noch zarten Bäume der Naturverjüngung dürfen nicht gefährdet werden.

»Was würde passieren, wenn wir die Bewirtschaftung des Waldes einstellen und ihn sich selbst überlassen? Müssten wir dann Holz aus Quellen importieren, auf die wir keinen Einfluss mehr haben?«, fragt Dietmar Discher auf meine Bedenken.

So wie die Choriner Förster mit dem ihnen anvertrauten Wald umgehen, scheint es mir ein gutes Beispiel für einen Weg in die Zukunft zu sein. Ihr natürlicher Waldumbau und die Einrichtung von Schutzräumen für den Wasserrückhalt führen letztendlich zu einer großen Biodiversität und zu einem kühlenden Effekt für das Klima.

Die Aufnahmen entstanden 2021 im Revier Chorin der Landeswaldoberförsterei Chorin.

Die Aufnahmen auf den Seiten 278 und 279 entstanden im Bereich der Landeswaldoberförsterei Groß Schönebeck.

Landesbetrieb Forst Brandenburg

Die Kiefer, der Brandenburger »Brotbaum«, hier in einem Reinbestand.

Holz, eine wertvolle ökologische Ressource.

Ein vor 30 Jahren angelegter Buchenvoranbau – Mischwald entsteht.

Waldumbau durch Naturverjüngung.

Eine junge Buche strebt zum Licht.

Wo Licht den Waldboden erreicht, entsteht neues Leben.

Eichelhäher sorgen für die natürliche Verbreitung von Eichen und Buchen.

Junge Buchen auf eiszeitlichem Geschiebe.

Standortgerechter Mischwald – die Buche dominiert in Chorin.

Im Choriner Revier kommen reine Nadelbaumbestände nur noch auf kleinen Flächen vor.

Mächtige Douglasien, dazwischen die kleiner bleibenden Fichten.

Wasserrückhalt – lebenswichtig für den Naturraum Wald.

Mit Wasser gefüllte Senken und Totholz sorgen für ein besseres Klima im Wald.

Abgestorbene Bäume verbleiben im Wald und erschließen ihm den Kreislauf neuen Lebens.

Totholz speichert Wasser und gibt es in Trockenperioden an Luft und Boden ab.

Pilze setzen Nährstoffe für künftige Generationen von Waldleben frei.

Alt wie ein Baum möchte ich werden …

Im Schutz der »Alten« wächst eine neue Generation heran.

Zertifiziertes Wertholz aus nachhaltig bewirtschafteten Beständen.

Dietmar Discher, Förster in fünfter Generation, weist einen Methusalembaum aus.
Unterstützt wird er von Forststudentin Juliane Franke.

Chorin, ein Revier mit langer wissenschaftlicher Begleitung.
Pfeils Garten war von 1830 bis 1900 eine forstliche Lehr- und Versuchspflanzung.

Wildnis in Deutschland?

*Eine Frage der Ethik – nicht des Arten- und Klimaschutzes**

Marcus Knauf

Seit etwa 15 Jahren wird zwischen der Forst- und Holzwirtschaft und den Verbänden des Naturschutzes in Deutschland darüber gestritten, ob es sinnvoll ist, Wälder nicht mehr forstwirtschaftlich zu nutzen und sie zu Wildnisgebieten zu entwickeln. Diskutiert wird darüber, ob ein bewirtschafteter oder ein nicht bewirtschafteter Wald stärker zum Klima- oder Artenschutz beiträgt. Solche Diskussionen gehen von den falschen Voraussetzungen aus. Sie führen daher zu keinem Ergebnis. Ob wir Wälder sich selbst überlassen, ist keine Frage für die Naturwissenschaften, sondern eine Frage der Ethik: Gehört es zu einem guten Leben dazu, einen Teil der Wälder sich selbst zu überlassen?

Die Nationale Strategie zur biologischen Vielfalt (NBS) legte 2007 das Ziel fest, dass sich die Natur auf zwei Prozent der Landesfläche nach ihren eigenen Gesetzmäßigkeiten entwickeln solle.[1] Dieses Ziel soll vor allem dadurch erreicht werden, dass fünf Prozent der Waldflächen in Deutschland zu Wildnisgebieten werden. Wildnis in Deutschland ist keine primäre Wildnis. Sie ist sekundäre Wildnis, und zwar in dem Sinne, dass die Natur auf bestimmten Flächen sich selbst überlassen wird. Das Bundesamt für den Naturschutz (BfN) verwendet hierfür folgende Definition: »Wildnisgebiete i. S. der NBS sind ausreichend große, (weitgehend) unzerschnittene, nutzungsfreie Gebiete, die dazu dienen, einen vom Menschen unbeeinflussten Ablauf natürlicher Prozesse dauerhaft zu gewährleisten.«[2] Oder einfach in den Worten von Hans Bibelriether, dem Doyen der deutschen Nationalparkbewegung: Wildnis ist, die »Natur Natur sein lassen«.

* In diesem Artikel werden Ergebnisse des Forschungsvorhabens »Wildnis in Deutschland – gesellschaftliche Erwartungen und Akzeptanz eines kontrovers diskutierten Konzepts (WIND)« vorgestellt. Das Vorhaben wurde gefördert durch die Fachagentur Nachwachsende Rohstoffe e. V. aus Mitteln des Bundesministeriums für Ernährung und Landwirtschaft (BMEL).

Die Einrichtung von Wildnisgebieten wird von der Forst- und Holzwirtschaft kritisch gesehen, weil durch die dauerhafte Nichtnutzung von Waldflächen die Grundlage für die zahlreichen Leistungen der multifunktionalen Wald- und Forstwirtschaft auf diesen Flächen entfällt. In einem Wald, den ich nicht mehr nutze, kann ich nicht mehr spazieren gehen, meinen Hund ausführen oder mit meinen Kindern Pilze suchen. Ich kann auch kein Holz entnehmen. Sei es Holz für den Kaminofen oder zum Bauen. Für die Forst- und Holzwirtschaft geht es dabei insbesondere um den wirtschaftlichen Aspekt der Holznutzung. Aber nicht nur. Bei der Frage, ob bewirtschaftete Wälder zu Wildnis entwickelt werden, geht es um Ethos und Identität einer Branche, die sich als in hohem Maße nachhaltig versteht und die Nachhaltigkeit der Bewirtschaftung ihres Waldes durch das Konzept Wildnis infrage gestellt sieht.

Die Auseinandersetzung zwischen Naturschutz und Forstwirtschaft war und ist oft sehr kontrovers. Die Kontroversen, wie sie geführt wurden, sind zum Teil einem Missverständnis geschuldet. Wildnis (im Sinne von Prozessschutz) kann – so die Aussage des Sachverständigenrates für Umweltfragen (SRU) 2002[3] – überzeugend eudämonistisch begründet werden.[4] Eudämonie ist ein aus der antiken Philosophie stammender Begriff, der eine gute Lebensführung beschreibt.[5] Das Gutachten des SRU kam zu dem Schluss, dass Prozessschutzflächen (als weitgehende Entsprechung für Wildnisgebiete) keine Vorteile im Artenschutz besitzen. Das heißt, Wildnis lässt sich dadurch begründen, dass sie eine Sehnsucht des Menschen in einer immer technischeren Welt erfüllt, nicht dadurch, dass Wildnisgebiete zum Beispiel Vorteile im Artenschutz haben. Vertreter des Naturschutzes haben jedoch in den letzten Jahren für Wildnis meist instrumentelle und funktional-schutzgutbezogene Begründungen vorgebracht (beispielsweise Vorteile beim Klima- oder Artenschutz). Diese sind jedoch wissenschaftlich umstritten, sodass sie Widerspruch aus der Forstwissenschaft herausforderten (z. B. Schulze/Ammer 2015; Schall et al. 2017).[6]

Der Geburtsfehler für dieses Missverständnis liegt unter anderem darin begründet, dass die Einrichtung von Wildnisgebieten politisch über die Nationale Strategie zur biologischen Vielfalt (NBS) legitimiert wurde. Damit wurde folgende Botschaft adressiert: Wildnis fördert die Biodiversität; Biodiversität lässt sich dadurch erreichen, dass Wildnisgebiete eingerichtet werden. Sinnvoller wäre es gewesen, folgende Frage zu diskutieren: Wollen wir es uns als Gesellschaft leisten, Wildnisgebiete deshalb einzurichten, weil sie uns ein gutes Gefühl geben und weil wir überzeugt sind, dass es zu einem guten Leben gehört, wenn ein Teil des

Landes der natürlichen Entwicklung überlassen wird? Der Philosoph Christoph Horn (2000) stellt die Frage nach dem »gelingenden Leben unter Gegenwartsbedingungen«.[7] Die Frage, wie ein solch gelingendes Leben aussehen soll, wurde in Bezug auf das Thema Wildnis jedoch nie breit diskutiert. Jedenfalls nicht außerhalb des SRU-Gutachtens aus dem Jahr 2002. Es wurde vielmehr – auch wissenschaftlich – darüber gestritten, ob Wirtschaftswälder oder holzwirtschaftlich nicht genutzte Wälder, ergo Wildnisgebiete, größere Vorteile, zum Beispiel im Arten- oder Klimaschutz, besitzen.

In den letzten 20 Jahren wurde die Diskussion über Prozessschutz und Wildnis von einem Nischenthema – im SRU-Gutachten von 2002 umfasste das Kapitel nur zwei Seiten – zu einem handlungsleitenden Paradigma. Wurde in dem Sondergutachten der Sachverständigen der Bundesregierung 2002 noch analysiert, ob und unter welchen Bedingungen Wildnis sinnvoll ist, wird in dem Gutachten des SRU 2016 das Ob nur noch am Rande diskutiert; es geht vor allem um das Wie. Also wie lassen sich das Zwei-Prozent-Ziel für die gesamte Landesfläche bzw. das Fünf-Prozent-Ziel für die Waldfläche, die in der NBS für das Jahr 2020 definiert sind, erreichen? Das Gutachten des SRU 2016 liest sich als Handlungsplan zur Umsetzung des Zwei-Prozent-Wildnisziels der NBS in Deutschland. Eine wissenschaftliche Auseinandersetzung mit funktionalen Schutzzielen wurde in diesem Gutachten nicht hinterfragt, sondern weitgehend zugunsten einer affirmativen Haltung gegenüber Wildnis aufgegeben. Dies ist überraschend, denn in den letzten Jahren wurden ja – wie oben geschrieben – zahlreiche wissenschaftliche Ergebnisse veröffentlicht, die die instrumentellen bzw. schutzgutbezogen-funktionalen Begründungen für Wildnis (z. B. Vorteile im Arten- oder Klimaschutz) infrage gestellt hatten. Ebenso mangelt es heute an einer Auseinandersetzung über die ethische Begründung für Wildnis.

Mit der von der Bundesregierung unterstützten Initiative der Umwelt- und Naturschutzverbände »Wildnis in Deutschland« wurde eine optisch ansprechende Plattform geschaffen, die das Bild von Wildnis in der Öffentlichkeit verbessern soll. Die Darstellung von Wildnis in dieser Kampagne rückt ebenfalls keine ethische Begründung (Deutscher Bundestag 2002) in den Vordergrund, sondern wirbt vornehmlich mit instrumentellen und funktional-schutzgutbezogenen, aus naturwissenschaftlicher Sicht streitigen, Begründungen für Wildnis. In der Kommunikation der Vorteile von Wildnis durch Umwelt- und Naturschutzverbände zeigt sich damit ein Paradox. Statt auf die vom Sachverständigenrat schon 2002 gegebene eudämonistische Begründung für Wildnis zu setzen und Wildnis als Teil eines guten Lebens aktiv und zuvorderst zu vertreten, wird weiterhin auf Begründungen mit instrumentellen und funktional-schutzgutbezogenen Zielen zurückgegriffen, die aus wissenschaftlicher Sicht angreifbar sind. Es hat den Anschein, dass den Befürwortern von Wildnisgebieten eine ethische Begründung als nicht ausreichend erscheint, um für Wildnis zu argumentieren. Eine ethische Frage wird damit nicht ethisch beantwortet, sondern naturwissenschaftlich. Die Antwort auf die Frage, ob Wildnis zu einem guten Leben gehört, können die Naturwissenschaften natürlich nicht geben. Weil der Konflikt aber auf dem Spielfeld der Naturwissenschaften ausgetragen wird, bleibt die Kontroverse zwischen Naturschutz und Forstwirtschaft bestehen. Deshalb trägt diese Kontroverse wenig dazu bei, einen Ausgleich zwischen den Interessen der verschiedenen Akteure zu erreichen; sie führt lediglich zu verhärteten Fronten.

Der empirische Blick auf das Thema Wildnis in Deutschland

Die Einrichtung von Wildnisgebieten lässt sich am überzeugendsten mit der »Sehnsucht nach Wildnis und einer Übersättigung durch eine von Menschen geprägte Natur« begründen – so argumentierte der Sachverständigenrat für Umweltfragen (Deutscher Bundestag 2002). Folglich ist es notwendig zu analysieren, wie groß die Sehnsucht nach Wildnis in der Gesellschaft ist. Diese Frage wurde im Rahmen der Studie *Wildnis in Deutschland – gesellschaftliche Erwartungen und Akzeptanz eines kontrovers diskutierten Konzepts (WIND)* analysiert.[8] Im Rahmen dieser Studie wurde unter anderem eine repräsentative Befragung von 1.057 Menschen in Deutschland (ab 18 Jahren) durchgeführt. Die Befragung sollte klären, welches Bild sich die Bürgerinnen und Bürger von Wildnis machen und welche Akzeptanz das Konzept Wildnis in der Bevölkerung hat. Sie wird im Folgenden vorgestellt.

Spontan – also ohne Antwortvorgaben – assoziierten zwei Drittel der Befragten mit dem Begriff »Wildnis« Landschaften außerhalb von Deutschland oder Mitteleuropa, meist in Afrika. Ein Drittel der Befragten assoziierte Wildnis meist ausschließlich oder zum Teil mit einer heimischen Wildnis. Im Vergleich zu früheren Untersuchungen ist hier eine Verschiebung zugunsten einer heimischen Wildnis in Deutschland zu erkennen. Immer mehr Menschen in Deutschland denken nicht mehr nur an Löwen, Affen oder Elefanten, sondern auch an Hirsche oder Rehe, wenn sie an Wildnis denken. Das größere Bewusstsein für eine heimische Wildnis kann seine Ursache darin haben, dass die Informationskampagnen für Wildnis in Deutschland erfolgreich waren. Daneben nehmen auch Naturdokumentationen über heimische Wildnis im Fernsehen einen breiten Raum ein; auch sie können dazu beigetragen haben, dass Wildnis zunehmend mit heimischer Wildnis identifiziert wird.

Die Ergebnisse der Befragung deuten insgesamt darauf hin, dass Wildnis von einer großen Mehrheit der Befragten positiv bewertet wird. Zwei Drittel der Befragten antworteten, dass sie ein »gutes Gefühl« bei dem Gedanken an Wildnis empfinden; sie stehen einem Siebtel der Befragten gegenüber, die dem widersprechen. Das Verständnis von Wildnis und die Akzeptanz von Wildnis unterscheiden sich relativ wenig in der Bevölkerung. Bezieht man soziodemografische Merkmale wie Bildung oder Wohnsituation in die Betrachtung mit ein, ergibt sich ein überraschend homogenes Bild von dem, was Wildnis für die Menschen in Deutschland bedeutet und wie sie diese bewerten. Wildnis ist für die Menschen in Deutschland zuvorderst mit Waldlandschaften verbunden. Die Ergebnisse der Studie zeigen insgesamt eine große gesellschaftliche Akzeptanz des Konzepts Wildnis. Die Akzeptanz für Wildnis ist in den letzten Jahren gewachsen (verglichen mit BMUB und BfN 2014).[9]

Die Akzeptanz von Wildnis in der Bevölkerung wird mit der Forderung verbunden, weitere Wildnisgebiete in Deutschland einzurichten. In der Bevölkerung ist der Gedanke verbreitet, dass Wildnis entsteht, wenn man die Natur sich selbst entwickeln lässt; der Gedanke des Prozessschutzes als Umsetzung für Wildnis findet also breite Anerkennung in der Bevölkerung. Die Begründung für Wildnis mit dem Natur- und Artenschutz hat in der Bevölkerung eine überragende Glaubwürdigkeit. Unsicherheit gibt es darüber, ob ein holzwirtschaftlich genutzter Wald oder nicht genutzter Wald im Klimaschutz Vorteile hat (vgl. z. B. Knauf et al. 2015).[10]

Für 90 Prozent der Befragten ist Wildnis ein Gegenpol zu einer als immer technischer wahrgenommenen Welt. Diese Sichtweise schließt an die eudämonistische Begründung des SRU aus dem Jahr 2002 an. Nur circa ein Drittel der Befragten begründet die Einrichtung von Wildnisgebieten religiös mit dem Argument der »Bewahrung der Schöpfung«. Die Ergebnisse korrespondieren mit den Angaben der Befragten darüber, wie religiös sie sich selbst einschätzen; sie sind Kennzeichen der starken Säkularisierung in Deutschland. Zugleich findet die Aussage »Wildnis ist ein Ausdruck göttlicher Schöpfung« die Zustimmung von mehr als 60 Prozent der Befragten. Diese Zustimmung ist sehr überraschend, denn sie ist deutlich höher, als es die Antworten auf die zuvor vorgestellte Frage (»Bewahrung der Schöpfung«) vermuten lässt. Eine Erklärung für die hohe Zustimmung zu dieser Aussage könnte darin liegen, dass Wildnis für die Befragten eine moralisch hohe Bedeutung hat, die in dem Bild der göttlichen Schöpfung zum Ausdruck kommt.

Fast drei Viertel der Befragten plädieren dafür, dass Wildnis in dünn besiedelten Gebieten entstehen solle, also in Gebieten, wo relativ wenige Menschen den Wald als Erholungsort nutzen; nur zehn Prozent der Befragten sehen dies anders. Da die meisten Menschen in Deutschland nicht in dünn besiedelten, sondern eher in dicht besiedelten Räumen leben, könnte man an dieser Stelle einwenden, dass die in der Befragung überdurchschnittlich vertretenen Menschen die persönlichen Nachteile in der Lebenswelt anderer Menschen adressieren. Für diese Haltung hat sich das Akronym Nimby (»Not in my backyard«; deutsch: »Nicht in meinem Bereich«) eingebürgert. Nimby ist ein Vorwurf, der zum Beispiel in der Vergangenheit von Protestierenden gegen die Einrichtung von Schutzgebieten, wie etwa den Nationalpark Schwarzwald, vorgebracht wurde: dass die Entscheidungen von Personen getroffen werden, die nicht persönlich von den Folgen betroffen sind. Das heißt, Politiker oder Bürger aus den urbanen Räumen entscheiden über die Landnutzung in den ländlichen Räumen. Gerade im Zuge der Energiewende in Deutschland gibt es eine Diskussion über einen neuen »Stadt-Land-Konflikt«.[11] Daher ist es sinnvoll zu schauen, wie die Befragten antworteten, die selbst nicht in dicht besiedelten Gebieten leben. Ihre Einschätzungen unterscheiden sich nicht von den Einschätzungen aller Befragten bei dieser Frage: 65 Prozent der Befragten gaben an, dass sie bereit sind, persönliche Opfer auf sich zu nehmen, um Wildnis zu ermöglichen; 19 Prozent äußerten sich neutral bei dieser Frage.

Konsistent zu den eben vorgestellten Antworten ist auch das Ergebnis, dass mehr als 60 Prozent der Befragten der Meinung sind, Menschen sollten Wildnisgebiete nicht als Naherholungsgebiete nutzen und weitestgehend draußen bleiben. Nur ein Sechstel der Befragten hatte hierzu eine andere Meinung.

Die Idee, Wildnis mit gesellschaftlichen Ansprüchen (zum Beispiel Erholung), ökologischen Ansprüchen (z. B. Windkraftnutzung im Wald) oder mit wirtschaftlichen Ansprüchen (z. B. der Land- und Forstwirtschaft) zu kombinieren, ist bei den Befragten umstritten. In etwa jeweils gleich viele Befürworter wie Ablehnende stehen sich bei diesen Fragen gegenüber. Bei dieser Frage machten die Befragten keine großen Unterschiede, ob der konkurrierende Anspruch ökologisch, gesellschaftlich oder wirtschaftlich begründet ist. Wenn eine kombinierte Nutzung für einen Anspruch stark abgelehnt wurde, dann wurden die Nutzungen für die anderen Ansprüche meist auch abgelehnt. Bei der Beantwortung dieser Frage ist ein interessantes Phänomen zu beobachten: Zwar lehnten die Befragten die Nutzung von Wildnis auch für andere Zwecke, zum Beispiel als Erholungsraum, ab (siehe oben), die Konkretisierung der Aussagen hinsichtlich einer kombinierten Nutzung macht die Befragten unschlüssig. Ist es für die meisten Befragten zunächst plausibel, dass in der Wildnis der Mensch keinen Platz als Erholungssuchender findet, ist bei einer tiefer gehenden Beschäftigung mit dem Thema in weiteren Fragen die Sicht weniger eindeutig; Zustimmung und Ablehnung verteilen sich gleichermaßen. Es ist zu vermuten, dass den Befragten mit einem Mehr an Information auch mögliche Nutzungskonflikte und deren mögliche Lösung (Kombination) bewusst werden. Grundsätzlich ist davon auszugehen, dass Fragen zu einem Thema wie Wildnis anders beantwortet werden, wenn den Befragten umfangreichere Informationen vorgelegt werden.

Fast 60 Prozent der Befragten waren der Meinung, dass Bäume soziale Wesen sind, die denken, kommunizieren und auch Schmerzen empfinden; nur 20 Prozent der Befragten widersprachen der Aussage. Die Antworten zu dieser Frage zeigen, dass der Blick vieler Menschen auf Natur nicht primär einer naturwissenschaftlichen Logik folgt. Die Romantisierung und Anthropomorphisierung von Natur ist vielmehr weit fortgeschritten. Die Millionenauflage der Bücher von Peter Wohlleben[12] und seine mediale Wirkung sind Zeichen für einen romantischen Blick auf die Natur. Dass die Zustimmung zu der vorgegebenen Aussage in einer repräsentativen Befragung dermaßen hoch ist, ist überraschend. Eine rationale Kritik an den Thesen Wohllebens, wie sie zum Beispiel Taiz et al. (2019) oder Halbe (2020) vorgebracht haben,[13] findet daher in den Echokammern der Forstwirtschaft Widerhall, aber verhallt ungehört in den öffentlichen Diskussionen. Dieser Befund hat große Auswirkungen darauf, wie man bei einem Thema, das die Natur betrifft, argumentiert und diskutiert. Er ist zuallererst ein Plädoyer für mehr Scientific Literacy in der Bildung. Dies ist eine grundsätzliche gesellschaftliche Aufgabe. Die Forstwirtschaft sollte sich intensiv mit der Frage auseinandersetzen, wie auch ein aktiv bewirtschafteter Wald stärker emotional aufgeladen werden kann. Und zwar ohne die seriösen Argumente aufzugeben.

Wie sollte die Forst- und Holzwirtschaft mit dem Thema Wildnis zukünftig umgehen?

Für die Forst- und Holzwirtschaft empfiehlt es sich, die Ergebnisse dieser Studie konstruktiv aufzugreifen. Der bislang geführte Kampf gegen das Fünf-Prozent-Wildnisziel im Wald erscheint auf Basis der breiten Zustimmung in der Gesellschaft und der politischen Unterstützung zu dem Konzept Wildnis wenig zielführend. Konstruktive Gestaltung könnte in diesem Fall bedeuten, dass man nicht darüber diskutiert, ob Wildnis sinnvoll ist (selbst wenn man in der Forstwissenschaft an vielen Stellen überzeugt ist, dass sie es nicht ist), sondern darüber diskutiert, wo Wildnis – auch aus Sicht der Forst- und Holzwirtschaft – sinnvoll ist, also welche Gebiete dauerhaft aus der Nutzung genommen werden sollten. Der gesellschaftliche Wunsch, Wildnisgebiete einzurichten, bietet auch die Chance, die damit einhergehenden negativen, zum Beispiel ökonomischen Folgen zu thematisieren und einen – auch materiellen – Ausgleich zu erreichen. Für die Akteure der Forst- und Holzwirtschaft ist es wichtig, die Befürchtung zu adressieren, dass neben der großflächigen Umsetzung von Wildnis, die dem Zwei-Prozent-Ziel dient, zukünftig auch verstärkt Anstrengungen unternommen werden, zusätzlich Waldflächen in größerem Umfang als kleinflächige Wildnisgebiete aus der Nutzung zu nehmen. Diese Befürchtung ist angesichts der Aussagen in dem Papier des BfN aus dem Jahr 2018, das Qualitätskriterien für Wildnis festlegt, berechtigt, denn dort wird die Einbeziehung kleinerer Flächen »als wertvoller Beitrag zur Umsetzung wichtiger Wildnisziele der NBS« positiv herausgestellt.

Zusammenfassend lässt sich das folgende Fazit ziehen: Die in diesem Vorhaben durchgeführte Befragung zeigt eindeutig, dass die Menschen in Deutschland die Einrichtung von Wildnisgebieten unterstützen, auch weil sie die eudämonistische Begründung für Wildnis teilen. Die Akzeptanz von Wildnis in der Bevölkerung ist groß. Das Verständnis von Wildnis in der Bevölkerung entspricht weitgehend dem, wie der Naturschutz Wildnis für Deutschland definiert: Wildnis wird als Gebiet verstanden, das sich selbst überlassen wird. Bei der hohen Akzeptanz zur Einrichtung von Wildnisgebieten in der Bevölkerung und dem großen politischen Willen, das Fünf-Prozent-Wildnisziel im Wald umzusetzen, erscheint es wenig sinnvoll, die in der NBS definierten Ziele vonseiten der Forst- und Holzwirtschaft weiterhin infrage zu stellen und zu bekämpfen. Vielmehr könnte die Anerkennung des Fünf-Prozent-Ziels und seiner eudämonistischen Begründung die Möglichkeit eröffnen, 1. mitzuentscheiden, welche Flächen aus einer forst- und holzwirtschaftlichen Sicht umgewandelt werden sollten, 2. wie eine entsprechende Kompensation für den Cluster Forst und Holz aussehen kann, wenn durch die Stilllegung von Wäldern weniger Holz bereitgestellt wird, und 3. wie die Nutzung auf den 95 Prozent verbleibenden Waldflächen zukünftig erfolgen soll.

Anmerkungen

1 Bundesamt für den Naturschutz (BfN) (2018): Qualitätskriterien zur Auswahl von großflächigen Wildnisgebieten in Deutschland im Sinne des 2 % Ziels der Nationalen Biodiversitätsstrategie. Mit den Länderfachbehörden abgestimmte Fachposition des BMU/BfN (Stand: 03. Mai 2018) [www.bfn.de/themen/biotop-und-landschaftsschutz/wildnisgebiete/qualitaetskriterien.html; aufgerufen am 23.10.2020]. Ohne Ort.

2 Bundesamt für den Naturschutz (BfN) (o. J.): Wildnisgebiete [https://www.bfn.de/themen/biotop-und-landschaftsschutz/wildnisgebiete.html; aufgerufen am 23.10.2020].

3 Sachverständigenrat für Umweltfragen (SRU) (2016): Umweltgutachten 2016. Impulse für eine integrative Umweltpolitik. Mai, Berlin.

4 Deutscher Bundestag (2002): Für eine Stärkung und Neuorientierung des Naturschutzes. Unterrichtung durch die Bundesregierung. Sondergutachten des Rates von Sachverständigen für Umweltfragen. Drucksache 14/9852, 05.08.2002, Berlin.

5 Vergleiche dazu Mesch, W. (Hrsg.) (2013): Glück — Tugend — Zeit. Aristoteles über die Zeitstruktur des guten Lebens. Stuttgart: J. B. Metzler.

6 Schulze, E. D.; Ammer, C. (2015): Konflikte um eine nachhaltige Entwicklung der Biodiversität. Spannungsfeld Naturschutz und Forstwirtschaft. Biologie in unserer Zeit 45, S. 304–314. doi:10.1002/biuz.201510574, und Schall, P.; et al. (2018): The impact of even-aged and uneven-aged forest management on regional biodiversity of multiple taxa in European beech forests. J Appl Ecol 55, S. 267–278. doi:10.1111/1365-2664.12950.

7 Horn, C. (2000): Wie hätte eine Philosophie des gelingenden Lebens unter Gegenwartsbedingungen auszusehen? Allgemeine Zeitschrift für Philosophie 25 (3): S. 323–346.

8 Knauf, M. (2021): Wildnis in Deutschland — gesellschaftliche Erwartungen und Akzeptanz eines kontrovers diskutierten Konzepts (WIND). Abschlussbericht Knauf Consulting, Bielefeld.

9 Bundesministerium für Umwelt, Naturschutz, Bau und Reaktorsicherheit (BMUB), Bundesamt für den Naturschutz (BfN) (2014): Naturbewusstsein 2013. Bevölkerungsumfrage zu Natur und biologischer Vielfalt. Berlin/Bonn.

10 Knauf, M.; Köhl, M.; Mues, V.; Olschofsky, K.; Frühwald, A. (2015): Modeling the CO_2-effects of forest management and wood usage on a regional basis. Carbon Balance and Management 10, 13. doi:10.1186/s13021-015-0024-7.

11 Steppat, T. (2019): Der Stadt-Land-Konflikt. Frankfurter Allgemeine Zeitung. Online 03.12.2019 [https://www.faz.net/aktuell/politik/inland/kommentar-zu-mehr-windraedern-der-stadt-land-konflikt-16515482.html; aufgerufen am 23.12.2021].

12 Wohlleben, P. (2015): Das geheime Leben der Bäume. Was sie fühlen, wie sie kommunizieren — die Entdeckung einer verborgenen Welt. München: Ludwig Buchverlag.

13 Taiz, L.; et al. (2019): Plants Neither Possess nor Require Consciousness. Trends in Plant Science 24, S. 677–687. doi:10.1016/j.tplants.2019.05.008, und Halbe, T. (2020): Das wahre Leben der Bäume. Ein Buch gegen eingebildeten Umweltschutz. Schmallenberg: WOLL Verlag Hermann-J. Hoffe.

Wald – ein Wohlfühl(t)raum

Ein Essay

Michael Suda und Anika Gaggermeier

O Täler weit, o Höhen,
o schöner, grüner Wald,
du meiner Lust und Wehen
andächt'ger Aufenthalt.
Da draußen, stets betrogen,
saust die geschäft'ge Welt:
Schlag noch einmal die Bogen
um mich, du grünes Zelt;
Schlag noch einmal die Bogen
um mich, du grünes Zelt.

Joseph von Eichendorff

Wald ist alles andere als eindeutig definiert. Für die einen ist er ein Wirtschaftsobjekt, für die anderen das Sinnbild unberührter Natur, für wieder andere ist er ein Rückzugsraum für Erholung und Selbstfindung. Zwischen diesen Polen finden wir ausgesprochen unterschiedliche Vorstellungen darüber, was Wald ist oder sein soll. In den letzten 100 Jahren haben sich eine Reihe von Interessengruppen gebildet, die ihre Anforderungen an den Wald und seine Bewirtschaftung mehr oder weniger lautstark in die politischen Prozesse einfließen lassen. Eine große, bislang auf der politischen Bühne kaum sichtbare Gruppe sind »Waldbesucher*innen«. Sie nutzen das »grüne Zelt« im Sinne von Joseph von Eichendorff als eine Gegenwelt zum hektischen Alltag. Diese Gruppe ist jedoch nicht homogen: Sportler*innen, Familien, Spaziergänger*innen, Geocacher*innen, Waldbader*innen, Therapeuten*innen – eine Vielzahl von Menschen, die aufgrund ihrer unterschiedlichen Ansprüche keinen einheitlichen Anforderungskatalog an den Wald und seine Bewirtschaftung stellen.

Dieser Beitrag soll helfen, die diverse Gruppe der »Waldbesucher*innen« besser kennenzulernen. Seit fast 20 Jahren beschäftigen wir uns am Lehrstuhl für Wald- und Umweltpolitik der Technischen Universität München (TUM) mit der Wahrnehmung des Waldes und seiner Bedeutung aus Sicht gesellschaftlicher Gruppen. Wir haben mit vielen Waldbesucher*innen auf unterschiedliche Art und Weise gesprochen: im Wald, in Städten, im persönlichen Interview, schriftlich, telefonisch, online oder auch in Form von Gruppendiskussionen. Kennzeichen unserer Fragen ist durchgehend, dass unsere Gesprächspartner*innen in ihrer eigenen Sprache antworten können. Es geht uns also nicht darum, die Menschen in vorgefertigte Kategorien (z.B. ja/nein oder stimme zu/stimme nicht zu) zu zwingen, sondern sie anzuregen, frei über ihre Eindrücke und Erlebnisse zu berichten.

Wir laden Sie nun ein, sich mit uns auf eine Reise in die Gefühls- und Gedankenwelt der Waldbesucher*innen zu begeben. Auf unserem gemeinsamen Weg werden wir Antworten auf folgende Fragen finden:

- Verändert sich etwas für Menschen, wenn sie im Wald sind, und was bewirkt diese Veränderungen?
- Warum gehen Menschen in den Wald? Welche Erinnerungen und Assoziationen bleiben vom Waldbesuch?
- Gibt es einen Unterschied zwischen den Assoziationsbildern aus der medialen Berichterstattung und dem eigenen Walderleben?
- Welchen Einfluss hat die Coronapandemie auf Waldbesuche?
- Wie sieht der Lieblingswaldort aus?
- Und sind Menschen im Wald überhaupt auf der »Suche«?

Der Wald und seine Wirkungen auf die Menschen

Das Besondere des Waldraumes wird deutlich, wenn wir die unterschiedlichen Besucher*innen des Waldes (zum Beispiel Radfahrer*innen, Läufer*innen, Spaziergänger*innen) danach fragen, was sich während eines Waldaufenthaltes »in ihnen tut«. Die Antworten der Befragten verdeutlichen die tiefgreifende emotionale Bindung zum Wald. Sie beschreiben Aspekte des Abschaltens und Zurücklassens (»alltägliche Probleme werden kleiner«, »totale Entspannung«, »Eintauchen in eine andere Welt«) und einen Zustand der Balance (»innerer Frieden«, »Seele baumeln lassen«, »öffnet mir das Herz«). Es werden Sinneseindrücke genannt (»liebe es, Vögel zu hören«, »Gerüche aufnehmen«). Außerdem beschreiben Menschen ihre tiefen Gefühle (»pures Glück«, »fühle Demut«, »Heimatgefühl«, »fühle meine Mitte«). Der Wald ist ein Raum, der zu einer subjektiv positiven Veränderung des psychischen und physischen Allgemeinzustands seiner Besucher*innen führt.

Die von den Waldbesuchern*innen beschriebenen positiven Wirkungen des Waldes sind Teil einer aktuellen Diskussion zum Thema »Wald und Gesundheit«. Medien und Kongresse widmen sich diesem Themenfeld, zahlreiche Autoren*innen haben Bücher verfasst, und neue Ausbildungskurse haben sich etabliert. Trotz einer Vielzahl internationaler medizinischer Studien sind die Wirkmechanismen der messbaren Effekte eines Waldaufenthalts wie zum Beispiel Stressreduktion, Stärkung des Immunsystems, Blutdrucksenkung nicht abschließend geklärt. Offensichtlich handelt es sich um eine komplexe Verbindung von physiologischen und psychologischen Faktoren.

In unseren Studien haben wir unter anderem Heilpraktiker*innen der Psychotherapie, Naturcoaches und Waldbademeister*innen als Praktiker*innen befragt. Uns interessierte besonders, welche gesundheitlichen Effekte der Wald ihrer Meinung nach auf ihre Klienten*innen hat und warum dies so ist.

Die meisten Befragten nennen ganzheitliche Effekte, die sowohl auf die Psyche als auch den Körper wirken (Erholung, Entspannung, Stressreduktion, Abschalten, Herunterfahren und Beruhigung). Wahrgenommene psychische Effekte sind zum Beispiel, dass die Klienten*innen sich im Wald geborgen fühlen und zu sich selbst finden. Die physischen Effekte, über die die Trainer*innen und Therapeuten*innen berichten, entsprechen weitgehend den medizinischen Erkenntnissen.

Wenn Praktiker*innen von negativen gesundheitlichen Effekten berichten, handelt es sich um Ängste, die der Wald auslösen kann. An und mit diesen Gefühlen wird vor allem psychotherapeutisch gearbeitet. Im Wald werden vor allem Traumapatienten*innen als Teil der Therapie mit ihren Ängsten konfrontiert.

»Wald tut gut« – worauf führen die Trainer*innen und Therapeut*innen diesen Effekt zurück? Aus Sicht der Befragten ist der Wald ein besonderer Raum, der den meisten Menschen das Gefühl von Schutz und Geborgenheit vermittelt. Er hat eine Atmosphäre, in die Menschen sowohl spirituell als auch physisch eintauchen können. Die Vielfalt der Sinneswahrnehmungen, das Licht, die Geräusche und der Duft (Terpene) prägen die Umgebung. Das besondere Klima, die Kühle im Sommer sind in diesem Raum positiv erlebbar. Zwischen den Menschen und den Wäldern besteht also eine enge Beziehung. Der Wald ist eine Art Wohlfühlraum. Die Befragten beschreiben vielfältige Wirkungen auf Körper, Geist und Seele. Die Distanzierung vom Alltag mit seinen Belastungen ist ein zentrales Element des Erholungsvorgangs. Dabei ist ungeklärt, ob diese Wirkungen vom Distanzierungsprozess, also der Abwesenheit von Alltagsbelastungen, oder durch den Wald an sich hervorgerufen werden. Die Berge und das Meer bieten ähnliche Räume der Entspannung. Der Wald jedoch hat den Vorteil, dass es ihn fast überall in der Nähe gibt.

Erinnerungen und Assoziationen vom Waldbesuch

Bisher haben wir uns mit den Veränderungen beschäftigt, die Menschen spüren, wenn sie sich im Wald aufhalten. Nun wenden wir uns den Assoziationen zu, die den Waldbesucher*innen in Erinnerung bleiben. Diese sind fast durchweg positiv, kreisen um zwei zentrale Elemente: Erholung sowie Wald und Natur. Die Befragten erinnern sich an einen zentralen Effekt im Wald, den wir unter dem Begriff »Erholung« zusammenfassen. Besucher*innen regenerieren sich durch Aktivitäten, allen voran das Spazierengehen, und fühlen sich im Wald entspannt. Gleichzeitig beschreiben sie das Erleben von Wald und Natur mit allen Sinnen. Betont werden vor allem das Hören und das Riechen, weniger das Sehen. Der Wald öffnet somit die Sinne, die im Alltag durch Lärm und Hektik in den Hintergrund geraten. Die Antworten zeigen, dass die Menschen Abwechslung im Wald wünschen. Monotonie wird als negativ empfunden. Dicke und dünne, große und kleine Bäume, Geschlossenheit und Ausblick, das Farbenspiel der Jahreszeiten werden positiv hervorgehoben. Nur wenige der genannten Erinnerungen sind negativ aufgeladen.

Fragt man explizit nach negativen Erinnerungen und Situationen im Wald, entsteht das typische Bild, bei dem die störende Wahrnehmung von Müll im Vordergrund steht. Aufgrund der Tatsache, dass in den deutschen Wäldern der Müll im Wald objektiv kein »großes« Problem darstellt, kann in dieser intensiv negativen Wahrnehmung ein anderer Aspekt vermutet werden. Durch den Begriff »Müll« bringen die Befragten zum Ausdruck, dass Spuren der Zivilisation im Wald unerwünscht sind. Offensichtlich üben bereits kleine Müllmengen (Zigarettenkippen, Kaugummipapier, Getränkedosen, Hundekot und inzwischen auch der Mund-Nasen-Schutz) einen starken negativen Reiz aus. Regelmäßige Konflikte entstehen auch zwischen Waldbesucher*innen, die unterschiedliche Erholungsaktivitäten in verschiedenen Geschwindigkeiten ausüben. Vor allem stören freilaufende

Hunde und wenig Rücksicht nehmende Radfahrer*innen. Die Holznutzung spielt dagegen eine untergeordnete Rolle. Es sind vor allem zerfahrene Wege, tiefe Spuren von Holzerntemaschinen oder drastische Änderungen in den Waldbildern, die den Menschen auffallen. Wegesperrungen, die dazu zwingen, vom gewohnten Weg abzuweichen, werden ebenfalls negativ gesehen. Es sei nochmals betont, dass diese Assoziationen durch die stark lenkende Frage erzeugt werden und somit nicht den spontanen Erinnerungen an einen Waldbesuch entsprechen.

Lassen Sie uns festhalten: Die Erinnerungen an den Waldbesuch sind in der Regel äußerst positiv. Auch hier zeigt sich, dass der Wald als Wohlfühlraum wertgeschätzt wird. Die möglichen negativen Aspekte eines Waldbesuchs verblassen meist recht schnell und spielen in der Erinnerung eine untergeordnete Rolle.

Das mediale und das persönliche Waldbild

Als Nächstes widmen wir uns der Frage, ob es einen Unterschied zwischen den aus medialer Berichterstattung gewonnenen Assoziationsbildern und dem eigenen Walderleben gibt. Fragt man Menschen nach ihren Erinnerungen an Medienberichte über den Wald, entsteht im Kopf der Befragten ein wahres »Horrorszenario« oder »Kettensägenmassaker«. Der Wald ist in Gefahr, und im Mittelpunkt der gesellschaftlichen Gefühlswelt steht eine tiefe Sorge um den Wald. Das Waldsterben hat sich fest im kollektiven Gedächtnis verankert. Aktuelle Bilder von abgestorbenen Wäldern in Zeiten des Klimawandels knüpfen an die alten, tief verankerten gesellschaftlichen Ängste um den Wald an. Wirtschaftlich motivierte Einzelinteressen werden mit den negativen Begriffen »Abholzung«, »Zerstörung« und »Vernichtung« in Zusammenhang gebracht. Nur ein kleiner Teil erinnert sich an positive Botschaften aus den Medien. Der Wald ist Symbol der gefährdeten (Rest)Natur, die es zu schützen gilt. Die Bürger*innen erwarten »schlechte Nachrichten« über den Wald in den Medien.

In den Wahrnehmungen, Einstellungen und Bewertungen von Waldbesucher*innen treffen wir also auf zwei sehr unterschiedliche Vorstellungswelten. Aus der medialen Welt wird überwiegend ein Bild der Gefährdung und der Vernichtung konstruiert, dagegen steht die positive Erinnerung an den letzten Waldbesuch. Erstaunlicherweise existieren beide Gedankenwelten weitgehend widerspruchsfrei nebeneinander. Die Dissonanz zwischen der medial vermittelten Gefährdung des Waldes sowie dem eigenen positiven Walderlebnis wird vermieden. Dies gelingt durch eine Übertragung der Verantwortung an vertrauenswürdige Institutionen und Personen, die dem Schutz des Waldes verpflichtet sind. Sie verstehen und teilen die Sorgen der Menschen und kümmern sich um die negativen Entwicklungen im Wald im eigenen Umfeld. Diese Institutionen waren für lange Zeit Förster, deren Idealbild durch den Förster Rombach aus dem Forsthaus Falkenau verkörpert wurde.

Betrachtet man die gegenwärtigen gesamtgesellschaftlichen Auseinandersetzungen um den Wald, tauchen neue und andere Institutionen auf, die in die Rolle des »Kümmerers« schlüpfen und Förster*innen an den Rand der Wahrnehmung drängen wollen. Dies sind sowohl Vertreter*innen der politischen Exekutive, Nichtregierungsorganisationen (NGOs) als auch Bürgerinitiativen, die alle dem Gemeinwohl dienen (wollen), oft jedoch Einzelinteressen am Wald vertreten. Diese Entwicklung könnte dazu führen, dass die unterschiedlichen Institutionen, die sich für den Wald verantwortlich fühlen, versuchen, auch die Waldbesucher*innen für ihre Interessen zu instrumentalisieren. In der politischen Auseinandersetzung, zum Beispiel um die Ausweisung eines Nationalparks oder um Kahlschläge, werden die Waldbesucher*innen von den oben genannten Gruppen für die Legitimation ihrer Entscheidungen und Interessen herangezogen. Dies erfolgt zum Beispiel durch gezielte, teilweise manipulative Befragungen von Waldbesuchern, die die eigenen Ziele bestätigen sollen. Der Waldbesuch dient nun nicht mehr nur der eigenen Entspannung, sondern ist auch ein politisches Statement.

Der Wald in Zeiten von Corona

Menschen, die sich regelmäßig im Wald aufhalten, wird seit Corona etwas aufgefallen sein. Seit dem ersten Lockdown sind deutlich mehr Menschen im Wald unterwegs. Was bedeutet der Wald in solchen schwierigen Zeiten?

Im Frühjahr 2020, also während der Zeit der Corona-Kontaktbeschränkungen, haben wir Schilder am Waldrand in Freising, Augsburg, Bamberg, im Vogelsberg und an anderen Orten aufgehängt und mithilfe eines QR-Codes auf einen Onlinefragebogen hingewiesen und um Antworten gebeten, welche Bedeutung der Wald für die Waldbesucher gerade in dieser Ausnahmesituation hat. Auf die Frage nach der veränderten Häufigkeit von Waldbesuchen während der ersten Welle der Coronapandemie zeigt sich ein deutlicher Anstieg von fast 40 Prozent. Unsere Befragten gaben an, dass sie jetzt statt drei- nun viermal pro Woche in den Wald gehen. Nur ein sehr geringer Anteil der Befragten (zwei Prozent) gab an, seit Corona seltener in den Wald zu gehen.

In einer weiteren Frage konnten die Teilnehmenden drei Motive für den Waldbesuch nach ihrer Wichtigkeit bewerten. Geht es darum, a) das Wohnumfeld zu verlassen, b) in der Natur zu sein oder darum, c) abzuschalten? Die Ergebnisse verdeutlichen, dass in erster Linie der Aufenthalt in der Natur und das Abschalten im Vordergrund stehen und weniger das Ziel, das häusliche Lockdownlager zu verlassen. Der Waldbesuch ist also weniger eine Notlösung als vielmehr ein bewusst gewählter Rückzugsort während der Coronazeit. Die quantitativen Analysen lassen den Schluss zu, dass während der Coronapandemie die Bedeutung des Waldes als Erholungsraum für die Menschen wesentlich gestiegen ist.

Begeben wir uns auf die Suche, welche Bedeutung der Wald für die Waldbesucher in Zeiten von Corona hat, ergibt sich eine spannende Frage. Entfliehen die Menschen dem häuslichen Lockdown, oder werden sie vom Wald förmlich angezogen? Die Antworten zeichnen hier ein zweideutiges Bild: Das Rauskommen, die Flucht, die Abwechslung, also das Bedürfnis, Abstand zu gewinnen, spielen jedoch eine deutlich geringere Rolle als der Rückzug und die Zuflucht in den Wald. Dieser Rückzugsort liegt in der Natur, ist schön und wird als Oase beschrieben. Auch finden wir Hinweise, dass im Wald »noch« Freiheit herrscht, also andere Regeln gelten. Auch wenn beide Motivdimensionen sicherlich Überschneidungen aufweisen, zeigt sich doch, dass die wahrgenommene Anziehungskraft des Waldes offensichtlich stärker ist als die »Schubkraft der vier Wände«. Auch während der Coronazeit ist das dominierende Element in der Gedankenwelt der Waldbesucher die Regeneration. Wald ist ein Ort der Erholung, der Entspannung und Bewegung. Man kann dort Kraft tanken. Eng verknüpft mit diesen Aspekten sind Vorstellungen über den Wald als eine Quelle der inneren Ruhe. Die Stille schafft eine Atmosphäre, in der man die Seele baumeln lassen kann. Die Luft ist gut, die Sinne werden angeregt, und man kann durchatmen. Wald tut gut.

Der Lieblingsort: mehr als ein Indikator

Die Waldbesucher*innen wurden von uns während des ersten Lockdowns zusätzlich gefragt, was ihre Lieblingsorte bei ihrem letzten Waldbesuch waren. Bei einer Onlineumfrage können wir nicht erwarten, dass eine innige Beziehung zwischen dem Waldbesucher und dem Ort beschrieben wird. Es sind vielmehr Ortsnamen oder einzelne Begriffe, die dann in der Summe doch Aufschluss geben, wie diese sicherlich individuellen Orte in der kollektiven Wahrnehmung und Erinnerung aussehen.

Die von den Befragten genannten Lieblingsorte zeichnen sich durch folgende Aspekte aus:

- *Wasser* ist ein tragendes Element, öfter fließend und rauschend (Bach, Fluss) als stehend und ruhig (See, Tümpel, Weiher).
- Durch den Wald führen *Wege und Pfade*. Damit beschreiben die Waldbesucher*innen keinen konkreten Ort, sondern vielmehr den *Wald*, der in der Bewegung an ihnen vorüberzieht. Er ist ein grünes Band der Sympathie, das anhand von wenigen prägnanten Einzelbäumen beschrieben wird. Laub- und Mischwälder werden eher mit dem Lieblingsort in Verbindung gebracht als Nadelwälder. Der Urwald taucht bislang nicht auf.
- Auch *einzelne charakteristische Bäume* (beispielsweise alte Bäume mit besonderen Wuchsformen) bleiben in der Erinnerung haften.
- Am Lieblingsort treffen wir auf keine Ansammlung von Menschen, er liegt *abseits*.
- Spannend ist auch, dass offensichtlich die *Lichtung*, also ein Ort außerhalb des dichten Waldes oder am Waldrand, den Lieblingsort charakterisiert.
- Auch der Ausblick von einem *Hügel* gehört dazu.
- Lediglich die *Bank* zum Ausruhen steht noch am Lieblingsort.
- *Spezielle Einrichtungen* spielen eine untergeordnete Rolle.

Gehen wir diesen Gedankenspuren nach und versuchen eine Interpretation. Der Lieblingsort liegt in der Regel nicht im Wald. Er ist charakterisiert durch einen Punkt im Licht und am Wasser, der eine Rückbesinnung ermöglicht. Man fokussiert nicht den Ort im Wald, sondern die Bewegung auf Wegen und Pfaden. Der Wald wandelt sich mit den Jahres- und Tageszeiten. Es geht somit weniger um die Strukturen im Einzelnen, sondern um den Gesamteindruck, der sich als Summe von sehr unterschiedlichen individuellen Eindrücken (und diese hängen sehr stark von der Gemütslage der Waldbesucher ab) ergibt. Die Bewegung im Wald ermöglicht offensichtlich das Abschalten vom Alltag. Hierbei spielen die einzelnen Eindrücke eine untergeordnete Rolle, sofern nicht massive Störungen des Erholungsprozesses stattfinden. Die bewusste Wahrnehmung und Reflexion finden dann an einem Ort »außerhalb« des »dichten« Waldes statt.

Es geht um das »Finden«, nicht um das »Suchen« im Wald

Abbildung 1:
Goethe auf dem Kickelhahn *(Collage: Michael Suda)*.

»Ich ging im Walde so für mich hin, und nichts zu suchen war mein Sinn.« Was der große Dichter Johann Wolfgang von Goethe hier mit wenigen Worten in seinem Gedicht *Gefunden* zum Ausdruck bringt, steht im Widerspruch zu zahlreichen Forschungsanstrengungen der Wissenschaftsdisziplin der Walderholung der letzten

Jahrzehnte. Hier hat sich der Begriff des »Erholungssuchenden« zur Beschreibung derjenigen Personen etabliert, die zum Zwecke der Entspannung und Regeneration in den Wald gehen. Dieser Begriff verdeutlicht eine gegensätzliche Sichtweise auf den Prozess der Erholung. Geht die Walderholungsforschung davon aus, dass Menschen aktiv auf der Suche nach Entspannung im Wald sind, steht bei Johann Wolfgang von Goethe gerade das Zurücklassen allen willentlichen Strebens im Wald im Vordergrund.

Aus unseren Befragungen wissen wir: Der Wald ist für fast alle ein Wohlfühlraum zum Abschalten und Entspannen. Er ist ein Ort der Sehnsucht, der außerhalb der »gebauten Welt« liegt und die Möglichkeit bietet, sich selbst im Grünen wahrzunehmen. In den Erlebnisbeschreibungen finden wir daher häufig Aussagen, die die Abwesenheit von Störungen wie zum Beispiel Lärm oder Menschenansammlungen betonen. Interessant ist dabei, dass sich die Menschen überwiegend zum Wald hingezogen fühlen und nicht ihrer Alltagsumgebung entfliehen. Eichendorff hat dies mit den Zeilen »Da draußen, stets betrogen, saust die geschäft'ge Welt, schlag noch einmal die Bogen um mich, du grünes Zelt« treffend beschrieben. Für ihn gibt es ein Draußen der Unruhe und ein Drinnen, in dem sich der Mensch selbst entdecken kann. Betrachtet man die Bedeutungen des Waldes in den von den Brüdern Grimm gesammelten Märchen, so finden wir vier Elemente, die diese Perspektive verdeutlichen und eine Gegenwelt skizzieren. Der Wald ist ein Ort, an dem man die Orientierung verliert, man befindet sich auf dem Holzweg oder sieht den Wald vor lauter Bäumen nicht mehr. Der Wald bietet jedoch die Möglichkeit, sich neu zu orientieren, das bedeutet jedoch, die alte Orientierung aufzugeben, und das ist, während man »abschaltet«, möglich. Der Wald ist ein Ort außerhalb der Gesellschaft, in dem andere Regeln gelten. In ihn ziehen sich die Menschen zurück, die in der Gesellschaft keinen Platz finden oder verstoßen werden. Hier verliert auch das Geld an Bedeutung, denn im Wald kann man sich für Geld nichts kaufen. Der Wald ist eine der letzten konsumfreien Zonen, und die Sinneswahrnehmungen, die Ruhe und die Entspannung gibt es einfach so. Letztendlich ist der Wald auch ein Ort ohne Uhrzeit. Es sind nicht die Anzeigen der Digitaluhr, es sind unterschiedliche Eindrücke, die den Menschen morgens, mittags, abends und nachts oder im Laufe der Jahreszeiten begegnen. Die Überlieferungen in den Märchen verdeutlichen, dass Wald als Sehnsuchtsort voller Geheimnisse mehr als eine Ansammlung von Bäumen ist.

Die Ergebnisse unserer Befragungen und aktueller medizinischer Forschung im Bereich »Wald und Gesundheit« bestätigen das Walderleben Goethes, Eichendorffs oder auch der Brüder Grimm: Menschen finden im Wald Erholung, entdecken die Natur und *suchen* nicht nach bestimmten Waldbildern. In diesem Kontext ist es wichtig, dass sich die Wissenschaft bei ihrer Entwicklung von Erklärungsmodellen nicht von dem Konstrukt eines Menschen irreleiten lässt, der sich im Wald auf einer aktiven Suche nach dem schönsten und besten Erholungsort befindet. Wissenschaft ist immer eine Art »Suchvorgang«. Wer jedoch selektiv bestimmte Aspekte sucht, kann manchmal das Wesentliche nicht finden.

Der Wald ist im Erleben der Besucher*innen ein »grünes Band der Sympathie«, das an ihnen vorbeizieht und ihnen guttut. Eine Wissenschaft, die versucht, aus diesem Band einzelne Bilder herauszunehmen und bewerten zu lassen, reduziert das Walderleben auf einen kurzfristigen visuellen Reiz. Walderleben ist zu jeder Tages-, Nacht- und Jahreszeit unterschiedlich – oder können Sie die Qualität einer Konzertaufführung anhand eines Fotos des Orchestergrabens bewerten? Unsere Empfehlung ist daher, nicht nach der Nadel im Heuhaufen zu suchen, sondern sich einmal an einem schönen Sommertag ins Heu zu legen und in Ruhe nachzudenken.

An dieser Stelle möchten wir uns bei allen Waldbesuchern bedanken, die bereitwillig unsere »komischen« Fragen beantwortet haben und mit denen sich so manches spannende Gespräch entwickelt hat. Viele Gedanken haben uns zum Nachdenken angeregt, manchmal unsere wissenschaftlichen Gedankengebäude auch zum Einsturz gebracht. Wissenschaft, die mit offenen Ohren zuhört, wird im Bereich der Walderholung viele interessante Entdeckungen machen und auch die Begeisterung und Liebe der Menschen zum Wald erfahren – und das ist gewaltig.

Die Verwendung von Goethe auf dem Kickelhahn *für die Bildcollage erfolgt mit freundlicher Genehmigung von Goethezeitportal: http://www.goethezeitportal.de/fileadmin/Images/wd/topographische_ansichten/kickelhan/Kickelhahn_Friedrich_Wiechmann__500x710_.jpg*

Über die Herausgeber sowie die Autorinnen und Autoren

Die Herausgeber

© Jan Gutzeit

Albrecht Bemmann: *1949, Prof. Dr. Drs. h. c., war von 1988 bis 1994 Professor für Forstnutzung, danach bis 2014 Professor und bis 2020 Seniorprofessor für Forst- und Holzwirtschaft Osteuropas an der TU Dresden. In seinen Lehr- und Forschungsschwerpunkten befasste er sich mit ökonomischen und ökologischen Veränderungen in der Forst- und Holzwirtschaft osteuropäischer Länder sowie mit der Anlage und Nutzung von Baumplantagen. E-Mail: albrecht.bemmann@tu-dresden.de

© Roland Irslinger

Roland Irslinger: *1949, Prof. a. D., war von 1982 bis 2014 Professor für Waldökologie an der Hochschule für Forstwirtschaft in Rottenburg am Neckar. Er forschte in der Mata Atlântica, dem atlantischen Regenwald Brasiliens, und war beratend tätig beim Aufbau des WWF-Goldstandards zur Zertifizierung von Aufforstungsprojekten für den Klimaschutz. E-Mail: irslinger@gmx.de

© Torsten Stapel

Kenneth Anders: *1969, Dr. phil., lebt und arbeitet als Kulturwissenschaftler und Autor im Oderbruch. Er betreibt mit Lars Fischer ein Büro für Landschaftskommunikation zur Analyse und Gestaltung kulturlandschaftlicher Diskurse. www.landschaftskommunikation.de

Weitere Autorinnen und Autoren

Hilmar Alexandrin: *1967, Dipl.-Forsting. (FH), Leiter des Forstbetriebes der Stadt Lychen. E-Mail: hilmaralexandrin@gmail.com

Siegfried Anders: *1940, Dir. u. Prof. a. D., Dr. rer. silv. habil., war Abteilungsleiter im Institut für Forstwissenschaften Eberswalde und Institutsleiter an der Bundesforschungsanstalt für Forst- und Holzwirtschaft. E-Mail: a.siegfried.anders@web.de

Michael Anker: *1957, ist seit vielen Jahren als freiberuflicher Fotograf tätig. E-Mail: m.anker@ankerphoto.de

Anne Austen: *1992, Dipl.-Soziologin, studiert Forstwissenschaften an der TU Dresden. E-Mail: anne.austen@gmx.de

Martin Bemmann: *1981, Dr. phil., lehrt als Privatdozent am Historischen Seminar der Universität Freiburg. Seine Forschungsschwerpunkte liegen in der Global-, Wirtschafts-, Umwelt- und Wissensgeschichte. E-Mail: martin.bemmann@geschichte.uni-freiburg.de

Dirk-Roger Eisenhauer: *1961, Dr. der Forstwissenschaften, leitet im Staatsbetrieb Sachsenforst das Kompetenzzentrum Wald und Forstwirtschaft in Graupa und begleitet die Forstwirtschaft Sachsens seit Jahrzehnten. E-Mail: dirk-roger.eisenhauer@smul.sachsen.de

Anika Gaggermeier: *1977, Dr., ist langjährige Mitarbeiterin am Lehrstuhl für Wald- und Umweltpolitik an der TU München. Gemeinsam mit Prof. Dr. Michael Suda forscht sie über den Privatwald und Walderholung. Beide verbindet auch der Humor, den sie in ihren Vorträgen nicht hinter Rednerpulten verstecken. E-Mail: anika.gaggermeier@tum.de

Gerhard Hofmann: 1931–2021, Professor Dr. rer. silv. habil., Direktor für Ökologie am Zentralen Forstlichen Forschungsinstitut der DDR in Eberswalde bis 1992. Seit 1994 Gründung und Leitung der privaten Forschungseinrichtung Waldkunde-Institut Eberswalde. www.waldkunde-eberswalde.eu

Josef Huber: *1965, Bauingenieur, geschäftsführender Gesellschafter des Holzbauunternehmens Huber & Sohn GmbH & Co. KG, Bachmehring, sowie des Raummodulherstellers Timber Homes GmbH & Co. KG, Dorfen. E-Mail: j.huber@huber-sohn.de

Marcus Knauf: *1970, Schreiner, Diplom-Holzwirt, Dr. rer. nat., Privatdozent an der Universität Hamburg, berät seit mehr als 20 Jahren Unternehmen der Forst- und Holzwirtschaft und führt wissenschaftliche Studien durch. E-Mail: mknauf@knauf-consulting.de

Hansjörg Küster: *1956, Dr. rer. nat. (Botanik), Dr. rer. silv. habil. (Geobotanik), ist Professor für Pflanzenökologie am Institut für Geobotanik der Leibniz Universität Hannover. Er hat ferner einen Lehrauftrag an der Universität Zürich. E-Mail: kuester@geobotanik.uni-hannover.de

Philipp von der Malsburg: *1979, ist Forst- und Betriebswirt. Er führt die Guts- und Forstverwaltung von der Malsburg, ein Familienunternehmen mit 700-jähriger Tradition. E-Mail: rentei@malsburg-escheberg.de

Angelika Morgenroth: *1960, ist Bundesbeamtin a. D. Mit ihrer Familie bewirtschaftet sie zwölf Hektar Wald bei Scheßlitz im Landkreis Bamberg. Als Vorsitzende der Waldbauernvereinigung Bamberg e. V. vertritt sie rund 2.400 Waldbesitzer mit insgesamt 12.000 Hektar Wald. E-Mail: info@wbv-bamberg.com

Michael G. Müller: *1962, Prof. Dr., ist Professor für Waldschutz an der Technischen Universität Dresden. E-Mail: michael.mueller@tu-dresden.de

Thomas Oppermann: *1959, Diplom-Forstwirt und Forstassessor, leitet seit 1990 ein auf Forsteinrichtung spezialisiertes Sachverständigenbüro in Arnsberg. Er ist öffentlich bestellter und vereidigter Sachverständiger der Landwirtschaftskammer Nordrhein-Westfalen für Bewertungs- und Entschädigungsfragen in Forstbetrieben, Bestands- und Bodenbewertung sowie Forsteinrichtung. E-Mail: info@deutscheforstberatung.de

Elisabeth Pausch: *1989, ist Försterin bei den Bayerischen Staatsforsten. Gemeinsam mit Siegfried Waas steht sie an der Spitze des Bezirksverbands Oberbayern des Bundes Deutscher Forstleute (BDF). E-Mail: lisa.pausch@bdf-bayern.de

Heino Polley: *1957, Dr. rer. silv. ist stellvertretender Leiter des Thünen-Instituts für Waldökosysteme in Eberswalde. Er war 25 Jahre wissenschaftlicher Koordinator der Bundeswaldinventur und hat zehn Jahre an der Waldzustandserhebung mitgearbeitet. E-Mail: heino.polley@thuenen.de

Gordon Preetz: *1988, ist Vermessungstechniker und bewirtschaftet gemeinsam mit Familienmitgliedern, die sich 2009 zur Land und Forst Altmark GbR zusammenschlossen, 30 Hektar Privatwald. Die GbR ist seit 2010 Mitglied der Forstbetriebsgemeinschaft Altmark-Fleetmark. E-Mail: info@wbvsachsen-anhalt.de

Reginald Rink: *1950, Dipl-Forsting. (1975); Leiter des Forstamtes Kaliß von 1989 bis 2015. E-Mail: reginald.rink@gmx.de

Willi Rößner: *1948, Prof. Dr. Ing., war nach 13 Jahren Forschungs- und Industrietätigkeit, beginnend 1986, Professor an der Hochschule Augsburg in der Fakultät Maschinenbau und Verfahrenstechnik. Seit 2013 ist er im Ruhestand, aber weiter als Lehrbeauftragter tätig. E-Mail: willi.roessner@hs-augsburg.de

Ernst-Detlef Schulze: *1941, Dr. rer. nat. (Botanik). Dr. h. c. der Forstwissenschaft, ist Professor der Biologie und Direktor am Institut für Biogeochemie der Max-Planck-Gesellschaft im Ruhestand. Er lehrte das Fachgebiet Pflanzenökologie in Würzburg, München, Bayreuth und Jena. E-Mail: dschulze@bgc-jena.mpg.de

Hella Stein: *1971, Dipl.-Ing. für Forstwirtschaft, ist Referentin im Ministerium für Klimaschutz, Landwirtschaft, ländliche Räume und Umwelt des Landes Mecklenburg-Vorpommern und leitet seit zwei Jahrzehnten den Landesbeirat Holz M-V. E-Mail: stein.hella@web.de

Michael Suda: *1957, Prof. Dr., leitet den Lehrstuhl für Wald- und Umweltpolitik an der Technischen Universität München. Gemeinsam mit Dr. Anika Gaggermeier forscht er über den Privatwald und Walderholung. E-Mail: michael.suda@tum.de

Siegfried Waas: *1985, ist Förster bei der Bayerischen Forstverwaltung. Gemeinsam mit Elisabeth Pausch steht er an der Spitze des Bezirksverbands Oberbayern des Bundes Deutscher Forstleute (BDF). E-Mail: siegfried.waas@bdf-bayern.de

Sven Wagner: *1957, Prof. Dr. habil, leitet seit 1999 den Lehrstuhl für Waldbau an der TU Dresden. E-Mail: sven.wagner@tu-dresden.de